山东省重大科技创新工程项目(2019SDZY0205)资助
陕西省创新能力支撑计划项目(2023-CX-TD-42)资助
陕西省教育厅青年创新团队(21JP074)资助

矿井粉尘智能防控技术研究与实践

王洪权　马　砺　主编

中国矿业大学出版社
·徐州·

内容提要

本书共7章，主要内容包括矿井粉尘及其危害、矿井粉尘测定、矿井防尘供水与管路系统、现有矿井粉尘综合防治技术、采煤工作面粉尘智能防控技术、掘进工作面粉尘智能防控技术及应用、矿井其他地点粉尘防治技术等。本书以矿井粉尘危害为切入点，以矿井粉尘防控为目标，将基本理论与煤矿现场实际应用相结合，突出工程示范与应用效果。

本书可作为大中专院校安全工程专业高年级学生的教材，也可作为煤矿企业从事安全生产、粉尘防治的技术和管理人员的参考用书。

图书在版编目(CIP)数据

矿井粉尘智能防控技术研究与实践/王洪权，马砺主编．—徐州：中国矿业大学出版社，2022.12

ISBN 978-7-5646-5179-4

Ⅰ．①矿… Ⅱ．①王… ②马… Ⅲ．①矽尘—防尘—研究 Ⅳ．①TD714

中国版本图书馆CIP数据核字(2021)第274167号

书　　名　矿井粉尘智能防控技术研究与实践

主　　编　王洪权　马　砺

责任编辑　黄本斌

出版发行　中国矿业大学出版社有限责任公司

（江苏省徐州市解放南路　邮编221008）

营销热线　(0516)83885370　83884103

出版服务　(0516)83995789　83884920

网　　址　http://www.cumtp.com　**E-mail**:cumtpvip@cumtp.com

印　　刷　苏州市古得堡数码印刷有限公司

开　　本　787 mm×1092 mm　1/16　**印张** 11.75　**字数** 301千字

版次印次　2022年12月第1版　2022年12月第1次印刷

定　　价　48.00元

《矿井粉尘智能防控技术研究与实践》
编　委　会

主　　任　马俊鹏

副 主 任　王洪权

委　　员　郭　英　陈安明　孙学峰　宋先明　姜希印
王保齐　张照允　谢华东　暴晓庆　郑有雷
王庆路　李士栋　藏金诚

主　　编　王洪权　马　砺

副 主 编　郭　英　陈安明　孙学峰　姜希印

编写人员　马　旭　王保齐　宋先明　吴建宾　王　旭
宋兆雪　赵青山　魏高明　任　瑶　范新丽
于文聪　张连峰　李志勇　田向红　李继良
付　伟　陶维国　顾　野　许让标　鄢　利
唐耀勇　简俊常　任春民　陈成芝　郑　光
张庆勇　张彦宽　黄　霄　托龙龙　吴明明

前　言

矿井粉尘是矿井生产过程中影响安全生产的主要危害因素之一。粉尘不仅缩短机械设备使用寿命，造成矿井生产及周边环境污染，而且一旦井下发生粉尘爆炸事故或者其他灾害诱导粉尘爆炸事故，将严重危害生产作业人员的生命安全。为此，国家从安全生产、灾害防治及生态环境保护等方面，制定和修订了粉尘防治相关规范和标准。

本书是在征求相关专家意见的基础上，不断思考，反复修改，最终审定编写大纲。作者根据大纲内容要求，依据粉尘防治相关规范、标准以及管理制度，参考了大量矿井粉尘防治理论与技术相关资料，总结近年来兖州煤业股份有限公司在工程实践中的研究成果，完成了本书编写。通过本书的学习，有助于了解矿井粉尘基本性质，掌握矿井生产过程中各尘源点粉尘产生机理，熟悉矿井粉尘分源智能防控关键技术，建立矿井粉尘智能化高效防治技术规范和管理体系，便于指导矿井安全生产。

全书共7章。第1章由王洪权、王保齐等撰写，第2章由郭英、姜希印等撰写，第3章由魏高明撰写，第4章由于文聪撰写，第5章由马砺撰写，第6章由任瑶、范新丽撰写，第7章由孙学峰、宋兆雪等撰写。王洪权负责全书的统稿工作。

本书在撰写过程中，参阅了国内外许多专家学者的著作、论文等，在此特向原作者致以诚挚的谢意。特别感谢西安科技大学王振平教授在百忙之中对本书样稿进行了审阅，提出了许多宝贵的修改意见和建议，使本书增色不少。在本书出版过程中，还得到了中国矿业大学出版社有关领导和工作人员的大力支持，在本书付梓之际，向他们表示最衷心的感谢。

由于作者水平有限，书中难免有疏漏和不足之处，恳请广大读者批评指正。

作　者

2021年10月

前言

目　录

第 1 章　矿井粉尘及其危害

1.1　矿井粉尘及其分类

1.1.1　矿井粉尘定义及来源

矿井粉尘(简称矿尘),一般指矿物开采或加工过程中产生的微细固体集合体。矿井粉尘以两种状态存在:常把沉积于器物表面或井巷四壁之上的矿尘称为落尘;悬浮于井巷空间空气中的矿尘称为浮尘。

1.1.1.1　采煤工作面

(1) 综采工作面

综采工作面的主要产尘工序有采煤机落煤、装煤、移架、运输、转载等。

综采工作面各产尘工序的产尘机理一般可分为破碎和抛落两种机制,前者产生的大颗粒矿尘较多,后者产生的呼吸性矿尘较多。采煤机截煤产尘相对于其他工序来说,破碎为主要产尘机制,其产生的大颗粒矿尘较多,因此经常更换截齿以保持其锐利很重要。

(2) 综采放顶煤工作面

综采放顶煤工作面的产尘环节主要有采煤机落煤、放煤、移架、装煤和运煤。破碎产尘发生在煤与煤、煤与岩石之间,以及煤与截齿及其他机械设备之间。采煤机截煤时,其截齿与煤体接触并给以挤压力,推动煤体移动、破坏,煤体在此移动过程中,煤体之间及煤块之间相互摩擦、碰撞产生矿尘。在放煤、移架、装煤和运煤过程中,也会发生这种煤与煤、煤与机械设备之间的摩擦产尘现象。

机械割煤时,煤在滚筒动力作用下发生抛落,产生扬尘。在顶煤放落、运输、转载、移架过程中,同样也发生抛落产尘。

1.1.1.2　掘进工作面

掘进工作面的产尘工序主要有机械破岩(煤)、装岩、爆破、运输、转载及锚喷等。一般而言,掘进工作面各工序产生的矿尘含游离二氧化硅成分较多,对人体危害大,操作人员须进行个体防护。统计资料也表明,掘进工人的尘肺病发病率比采煤工人高,这是掘进工人接触的矿尘含有较高的游离二氧化硅所致。

1.1.1.3　其他地点

巷道维修的锚喷现场,煤炭装载点、转载点、卸载点等也都会产生高浓度矿尘,尤其是煤炭装载点、转载点、卸载点的瞬时矿尘浓度有时高达每立方米数克。

此外,地面煤炭装运、煤堆、矸石山等由于风力作用也产生大量矿尘,使矿区周边空气环境受到严重污染，对居民健康和植物生长也都造成十分不利的影响。

1.1.2 矿井粉尘的分类

矿井粉尘按其性质和形态，可作如下分类。

1.1.2.1 按粉尘中游离二氧化硅的含量分类

一般作业环境中粉尘的游离二氧化硅含量在10%以上者称为硅尘，在煤矿中常称为“岩尘”；游离二氧化硅的含量在5%～10%的粉尘称为非硅尘，在煤矿中则称为混合性煤尘；游离二氧化硅含量小于5%的粉尘在煤矿中称为纯煤尘。

1.1.2.2 按粉尘被人体吸入的情况分类

矿井粉尘可分为呼吸性粉尘和非呼吸性粉尘。一般来说，粒径大于10 μm的尘粒，由于重力沉降和冲击作用而滞留于人体上呼吸道（鼻、咽喉、气管）黏膜上，能随痰排出体外；粒径5～10 μm的尘粒进入人体呼吸道后，大部分沉积于气管和支气管中，只有很少部分能到达肺泡中；粒径小于5 μm的尘粒能到达和沉积于人体肺泡中，故称为呼吸性粉尘，是引起尘肺病的主要尘粒。

1.1.2.3 按粉尘的粒径分类

（1）粗尘：粒径大于40 μm，相当于一般筛分的最小粒径，在空气中极易沉降。

（2）细尘：粒径为10～40 μm，在明亮的光线下肉眼可见，在静止空气中做加速沉降。

（3）微尘：粒径为0.25～10 μm，可用光学显微镜观察，在静止空气中呈等速沉降。

（4）超微粉尘：粒径小于0.25 μm，需用电子显微镜才可观察，在空气中做布朗扩散运动。

1.1.2.4 按产尘工序分类

（1）生产性粉尘：各种不同生产工序或生产不同物料过程中而生成的微细颗粒。

（2）烟尘：由于燃烧、氧化等物理化学变化过程所伴随产生的固体微粒。如井下煤的自然发火、外因火灾产生的烟尘，其直径多在0.01～1 μm范围内，可长时间悬浮于空气中。

1.1.2.5 其他分类

（1）按物料种类，分为煤尘、岩尘、石棉尘、铁矿尘等。

（2）按有无毒性物质，分为有毒、无毒、放射性粉尘等。

（3）按爆炸性，分为易燃、易爆和非燃、非爆炸性粉尘。

1.2 矿井粉尘的理化性质

1.2.1 矿井粉尘的比表面积

物料被粉碎为微细颗粒时，其比表面积显著增加。单位质量（或单位体积）粉尘的总表面积称为比表面积。假设尘粒为同体积的球形粒子，则比表面积 S_ω 与粒径的关系为：

$$S_\omega = \frac{\pi d_p^2}{\frac{1}{6}\pi d_p^3 \rho_p} = \frac{6}{d_p \rho_p} (\mathrm{m^2/kg}) \tag{1-1}$$

式中 ρ_p ——粉尘的密度，$\mathrm{kg/m^3}$；

d_p ——粉尘的直径，m。

粉尘的比表面积与粒径成反比。单位质量（或单位体积）粉尘的粒径越小，其比表面积越大。由于粉尘的比表面积增大，表面能也随之增大，从而也增强了粉尘的表面活性。

1.2.2　矿井粉尘的密度和比重

单位体积粉尘的质量称为粉尘的密度。其中粉尘的体积不包括粉尘之间的空隙，因而称之为真密度 ρ_p (kg/m^3)。粉尘的真密度可表示为：

$$\rho_p = \frac{\text{粉尘质量}}{\text{粉尘体积}}\ (\mathrm{kg/m^3}) \tag{1-2}$$

粉尘的真密度在通风除尘中有广泛用途。除尘设备的选择不仅要考虑粉尘的粒度大小，而且要考虑粉尘的真密度。如对于粗颗粒、真密度大的粉尘可以选用沉降室或旋风除尘器；对于真密度小的粉尘，即使是粗颗粒也不宜采用这种类型的除尘器。

粉尘呈自然扩散状态时，单位容积中粉尘的质量称为粉尘堆积密度或表观密度 ρ_b。由于尘粒之间存在空隙，因此堆积密度要比粉尘的真密度小。

粉尘的堆积密度对通风除尘有重要意义，如灰斗容积的设计，依据的不是粉尘的真密度或物质密度，而是粉尘的堆积密度；在粉尘的气力输送中也要考虑粉尘的堆积密度。

粉尘的相对密度是指粉尘的质量与同体积标准物质的质量之比，也称比重，因而是无因次量。通常采用标准大气压力 1.01×10^5 Pa 和温度为 4 ℃时的纯水作为标准物质。由于在这种状态下 1 cm^{3}的水的质量为 1 g，因而粉尘的比重在数值上就等于其密度(g/cm^3)。

1.2.3　矿井粉尘的悬浮性及凝聚性

一般把尘粒间互相结合形成新的大尘粒的现象称为凝聚；尘粒和其他物体结合的现象称为附着。粉尘的凝聚与附着是在粒子间距离非常近时，由于分子间引力的作用而产生的。一般尘粒间距离较大，需要有外力作用使尘粒间碰撞、接触，促进其凝聚和附着。这些外力包括：粒子热运动(布朗运动)、静电力、超声波、紊流脉动等。

1.2.3.1　悬浮性

尘粒粒度越小、质量越轻、比表面积越大，其吸附空气的能力也越强，在其表面一般形成一层空气膜。粉尘不易降落，可以长时间地悬浮于空气中，粉尘的这种特性叫作悬浮性。直径大于 10 μm 的尘粒，在静止的空气中呈加速下降，很快落到底板；直径在 0.1～10 μm 之间的尘粒呈等速下降；直径小于 0.1 μm 的尘粒基本不下降。

1.2.3.2　凝聚性

粉尘体积小，质量轻，比表面积大，增强了尘粒间的结合力。当粒子间的间距非常小时，由于分子力作用，尘粒相互结合而形成较大尘粒，粉尘的这种性质叫作凝聚性。利用超声波振动以及磁力作用可以促使粒子相互碰撞而使粉尘凝聚，加大粉尘的直径、体积和质量，使粉尘的沉降速度加快。因此，可利用粉尘的凝聚性对其进行捕集、分离。

1.2.4　矿井粉尘的湿润性

液体对固体表面的湿润程度取决于液体分子对固体表面作用力的大小，而对同一尘粒来说，液体分子对尘粒表面的作用力又与液体的力学性质即表面张力有关。表面张力越小的液体，对尘粒越容易湿润。不同性质的粉尘对同一性质液体的亲和程度不同，这种不同的亲和程度称为粉尘的湿润性。

湿润现象是分子力作用的一种表现，是液体(水)分子与固体分子间的相互吸引力造成的。用湿润接触角(θ)的大小来表示。如图 1-1 所示，湿润角小于 60°表示湿润性好，为亲水性粉尘；湿润角大于 90°说明湿润性差，为憎水性的粉尘。几种常见矿物的粉尘湿润接触角如表 1-1 所列。粉尘的湿润性除决定于成分外，还与颗粒的大小、荷电状态、湿度、气压、接触时间等因素有关。

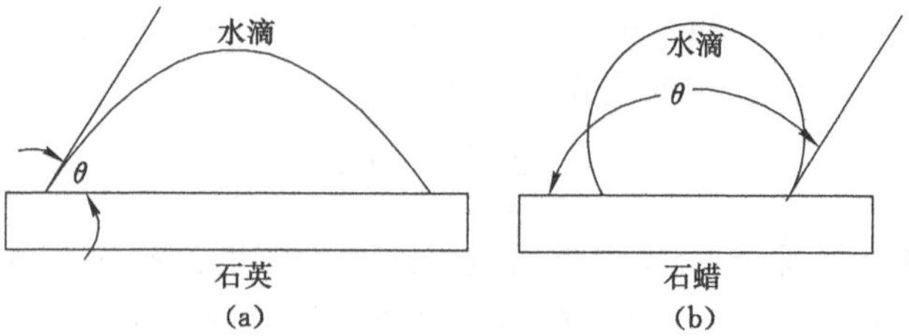

图 1-1 湿润接触角示意图

表 1-1 几种常见矿物的粉尘湿润接触角

名称	接触角/(°)	名称	接触角/(°)
黄铜矿	72	方解石	20
方铅矿	47	石英	0～4
黄铁矿	30	云母	0

粉尘的湿润性还可以用液体对试管中粉尘的浸润速度来表征。通常取浸润时间为 20 min，测出此时的浸润高度为 L_{20}(mm)，于是浸润速度 μ_{20} 为：

$$\mu_{20}=\frac{L_{20}}{20}(\mathrm{mm/min}) \tag{1-3}$$

以 μ_{20} 作为评定粉尘湿润性的指标，可将粉尘分为四类，如表 1-2 所列。

表 1-2 粉尘对水的湿润性

粉尘类型	Ⅰ	Ⅱ	Ⅲ	Ⅳ
湿润性	绝对憎水	憎水	中等亲水	强亲水
μ_{20}/(mm/min)	<0.5	0.5～2.5	2.5～8.0	>8.0
举例	石蜡、沥青	石墨、煤、硫	玻璃微球	锅炉飞灰、钙

在除尘技术中，粉尘的湿润性是选用除尘设备的主要依据之一。对于湿润性好的亲水性粉尘(中等亲水、强亲水)，可选用湿式除尘器。对于憎水性粉尘，通常采用干式除尘器。采用湿式除尘器时，为了加速液体(水)对粉尘的湿润，需要加入某些湿润剂(如皂角素等)以减小固液之间的表面张力，增加粉尘的亲水性，提高除尘效率。

1.2.5 矿井粉尘的荷电性

悬浮于空气中的尘粒受粒子间撞击、天然辐射、物料破碎时摩擦、电晕放电等作用，且粉尘的正电荷与负电荷两部分几乎相等，因而悬浮于空气中的粉尘整体呈电中性。粉尘荷电量的大小取决于物料的化学成分和与其接触的物质，如高温可使带电量增加，高湿则减少带电量。经测定，浮游于空气中的尘粒有 95%左右带正电荷或负电荷，有 5%左右的尘粒不带电荷。采掘工作面刚刚产生的新鲜尘粒较回风道中的尘粒易带电荷。通常在干燥空气中，粉尘表面的最大电荷量约为 2.7×10^{-9} C/cm^2，而粉尘由于自然产生的电荷量却仅为最大电荷量的很小一部分。一般而言，非金属粉尘和酸性氧化物(如二氧化硅、三氧化二铝等)带正电荷，金属粉尘和碱性氧化物则带负电荷。异性电荷尘粒的相互吸引、黏着、凝结，增大尺寸而加速沉降；同性电荷尘粒由于排斥作用，增加了漂浮于空气中的相对稳定性。美国亚利桑那大学研究结果表明，呼吸性粉尘(粒径 5 μm 以下)一般带负电荷，大颗粒粉尘则带正电荷或呈电中性。

1.2.6　矿井粉尘的光学特性

粉尘的光学特性包括粉尘对光的反射、吸收和透光程度等，利用粉尘的光学特性来测定粉尘的浓度和分散度。

通过含尘气流的光强减弱程度与粉尘的透明度和形状有关，但主要取决于粉尘粒子的大小及浓度。尘粒大于光的波长和小于光的波长对光的反射和折射的作用不同。对于粒径为 0.6～0.7 μm 的尘粒反射光的能力可用下式表示：

$$I = KS/d_{\mathrm{p}} \tag{1-4}$$

式中　I——反射光强；

K——消光系数；

d_{p}——粉尘的直径；

S——单位体积内粉尘的质量浓度。

$$S = \frac{\pi}{6}\rho_{\mathrm{p}} d_{\mathrm{p}}^3 n \tag{1-5}$$

式中　n——单位体积内尘粒个数。

于是，式(1-4)可写成：

$$I = K'S/d_{\mathrm{p}} \tag{1-6}$$

式中　K'——与粉尘特性有关的物理常数。

由式(1-6)可以看出，尘粒大小对光线的反射能力有很大影响。当尘粒的粒径大于 1 μm 时，光线由于直线反射而消失，光线损失与反射面面积成正比。当粉尘浓度相同时，光强的反射值随粒径的减小而增大。

当光线穿过含尘介质时，由于尘粒对光的吸收和散射等，光强被减弱。光强减弱的程度与介质中的含尘浓度和尘粒粒径有关。对于尘粒大小与光波波长接近的均匀微细尘粒，其光强减弱的程度可用下式表示：

$$I = I_0 \exp\left(-Kn\frac{V^2}{\lambda^4}\right) \tag{1-7}$$

式中　I——通过的光强；

I_0——照射的初始光强；

K——消光系数；

n——单位体积内尘粒个数；

V——尘粒的体积；

λ——光波的波长。

对于粒径大于波长的尘粒，通过的光强服从几何光学的“平方定律”，即正比于尘粒所遮挡的横断面面积。当尘粒的粒径大于 1 μm 时，通过的光强实际与波长无关。

罗斯引入消光系数的概念，用以说明全部粒径范围内的尘粒对光的吸收作用。消光系数定义为各种粒径的尘粒对光的实际遮挡强度与按理论的几何光学“平方定律”计算的遮挡强度的比值。

通过均匀含尘的悬浊介质时的光强，可按下式确定：

$$\ln\frac{I_n}{I}=KSL \tag{1-8}$$

式中 K——消光系数，可用光线中每千克粉尘的投影面积 A 来表示，m^2/kg；

S——单位体积内粉尘的质量浓度，kg/m^3；

L——光线通过的长度，m；

I_n——采样前通过滤膜的光通量，lm；

I——采样后通过滤膜的光通量，lm。

根据罗斯提出的消光系数对 A 进行修正，上式可适用于各种粒径的粉尘。

1.2.7 矿井粉尘中游离二氧化硅含量

从工业卫生角度来看，各种粉尘对人体都是有害的，粉尘的化学成分及其在空气中的浓度，直接决定对人体的危害程度。粉尘中游离二氧化硅含量越高，危害越严重。粉尘中游离二氧化硅含量一般较原物料中的稍低。常见矿岩中游离二氧化硅含量见表1-3。

表1-3 常见矿岩中游离二氧化硅含量

矿岩名称	游离二氧化硅含量/%	矿岩名称	游离二氧化硅含量/%
花岗岩	60.0～75.0	砂岩	33.0～76.0
云英岩	75.0～80.0	砂质石灰岩	15.0～37.0
伟晶花岗岩	21.5～40.0	普通石灰岩	0.2～0.3
石英闪长岩	20.0～47.0	膨润土	3.0～7.0
花岗闪长岩	50.0～60.0	黄铜矿	1.0～50.0
耀绿岩	2.0～3.0	黄铁矿	10.0～20.0
石英岩	95.0以上	铅锌矿	5.0～15.0
片麻岩	27.0～64.0	钨钼矿	70.0～90.0
角闪岩	12.0～36.0	赤铁矿	0.5～10.0
硅卡岩	30.0～50.0	锡矿(石英脉)	80.0～90.0
云母片岩	25.0～50.0	煤	～10.0

1.3 矿井粉尘的危害

矿井粉尘的危害主要表现在以下4个方面：① 某些粉尘(如煤尘、硫化尘等)具有爆炸危险性；② 加速机械磨损，缩短精密仪器使用寿命；③ 降低工作场所能见度，增加工伤事故的发生；④ 污染工作场所及大气环境，危害人体健康，引起职业病，轻者会患呼吸道炎症，重者会患尘肺病。其中，以尘肺病和矿尘爆炸危害最大，直接危害工人身体健康和生命安全。

1.3.1 煤尘爆炸的危害

煤尘爆炸时会释放大量的热量，这些反应热量可使气体产物加热至2 300～2 500 ℃，在一端开口的无限长巷道内爆炸时，煤尘爆炸最大火焰的瞬时燃烧速度可达1 120 m/s，而冲击波速度则为2 340 m/s。美国在更长巷道中实验时，煤尘爆炸的压力曾达到1.86 MPa。煤尘爆炸产生的高温及冲击波是造成灾害的根源，且具有连续传播爆炸的特点，一次比一次剧烈，呈跳跃式发展，使得灾害范围大大扩展。

煤尘爆炸生成的气体中有毒有害气体生成量最多，除CO和CO_2气体外，还存在各种碳氢化合物气体，使氧气消耗殆尽，易造成人员中毒、窒息死亡，见表1-4。

表1-4　煤尘爆炸、瓦斯煤尘爆炸后矿井大气在成分上的变化

矿井大气在成分上的变化		不同浓度煤尘爆炸时			瓦斯和煤尘共同参与时
		爆炸下限浓度	最强爆炸浓度	爆炸上限浓度	
分解出对人体健康有毒有害气体/%	氧浓度降至剩余浓度	5～16	2～5	3～8	达到0
	一氧化碳（爆炸下限为12%时）	1～2	4～8	2～7	达到16
	二氧化碳	5～10	6～9	4～8	达到12
	水蒸气	8～16	12～20	6～10	达到5
分解出爆炸性气体/%	氢气（爆炸下限为4%时）	0～1	1～5	0～5	达到16
	瓦斯及其同系列	0～2	2～5	0～3	达到5

随着矿井开采强度的增大，煤尘爆炸威胁逐渐呈现出来。自煤炭开采进入规模化生产时代以来，煤尘爆炸已成为煤炭生产中一个严重危险因素。有史记载的最早的煤尘爆炸于1803年发生在英国的沃尔德逊煤矿。1906年，在法国古利耶尔煤矿由于炸药包爆炸引燃附近飞扬起来的煤尘并发生爆炸。后又因沉积的煤尘不断被冲击波吹起而传播了爆炸，使事故扩展到全矿，蔓延井巷长度达100 km，死亡1 099人。根据不完全统计，英国在1911—1941年间发生过146次煤尘爆炸事故，美国在1925—1945年间发生过30次煤尘爆炸事故。1942年4月26日，我国本溪湖煤矿发生了历史上最大的瓦斯煤尘爆炸，事故发生前由于井下停电而引起瓦斯积聚，恢复供电时，电气火花引起积聚的瓦斯爆炸，后又引燃了被扬起的沉积煤尘，发生大规模煤尘爆炸，造成1 549人死亡，伤残246人。1963年，日本三井三池煤矿发生跑车事故，井筒内沉积的煤尘扬起，被矿车和轨道的高速摩擦热点燃发生爆炸，死伤1 290人。中华人民共和国成立后也曾发生多起煤尘爆炸事故。1960年，山西大同矿务局老白洞煤矿发生煤尘爆炸事故，死亡684人，为中华人民共和国成立以来煤炭工业死亡人数最多的一起事故。2005年11月27日，黑龙江龙煤矿业集团七台河分公司东风煤矿发生一起瓦斯煤尘爆炸事故，造成171人死亡，48人受伤。

煤尘爆炸的危害性表现为对作业人员的伤害和设备的破坏两方面，其特征可概括为以下6个方面：

(1) 产生高速火焰

煤尘着火燃烧的氧化反应主要是在气相内进行的。当煤尘云开始被点燃时，产生的火焰和压力波两者的传播速度几乎相同。随着时间延长，压力波的传播速度加快。国外用化学方法算出的煤尘爆炸最大火焰速度为1 120 m/s，而在试验中所测得的火焰速度为610～

1 800 m/s，计算出的最大压力波速度为 2 340 m/s。

(2) 产生高温

根据实验室测定，煤尘爆炸火焰的温度是 1 600～1 900 ℃。煤尘爆炸产生的热量，可使爆炸地点的温度高达 200 ℃以上，这是煤尘爆炸得以自动传播的条件之一。

(3) 产生高压

煤尘爆炸的理论压力为 736 kPa，但是在有大量沉积煤尘的巷道中，爆炸压力将随着与爆源距离的增加而跳跃式增大。根据煤尘爆炸平硐试验，距爆源 200 m 的巷道出口处，爆炸压力可达 0.5～1.0 MPa。如在爆炸波传播的通道内有阻碍物、断面突然变化处或拐弯等，爆炸压力还将上升。

(4) 连续爆炸

煤尘爆炸和瓦斯爆炸一样，都伴随有两种冲击：一是进程冲击，即在高温作用下爆炸瓦斯及空气向外扩张；二是回程冲击，即发生爆炸地点空气受热膨胀，密度减小，瞬时形成负压区，在气压差作用下，空气向爆源逆流，促成的空气冲击简称“返回风”，若该区内仍存在还可以爆炸的煤尘和热源，就会因补给新鲜空气而发生第二次爆炸。

煤尘爆炸的压力波传播速度很快，能将巷道中的落尘扬起，使巷道中的煤尘浓度迅速达到爆炸浓度范围，因而当落后于压力波的火焰到达时，就能再次发生煤尘爆炸。

连续爆炸是煤尘爆炸的一个重要特征。只要巷道中有充足的煤尘，爆炸就会不停地向前发展，一直传播到没有煤尘的地点为止。再次爆炸是在前一次爆炸的基础上发生的，爆炸前的初压往往大于大气压，因此在很多情况下，在一定距离范围内，离爆源越远破坏力越大。对发生过煤尘爆炸事故的矿井调查表明，一般距爆源 10～30 m 以内的地点，破坏较轻；离爆源越远，破坏越严重。

(5) 挥发分减少或形成黏焦

煤尘爆炸时，参与反应的挥发分占煤尘挥发分含量的 40%～70%，致使煤尘挥发分减少。根据这一特征，可以判断煤尘是否参与井下的爆炸。

气煤、肥煤、焦煤等黏结性煤尘，一旦发生爆炸，一部分煤尘会被焦化黏结在一起，沉积于支架和巷道壁上，形成煤尘爆炸所特有的产物——焦炭皮渣或者黏块，统称黏焦，如图 1-2 所示。

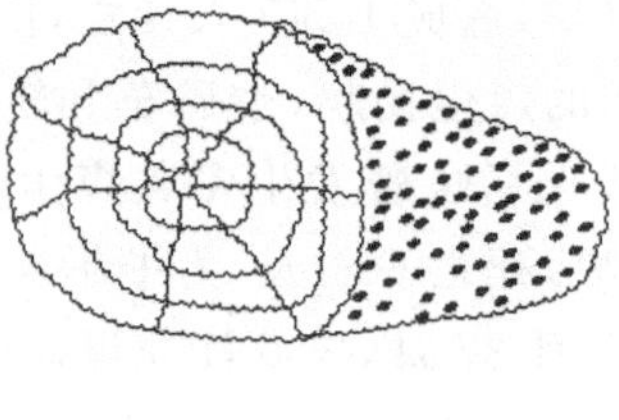

图 1-2　黏焦

皮渣是一种烧焦到某种程度的煤尘集合体，其形状常为椭圆形，而黏块是完全未受到焦化作用的煤尘集合体，其断面形状通常为三角形。黏焦的形状与爆炸特征密切相关，是判断井下发生爆炸事故时是否有煤尘参与的重要标志，同时还是寻找爆源及判断煤尘爆炸强弱程度的依据，因此是鉴定煤尘爆炸事故的一个重要依据。

① 弱爆炸时，火焰与爆风以慢速传播，黏焦黏附在支柱两侧，而迎风侧(迎向爆源方向)

较密，且多呈椭圆形。

② 中等强度爆炸时，传播速度较快，黏焦主要附着在支柱的迎风侧，且多呈三角形。

③ 强爆炸时，传播速度较快，黏焦附着在支柱的背风侧，而在迎风侧有燃烧的痕迹。

④ 距爆源较远处，由于煤尘颗粒飞扬较远和燃烧时间较长，可形成焦化作用较完全的焦炭颗粒，大量附着在巷道支柱的迎风侧和周壁上，或堆积在背风侧的支柱下边，在灯光照射下有闪光亮点。

(6) 产生大量的有害气体

煤尘爆炸时产生的一氧化碳浓度可达 2%～3%，甚至高达 8%左右。爆炸事故中的很多受害者是由于一氧化碳中毒造成的。煤尘爆炸传播过程中，由于煤尘粒子的热变质和干馏作用，除产生二氧化碳（富氧时）、甲烷和氢气以外，还产生干馏气体，并含有毒气体，如氢氰酸（HCN）等。

1.3.2　机械磨损

矿井空气中的粉尘落到机器的转动部件上，会加速转动部件的磨损，降低机器的精度和寿命。对一些小型精密仪表，若粉尘混入可能会使其部件被卡住而不能正常工作。粉尘对油漆、胶片生产和某些产品（如电容器、精密仪表、微型电机、微型轴承等）的质量影响很大。产品一经污染，轻者返工，重者报废。尤其是半导体集成电路，其元件最细的引线只有头发直径的 1/20 或更细，如果落上粉尘就有可能使整块电路板报废。

1.3.3　污染矿井作业环境及大气

当煤矿井下粉尘达到一定浓度时将会影响作业人员的视线，可能引发人员伤亡事故，影响劳动生产效率。

往大气中排放的矿尘对周围生态环境破坏严重，排入大气的矿尘有相当一部分是浮尘，浮尘一般具有很强的吸附能力。很多有害气体、液体或者某些金属元素（如镍、铬、锌等）都能吸附在其上，随着人体呼吸而被带入肺部深处或黏附在支气管壁上，引起或加重呼吸器官的各种疾病。1952 年 12 月发生在英国伦敦的“烟雾事件”，许多人吸入大气中以浮尘“载体”的二氧化硫，以致在两个星期内造成 4 000 多人死亡。另外，浮尘还会降低大气的可见度，促使烟雾的形成，使太阳辐射传递受到影响。此外，地面煤炭装运、煤堆、矸石堆（山）等由于风力作用也产生大量粉尘，使矿区周边空气环境受到严重污染，对居民健康和植物生长也都造成十分不利的影响。

1.3.4　引起尘肺病

尘肺病，是工人在长期生产过程中吸入大量微细粉尘而引起的以纤维组织增生为主要特征的肺部疾病，我国绝大多数煤矿工人既接触煤尘又接触矽尘，其肺的病理改变较为复杂，所以将其定义为矿工尘肺病。因其发病缓慢，发病周期较长，且有一定的潜伏期，因此往往不被人们所重视。尘肺病一旦患病，目前还很难彻底治愈。而实际上由尘肺病引发的矿工致残和死亡人数，在国内外都远高于各类工伤事故伤亡的数量。

1.3.4.1　尘肺病发病现状

据统计，我国尘肺病约占职业病发病的 90%，矿工尘肺病新发病病例数占新发尘肺病病例数达 50%以上。图 1-3 为 2004—2019 年我国 30 个省份职业病和尘肺病的统计情况。2004—2019 年，我国每年新增职业病数量居高不下，其中粉尘引起的尘肺病人数约占总职业病人数的 80%。但由于职业病隐藏性强，发病周期较长，确诊较慢，导致实际发病数远高

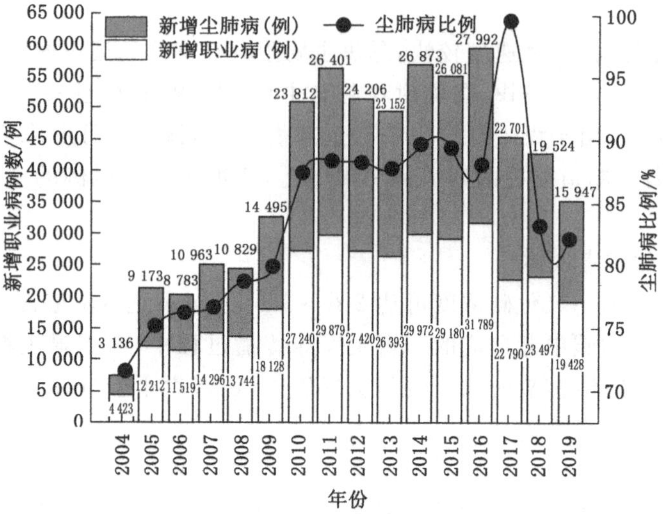

图 1-3　2004—2019 年我国每年新增职业病和尘肺病人数

于目前统计数据。

1.3.4.2　尘肺病发病机理

石英粉尘(即游离二氧化硅)是硅肺病发病的主要原因,但石英粉尘如何在肺内引起纤维化,论点和学说颇多。试验和研究证明,新鲜的二氧化硅粉尘表面活性很强,能使吞噬了硅尘的吞噬细胞崩解死亡。从免疫因素角度看,吞噬细胞吞噬异物后,在细胞内形成吞噬体,细胞内的初级溶酶体与吞噬体结合成次级溶酶体,次级溶酶体中的各种水解酶能消化外来异物,未消化完全的物质成为残余物暂时保留在细胞内或被排出细胞外。如果肺内进入了游离二氧化硅粉尘,则吞噬了粉尘的吞噬细胞在其毒性作用下崩解死亡,从崩解逸出的硅尘可由具有活力的吞噬细胞吞噬,这个过程可以反复进行。所以在游离二氧化硅粉尘的作业环境,连续接尘时间长或粉尘浓度过量的环境条件下,除肺脏的防御功能受到破坏外,大量的死亡含尘细胞堆积,在肺部形成伤痕组织——硅肺病。

煤肺病的发病原理,大体上是由于煤尘在肺内各部位过量聚集和堆积,形成煤尘病灶。随着时间发展,网状纤维增生,并可能有胶原纤维增生,最终形成煤尘纤维化——煤肺病。

进入人体呼吸系统的粉尘大体上经历以下 4 个过程:

(1) 在上呼吸道的咽喉、气管内,含尘气流由于沿程的惯性碰撞作用使粒径大于 10 μm 的尘粒首先沉降在其内。经过鼻腔和气管黏膜分泌物黏结后形成痰排出体外。

(2) 在上呼吸道的较大支气管内,通过惯性碰撞及少量的重力沉降作用,使粒径为 5～10 μm 的尘粒沉积下来,经气管、支气管上皮的纤毛运动,咳嗽随痰排出体外。因此,进入下呼吸道的粉尘,其粒径均小于 5 μm,目前比较统一的看法是空气中粒径 5 μm 以下的粉尘是引起尘肺病的有害部分。

(3) 在下呼吸道的细小支气管内,由于支气管分支增多,气流速度减慢,使部分粒径为 2～5 μm 的尘粒依靠重力沉降作用沉积下来,通过纤毛运动逐级排出体外。

(4) 粒径为 2 μm 左右的粉尘进入呼吸性支气管和肺内后,一部分可随呼气排出体外;另一部分沉积在肺泡壁上或进入肺内。残留在肺内的尘粒可使肺泡组织形成纤维病变出现网眼，逐步失去弹性而硬化，无法担负肺部呼吸作用，使肺功能受到损害，降低了人体抵抗力，并容易诱发其他疾病，如肺结核、肺气肿等。在发病过程中，由于游离二氧化硅表面活性很强，加速了肺泡组织的死亡。

1.3.4.3　尘肺病的分类

煤矿尘肺病按吸入粉尘的成分不同，可分为3类：

(1) 硅肺病。长期吸入游离二氧化硅含量较高的岩尘而引起的，患者多为长期从事岩巷掘进的矿工，也称矽肺病。

(2) 煤硅肺病。由于长期同时吸入煤尘和含游离二氧化硅的岩尘所引起，患者多为岩巷掘进和采煤的混合工种矿工，也称煤矽肺病。

(3) 煤肺病。长期大量吸入煤尘所致，患者多为长期在煤层中从事采掘工作的矿工。

作业人员从接触矿尘开始到肺部出现纤维化病变所经历的时间称为发病工龄，上述尘肺病中最危险的是硅肺病。其发病工龄最短，一般在10 a左右，病情发展快，危害严重。煤肺病的发病工龄一般为20～30 a，煤硅肺病介于两者之间但接近后者。

1.3.4.4　尘肺病的发病症状

(1) 尘肺病人的临床表现

尘肺病人的临床表现主要是以呼吸系统症状为主的呼吸困难、咳嗽、咳痰、胸痛4大症状，此外尚有喘息、咯血以及某些全身症状。

① 呼吸困难是尘肺病人最常见和最早发生的症状，且与病情的严重程度相关。随着肺组织纤维化程度的加重、有效呼吸面积的减少、通气与血流比例的失调，缺氧导致呼吸困难逐渐加重。合并症的发生则会明显加重呼吸困难的程度和发展速度，并累及心脏，发生肺源性心脏病，使之很快发生心肺功能失代偿而导致心功能衰竭和呼吸功能衰竭，这是尘肺病人死亡的主要原因。

② 咳嗽是一种呈突然、暴发性的呼气运动，有助于清除气道内分泌物，因此咳嗽的本质是一种保护性反射。咳嗽受体分布于大支气管、气管及咽部等，受呼吸道分泌物刺激而兴奋引起咳嗽。咳嗽是尘肺病人最常见的症状，主要与并发症有关。早期尘肺病人咳嗽多不明显，但随着病程的进展，病人多并发慢性支气管炎，晚期病人常易并发肺部感染，均使咳嗽明显加重。特别是并发有慢性支气管炎者咳嗽显著，也具有慢性支气管炎的特征，即咳嗽与季节、气候等有关。尘肺病人在并发肺部感染时，往往不像一般人发生肺部感染时有明显全身症状，可能表现为咳嗽较平时加重。吸烟病人咳嗽较不吸烟者明显。少数病人并发喘息性支气管炎，则表现为慢性长期的喘息，呼吸困难较并发单纯慢性支气管炎者更为严重。

③ 咳痰是尘肺病人常见的症状，即使在咳嗽很少的情况下，病人也会有咳痰，这主要是由于呼吸系统对粉尘的清除导致分泌物增加所致。在没有呼吸系统感染的情况下，一般痰量不多，多为黏液痰。煤矿尘肺病人痰多为黑色，晚期煤矿尘肺病人可咳出大量黑色痰，其中还能明显看到煤尘颗粒，这多是大块纤维化病灶由缺血溶解坏死所致。石棉接尘工人及石棉肺病人痰液中则可检查到石棉小体。如并发慢性支气管炎及肺内感染，痰量明显增多，痰呈黄色黏稠状或块状，常不易咳出。

④ 胸痛是尘肺病人最常见的主要症状，几乎每个病人或轻或重均有胸痛，其中以硅肺和石棉肺病人多见。胸痛的部分原因可能是纤维化病变的牵扯作用，特别是有胸膜的纤维

化及胸膜增厚，脏层胸膜下肺泡的牵拉及张力作用等。胸痛的部位常有变化，多为局限性；疼痛性质多不严重，一般为隐痛，亦有胀痛、针刺样痛等。骤然发生的胸痛，吸气时可加重，常常提示气胸。

⑤ 咯血较为少见，可由于上呼吸道长期慢性炎症引起黏膜血管损伤，咳痰中带有少量血丝；亦可能由于大块状纤维化病灶的溶解破裂损及血管而咯血量较多，一般为自限性的。并发肺结核是咯血的主要原因，且咯血时间较长，量也会较多。因此，尘肺病人如有咯血，应十分注意是否并发肺结核。

⑥ 除上述呼吸系统症状外，可有不同程度的全身症状，常见的有消化功能减弱、胃纳差、腹胀、便秘等。

(2) 体征

早期尘肺病人一般无体征，随着病变的进展及并发症的出现，则可有不同的体征。听诊发现有呼吸音改变是最常见的，合并慢性支气管炎时可有呼吸音增粗、干性啰音或湿性啰音，有喘息性支气管炎时可听到喘鸣音。大块状纤维化多发生在两肺上后部位，听诊时在胸部相应的病变部位呈浊音甚至是变音，听诊则语音变低，局部语颤可增强。晚期病人由于长期咳嗽可致肺气肿，检查可见桶状胸，肋间隙变宽，听诊胸部呈鼓音，呼吸音变低，语音减弱。广泛的胸膜增厚也是呼吸音减低的常见原因。并发肺心病心衰者可见心衰的各种临床表现：缺氧、黏膜呈青紫色改变、颈静脉充盈怒张、下肢水肿、肝脏肿大等。

(3) 尘肺病的自觉症状

从自觉症状上，尘肺病分为 3 期：

Ⅰ期，重体力劳动时呼吸困难、胸痛、轻度干咳。

Ⅱ期，中等体力劳动或正常工作时，感觉呼吸困难、胸痛、干咳或带痰咳嗽。

Ⅲ期，做一般工作甚至休息时，也感到呼吸困难、胸痛、连续带痰咳嗽，甚至咯血和行动困难。

1.3.4.5 尘肺病的影响因素

尘肺病的发病工龄、临床症状等涉及因素很多且十分复杂，大体可归纳为 5 个方面。

(1) 粉尘的成分

在粉尘引起疾病的危险程度上，粉尘的矿物成分比其化学成分更为重要，化学性质比物理性质更为重要，如游离二氧化硅比化合的二氧化硅危害更为严重。游离二氧化硅导致肺组织纤维化作用最强。游离二氧化硅含量越高，危害越大，病变发展的速度也越快。如吸入含游离二氧化硅 70%以上的粉尘时，肺部往往形成以结节为主的弥漫性纤维化，且病情发展快、易融合；如粉尘中游离二氧化硅含量低于 10%，则肺内病变以间质性为主，发展慢且不易融合。《煤矿安全规程》根据粉尘中游离二氧化硅的含量，对作业场所空气中粉尘（总粉尘、呼吸性粉尘）最高允许浓度做了明确规定。

对于煤尘，引起煤肺病的主要是它的有机质（即挥发分）含量。据试验，煤化作用程度越低，危害越大，因为煤尘的危害和肺内的积尘量都与煤化作用程度有关。

(2) 粉尘的分散度

细微颗粒受重力影响很小，在空气中滞留时间长，被机体吸入的可能性大，且分散度高（粉尘粒径$<5\ \mu m$）的浮尘吸入人体后可进入肺部的深部。从动物试验和尸检中发现，肺组织中多数都是粒径 5 μm 以下的尘粒，能进入肺泡的尘粒主要是粒径小于 2 μm 的粉尘。而

粒径在0.5 μm以下的尘粒，因重力极小，能随气体分子运动并随呼气排出。

根据各国对不同粒径的粉尘在肺脏滞留规律的大量分析研究，总结出尘粒大小对健康损害的程度：粒径为1 μm的尘粒对人体有100%的危害；粒径为5 μm的尘粒对人体有50%的危害；粒径为7 μm以上的尘粒对人体本身基本没有危害。由此可见，粉尘的粒径越小，分散度越高，对人体的危害越大。

(3) 粉尘浓度

除粉尘成分外，作业场所空气中的粉尘浓度也是一个极重要的因素。一般来说，一种有害粉尘只有当它的浓度超过某一值时才能产生致病危害。空气中含有的粉尘越多，即粉尘浓度越大，工人吸入的粉尘量越大，越易患病。国外的统计资料表明，在高粉尘浓度的场所工作时，平均5～10 a就有可能导致尘肺病。空气中粉尘浓度降低到《工作场所有害因素职业接触限值 第1部分：化学有害因素》(GBZ 2.1—2019)规定的标准以下时，工作几十年，肺部吸入的粉尘总量仍不足以达到致病的程度。

(4) 接尘时间

人员暴露于游离二氧化硅粉尘中的时间少于1 a而诊断为硅肺病的情况是极为罕见的。井下采掘工种工作年限，一般可以间接说明累计接触粉尘量，工作时间越长或平均粉尘浓度越高，尘肺病的发病率越高。

(5) 其他

按流行病学观点，许多因素分别归诸于宿主、因子、环境等致病因素。其中，宿主包括民族、年龄、性别、疾病、习惯、先天等因素，以及肺清除机能和免疫因素等诸方面；因子包括粉尘分散度、煤种、非煤组分含量、石英类型、其他矿物含量、微量元素及数量等；环境因素包括工作种类和性质、气象条件、对粉尘的控制措施及粉尘存在状况等。对煤矿尘肺病来讲须查明煤尘的特性，尤其要发现增强呼吸性粉尘的致病成分，同时须评定宿主特性在尘肺病发病中的作用，另外个人生理这个重要的可变因素也不容忽视。

1.3.4.6　健康查体的要求

职业性健康检查分为就业前检查、就业期间定期检查和离岗检查。

就业前检查：指对将要从事某种作业的人员进行的健康检查，目的在于：① 评价被检查者是否存在职业禁忌证，其体质、健康状况是否适合将要从事的工种，是否危及他人健康，是否有妨碍工作的疾病(如传染病、精神病等)。② 取得连续观察的基础健康状况资料。③ 对不适合从事该工种的被检查者，做出指导与建议，安排其从事其他合适的工作。

就业前检查不仅是指对新进厂员工的健康检查，变更工种、长期病休后复工、工伤后复工等的健康检查，也属于就业前检查。

就业期间定期检查：根据作业中职业危害因素的种类及危害程度，按一定的间隔期限进行的专项健康检查。其目的在于：① 早期发现职业有害因素对健康的影响。② 对职业病早期诊断和处理，对可疑者进行重点观察，防止疾病进一步发展、恶化。③ 筛选高危人群，检查出职业禁忌证者，并对他们进行重点监护与调换适合工种。④ 评价作业环境的劳动卫生防护设施的效果。

离岗检查：是指对已从事放射工作的人员因不同原因调离其工作岗位前所进行的健康检查。要求用人单位应当组织接触职业病危害因素的劳动者进行离岗时的职业健康检查。用人单位对未进行离岗时职业健康检查的劳动者，不得解除或终止与其订立的劳动合同。

1.4 矿井粉尘防治相关法规与技术标准

1.4.1 法规

我国已颁布实施了《中华人民共和国安全生产法》《中华人民共和国职业病防治法》《工作场所职业卫生管理规定》《中华人民共和国尘肺病防治条例》等，这些法规为我国矿井粉尘防治的监督管理提供了一定的法律依据。同时，《煤矿安全规程》自 1980 年颁布以来，已经过 10 多次修订。这些法规的制定和修订充分体现出我国对矿井安全的重视程度，为规范煤矿工作、保护职工安全和健康提供了法律依据。

1.4.2 技术标准

自 2006 年以来，我国相继发布并实施了《煤层注水可注性鉴定方法》（MT/T 1023—2006）、《煤矿井下粉尘综合防治技术规范》（AQ 1020—2006）、《煤矿采掘工作面高压喷雾降尘技术规范》（AQ 1021—2006）、《煤矿用袋式除尘器》（AQ 1022—2006）、《煤矿粉尘粒度分布测定方法》（GB/T 20966—2007）、《煤矿用粉尘浓度传感器》（MT/T 1102—2009）等技术标准。原国家安全生产监督管理总局还发布了《煤矿作业场所职业病危害防治规定》等。这一系列的技术标准为矿井粉尘防治工作提供了重要的依据和指导。

1.4.3 相关规定

1.4.3.1 矿井粉尘防治基本规定

（1）矿井所有能产生沉积粉尘的地点和需要用水冲洗或喷雾的巷道内均要安设防尘供水管路，其中采、掘巷道，运输巷，斜井每隔 50 m 设 1 个三通阀门，其他管路每隔 100 m 设 1 个三通阀门。

（2）防尘管路安设平整，吊挂牢固，小于或等于 90°的拐弯要设弯头，不拐死弯，接口严密不漏水。

（3）防尘供水系统中，必须安装过滤装置，保证水的清洁，水中悬浮物含量不得超过 150 mg/L，粒径不大于 0.3 mm，水的 pH 值应在 6.0～9.5。

（4）井下风速必须严格控制，增大风量或改变通风系统，必须相应地调节风速，防止粉尘飞扬。同时，溜煤眼不得兼作风眼使用。

（5）井下所有转载点、卸载点均要设置完善的喷雾装置。

（6）采区进、回风巷及进风斜井必须安装净化水幕，水幕要封闭全断面，雾化好，正常使用。

1.4.3.2 掘进工作面防尘

（1）机掘工作面防尘

随着煤矿机械化程度的提高和开采强度的加大，井下机掘工作面的粉尘浓度逐渐增加。为高效降低机掘工作面的粉尘浓度，《煤矿井下粉尘综合防治技术规范》（AQ 1020—2006）对机掘工作面的降尘效果进行了规定："高瓦斯、突出矿井的掘进机司机工作地点和机组后回风侧总粉尘降尘效率应大于或等于 85%，呼吸性粉尘降尘效率应大于或等于 70%；其他矿井的掘进机司机工作地点和机组后回风侧总粉尘降尘效率应大于或等于 90%，呼吸性粉尘降尘效率应大于或等于 75%。"

① 掘进机作业时，应使用内、外喷雾装置，内喷雾装置的使用水压不得小于 3 MPa，外

喷雾装置的使用水压不得小于1.5 MPa。如果内喷雾装置的使用水压小于3 MPa或无内喷雾装置，则必须使用外喷雾装置和除尘器。

② 掘进机上的喷雾系统的降尘效果达不到标准要求时，应采用除尘器抽尘净化等高效防尘措施。采用除尘器抽尘净化措施时，应对含尘气流进行有效控制，以阻止截割粉尘向外扩散，当采用高压喷雾除尘时，高压喷嘴喷雾压力达到8.0～12.5 MPa。

③ 距离工作面50 m内应设置一道自动控制风流净化水幕。距工作面20 m范围内的巷道，每班至少冲洗一次；20 m以外的巷道每旬至少冲洗一次，并清除堆积浮煤。为了能够对粉尘进行实时监测，规定采掘工作面回风侧应安设粉尘浓度传感器进行粉尘浓度连续监测。

(2) 炮掘工作面防尘

对于炮掘工作面，《煤矿井下粉尘综合防治技术规范》(AQ 1020—2006)对防尘的效果进行了规定："钻眼工作地点的总粉尘降尘效率应大于或等于85%，呼吸性粉尘降尘效率应大于或等于80%；放炮15 min后工作地点的总粉尘降尘效率应大于或等于95%，呼吸性粉尘降尘效率应大于或等于80%。"

① 掘进井巷和硐室时，必须采取湿式钻眼、冲洗井壁巷帮、水炮泥、爆破喷雾、装岩(煤)洒水和净化风流等综合防尘措施。冻结法凿井和在遇水膨胀的岩层中掘进不能采用湿式钻眼时，可采用干式钻眼，但必须采取捕尘措施，并使用个体防护用品。

② 打眼应采取湿式作业，供水压力以0.3 MPa左右为宜，以钻孔流出的污水呈乳状岩浆为准。炮眼内应填塞自封式水炮泥，水炮泥的装填节数应大于1节。

③ 爆破前应对工作面30 m范围内的巷道周边进行冲洗。爆破时必须在距离工作面10～15 m地点安装压气喷雾器或高压喷雾降尘系统实行爆破喷雾，雾幕应覆盖全断面并在爆破后连续喷雾5 min以上。爆破后，装煤(矸)前必须对距离工作面30 m范围内的巷道周边和煤(矸)堆洒水。在装煤(矸)过程中，边装边洒水。采用铲斗装煤(矸)时，装岩机应安装自动或人工控制水阀的喷雾系统，实行装煤(矸)喷雾。

④ 采用高压喷雾降尘时，喷雾压力不得小于8.0 MPa。高压泵站应放置在不受爆破影响的地点，否则应设置防护装置。高压喷雾应在爆破前2 min进行，并延续喷雾至爆破后5 min以上，雾粒应能充满整个巷道断面沿长度方向2 m以上。

(3) 锚喷工作面防尘

对于锚喷作业，《煤矿井下粉尘综合防治技术规范》(AQ 1020—2006)在粉尘治理效果中做了如下要求："锚喷作业应采取粉尘综合治理措施，作业人员工作地点总粉尘降尘效率应大于或等于85%。"

对于锚喷支护的防尘，《煤矿井下粉尘综合防治技术规范》(AQ 1020—2006)要求：沙石混合料颗粒粒径不得超过15 mm，且应在下井前洒水预湿；喷射机上料口及排气口应配备捕尘、除尘装置；距锚喷作业地点下风流方向100 m内应设置两道以上风流净化水幕，且喷射混凝土时工作地点应采用除尘器抽尘净化；采用低风压近距离的喷射工艺，其重点是控制以下参数：输料管长度不大于50 m，工作风压为0.12～0.15 MPa，喷射距离为0.4～0.8 m。

1.4.3.3　采煤工作面防尘

《煤矿井下粉尘综合防治技术规范》(AQ 1020—2006)对采煤工作面粉尘的综合治理进行了规定："采煤工作面应采取粉尘综合治理措施，落煤时产尘点下风侧10～15 m处总粉尘降尘效率应大于或等于 85%；支护时产尘点下风侧 10～15 m 处总粉尘降尘效率应大于或等于 75%；放顶煤时产尘点下风侧 10～15 m 处总粉尘降尘效率应大于或等于 75%；回风巷距工作面 10～15 m 处的总粉尘降尘效率应大于或等于 75%。”

(1) 采煤工作面应有由国家认定机构提供的煤层可注性鉴定报告，并应对可注水煤层采取注水防尘措施。注水后煤层水分增加率应达到 2%，当煤层厚度小于 1.3 m 或者煤层的自然水分大于 4%时，经矿总工程师批准后，可以不进行煤层注水，但必须采取其他防尘措施。

(2) 采煤工作面回风巷道至少设置一道净化水幕，水幕应在距工作面 30 m 范围内设置。

(3) 采煤机割煤喷雾应满足以下要求：采煤机必须配置高效实用的内、外喷雾，喷雾嘴必须完好、不堵塞，内、外喷雾装置及水压符合《煤矿安全规程》的规定，效果达不到要求时，必须采用适当的抑尘器进行喷雾降尘；在静压供水的水压达不到喷雾要求时，必须设置喷雾泵，泵站需备 2 台喷雾泵，一台使用，一台备用。自移式液压支架应装有自动或手动喷雾系统，移架时喷雾泵与机组采取泵机联锁，打开下风侧的控制水阀，实现开机开喷雾，形成净化风流的水幕。

(4) 采煤工作面运输巷应每周冲洗一次，对特殊易积尘地段应每班进行冲洗，并对设备前后进行清扫，消除堆积浮煤。

(5) 运输巷的转载点、溜煤眼上口及破碎机必须安装喷雾或密闭罩、除尘器等防尘装置，并有专人负责管理。

(6) 采煤工作面投产验收时，防尘设施必须齐全，在正常使用过程中，要求安装率达 100%，失修率不得超过 5%。

1.4.3.4 运输系统防尘

(1) 刮板输送机及带式输送机的转载落差均不得超过 0.5 m，超过 0.5 m 则应安装合适的中部槽式导向板转输，各转载点均应设置喷雾系统，或采用局部密闭罩与小型净化除尘器除尘。

(2) 煤仓放煤口距矿车边缘距离不得大于 0.4 m，装载点应设置喷雾，实现放煤时同时喷雾，雾化水幕必须罩住运煤胶带和矿车，且在装煤点下风侧 20 m 内设置一道净化风流水幕。

(3) 卸载点应采用自动喷雾控制装置，实现卸煤时同时喷雾。

(4) 主要进风巷道和运输大巷应安装自控式净化风流的常开水幕。

(5) 井下所有矿车均要保持完好，防止漏煤。

1.4.3.5 隔绝矿井粉尘爆炸

(1) 新矿井的地质审查报告中，必须有所有煤层的煤尘爆炸性鉴定资料，生产矿井每延深一个新水平，应进行一次煤尘爆炸性鉴定工作。

(2) 开采有煤尘爆炸危险煤层的矿井，在矿井的两翼，相邻的采区工作面和煤层都必须用隔爆水棚隔开，在所有运输巷道和回风巷中必须设置水幕，进行喷雾、洒水。

(3) 运输大巷每年用石灰浆刷浆一次，并及时冲洗和清扫沉积浮煤。

(4) 主要隔爆棚应在下列地点设置：矿井两翼与井筒相连通的主要运输大巷和回风大巷，相邻采区之间的集中运输巷道和回风巷道，相邻煤层之间的运输石门和回风石门。

(5) 辅助隔爆棚应在下列地点设置：采煤工作面进风、回风巷道；采区内的煤和半煤岩掘进巷道，采用独立通风并有煤尘爆炸危险的其他巷道，与煤仓相通的巷道。

(6) 采用集中式水棚的用水量按巷道断面计算，主要水棚不小于 400 L/m^2，辅助水棚不小于 200 L/m^2，水棚的安装质量符合矿井综合防尘标准的规定要求。

(7) 矿井应每周至少检查一次煤尘隔爆设施的安装地点、数量、水量及安装质量是否符合要求。

1.4.3.6　*矿井粉尘监测*

(1) 井下作业地点及人行道的空气中粉尘浓度，应符合以下要求：煤尘中游离二氧化硅含量小于 10% 时，总粉尘和呼吸性粉尘的时间加权平均容许浓度分别为 4 mg/m^3 和 2.5 mg/m^3。

(2) 煤矿粉尘测定周期按下列要求执行：粉尘分散度每季度测定一次，粉尘中游离二氧化硅含量每半年测定1次，煤层、岩层对井下每个测尘点粉尘浓度每月测定2次。矿井的每个工作面，每季度应进行一次全工班连续粉尘浓度测定，工作面有变动时应及时进行游离二氧化硅含量测定。

第2章　矿井粉尘测定

2.1　概　　述

2.1.1　矿井粉尘测定的意义

矿井粉尘测定工作有助于了解矿井生产环境中粉尘存在的状况，为消除和控制粉尘危害、预防尘肺病的发生提供科学依据。

矿井粉尘测定的意义如下：

(1) 测定井下各作业地点的粉尘的含量及物理化学性质，评价矿井采掘等环境中的粉尘状况，研究不同采掘工序的产尘状况。

(2) 测定矿井生产环境中粉尘存在状况，确定被测环境空气是否符合国家卫生标准的要求，为生产环境的卫生监督提供必要的依据。

(3) 对井下防尘措施效果、装置性能和除尘效率进行评价，及时了解煤矿采煤工作面、掘进工作面等作业场所空气中粉尘对工人健康的危害程度。

(4) 为分析井下粉尘作业环境中接尘工人健康水平的变化、尘肺病的发生情况提供必要的环境因素资料，为研究尘肺病的发生发展规律、制定粉尘卫生标准提供科学依据。

2.1.2　矿井粉尘测定项目及要求

2.1.2.1　*矿井粉尘测定项目*

从全面了解和掌握矿井粉尘的物理及化学性质出发，需要检测的项目包括粉尘的形状、密度、粒度分布、溶解度、浓度、化学成分、荷电性及爆炸性等。从安全与卫生学的角度出发，根据国家系列标准《工作场所空气中粉尘测定》的规定，日常矿井粉尘测定项目主要是粉尘浓度、分散度、游离二氧化硅含量等。

2.1.2.2　*矿井粉尘测定的要求*

(1) 仪器设备方面

① 矿井粉尘检测单位必须按国家及有关部门规定配备齐全各种矿井粉尘测定的仪器设备。

② 测定仪器规格、型号必须符合有关规定的要求，计量仪器的精度和级别必须符合国家计量部门的规定和要求。采样仪器的主要技术参数必须符合《工作场所空气中粉尘测定》系列标准中的相关要求。

③ 仪器设备必须按国家规定定期进行校正及检验。

(2) 测定方法及操作技术方面

① 矿井粉尘检测的项目和操作方法必须按国家的规定进行，测定数据必须准确。

② 矿井粉尘采样必须采用国家规定的滤膜质量法进行，其他测定方法只能作为辅助方法和参考。

③ 矿井粉尘采样地点和时间的选择必须按有关规定进行，采集的样品需有代表性，能真实反映煤矿生产场所、采掘场所粉尘的情况。

(3) 测定数据的登记报告方面

① 必须认真填写现场测定记录、实验室登记和统计表格。

② 必须按国家规定统计、报告粉尘测定数据。

③ 要严格管理好各种矿井粉尘测定数据和资料。

2.2　矿井粉尘浓度测定

2.2.1　矿井总粉尘浓度测定

2.2.1.1　基本原理

总粉尘(简称总尘或全尘)，是指不同粒径的全部粉尘。目前我国煤矿井下粉尘浓度采用质量浓度方法表示，即滤膜称重法，简称质量法(又称过滤膜称重法)。粉尘采样器抽取一定体积的含尘空气，将粉尘阻留在已知质量的滤膜上，由采样后滤膜的增量，即可求出单位体积空气中粉尘的质量。

2.2.1.2　煤尘采样地点

一般采样地点选择在产尘源的回风侧，粉尘扩散均匀地区的呼吸带。呼吸带是指作业场所距巷道底板高 1.5 m 作业人员呼吸的地带，在薄煤层及其他特殊情况下，呼吸带高度应根据实际情况随之改变。移动式产尘点的采样位置，应位于生产活动中有代表性的地点，或将采样器架设在移动设备上。

井下作业场所测点的选择和布置可参照《煤矿井下粉尘综合防治技术规范》(AQ 1020—2006)规定，具体见表 2-1。

表 2-1　煤矿井下作业场所测尘点的选择和布置要求

类别	生产工艺	测尘点布置
采煤工作面	采煤机割煤	采煤机回风侧 10～15 m 处和司机工作地点
	移架	移架工作地点
	放顶煤	放煤工作地点
	风镐落煤、手工落煤及人工攉煤	一人作业，在其回风侧 3 m 处； 多人作业，在最后一人回风侧 3 m 处
	工作面巷道钻机钻孔	打钻地点回风侧 3～5 m 处
	电煤钻打眼	操作人员回风侧 3～5 m 处
	回柱放顶、移刮板输送机	作业人员工作范围
	薄煤层工作面风镐和手工落煤	作业人员回风侧 3～5 m 处
	薄煤层刨煤机落煤	工作面作业人员回风侧 3～5 m 处
	刨煤机司机操作刨煤机	司机工作地点

表 2-1(续)

类别	生产工艺	测尘点布置
采煤工作面	倒台阶工作面风镐落煤	作业人员回风侧 3～5 m 处
	掩护支架工作面风镐落煤	作业人员回风侧 3～5 m 处
	工作面多工序同时作业	回风巷内距工作面端头 10～15 m 处
	采煤工作面爆破作业	爆破后工人进入工作面的作业地点
	带式输送机作业	转载点回风侧 5～10 m 处
	工作面回风巷	距工作面端头 15～20 m 处
掘进工作面	掘进机作业	机组后 4～5 m 处的回风侧以及司机工作地点
	机械装岩	在未安设风筒的巷道一侧， 距装岩机 4～5 m 处的回风流中
	人工装岩	在未安设风筒的巷道一侧， 距矿车 4～5 m 处的回风流中
	风钻钻眼、电煤钻钻眼	距作业地点 4～5 m 处巷道中部
	钻眼与装岩机同时作业	装岩机回风侧 3～5 m 处巷道中部
	砌碹	在作业人员活动范围内
	抽出式通风	在工作面产尘点与除尘器捕罩之间， 粉尘扩散得较均匀地区的呼吸带范围
	切割联络眼	在作业人员活动范围内
	刷帮、挑顶、拉底	距作业地点回风侧 4～5 m 处
	工作面爆破作业	爆破后工人进入工作面开始作业前的地点
锚喷	钻眼作业	工人操作地点回风侧 5～10 m 处
	打锚杆作业	工人操作地点回风侧 5～10 m 处
	喷浆	工人操作地点回风侧 5～10 m 处
	搅拌上料	工人操作地点回风侧 5～10 m 处
	装卸料	工人操作地点回风侧 5～10 m 处
	带式输送机作业	转载点回风侧 5～10 m 处
转载点	刮板输送机	距两台输送机转载点回风侧 5～10 m 处
	带式输送机作业	两台输送机转载点回风侧 5～10 m 处
	装煤(岩)点及翻罐笼	距尘源回风侧 5～10 m 处
	翻罐笼及溜煤口司机进行翻罐笼和放煤作业	司机工作地点
	人工装卸材料	作业人员工作地点
井下其他场所	地质刻槽	作业人员回风侧 3～5 m 处
	巷道内维修作业	作业人员回风侧 3～5 m 处
	材料库、配电室、水泵房、机修硐室等处	作业人员活动范围内

2.2.1.3　滤料的选择

测定粉尘浓度在采样时用的滤料有滤膜和滤尘管。

(1) 滤膜

测定粉尘浓度时采用的滤膜一般有合成纤维和硝化纤维两类，我国采用合成纤维滤膜，由直径为 1.2～1.5 μm 过氯乙烯制成的超细纤维构成的合成纤维滤膜孔隙很小，表面成细绒状，不易破裂，具有抗静电性、憎水性、耐酸碱、质量轻、稳定性好等特点。当粉尘浓度低于 50 mg/m^{3}时，选用规格为 ϕ40 mm 的滤膜；当粉尘浓度高于 50 mg/m^3 时，选用规格为 ϕ75 mm 的滤膜。

① 称量滤膜

在称量前首先干燥，即将滤膜置于干燥器内 2 h 以上；然后用镊子取下滤膜两面的夹衬纸，将滤膜通过除静电器，除去滤膜的静电，用分析天平称取滤膜至恒重(相邻两次的质量差不超过 0.1 mg，即初重 m_1)。

② 滤膜的固定

用酒精棉球擦净滤膜夹，旋开滤膜夹的固定盖，用镊子夹取已称量的滤膜，毛面向上平铺在锥形环上，再将固定盖套上并拧紧。规格为 ϕ40 mm 的滤膜选用平铺安装法，其采样头结构如图 2-1 所示；规格为 ϕ75 mm 的滤膜用漏斗状安装法，其结构如图 2-2 所示。个体采样器用滤膜直径不大于 37 mm。

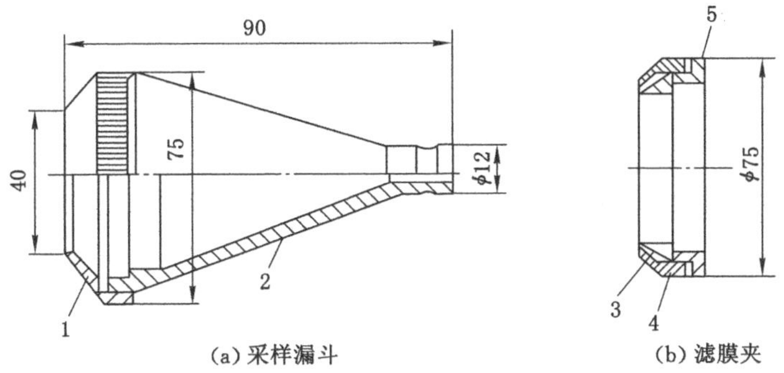

1—滤膜夹；2—采样漏斗；3—锥形杯；4—滤膜夹固定盖；5—滤膜夹底座。

图 2-1　规格为 ϕ40 mm 的滤膜用平铺安装法示意图

③ 检查滤膜并称重

规格为 ϕ40 mm 的滤膜在安装时，确认滤膜毛面向上无褶皱或裂隙后方可放入滤膜盒内(备用)或直接安装在采样头中。而规格为 ϕ60～ϕ75 mm 的滤膜(称好初重 m_1)则需先用镊子将其对折两次，形成 90°的扇形，然后张开呈漏斗状，置于固定盖内，使滤膜紧贴固定盖的内锥面。用锥形环压紧滤膜，并将底座拧入固定盖内[图 2-2(a)]，然后用圆头玻璃棒将锥顶推向对侧，形成滤膜漏斗[图 2-2(b)]。需注意：必须将滤膜粗糙面向上，即迎向风流。

(2) 滤尘管

滤尘管由大小头的玻璃管、脱脂棉及金属网(固定脱脂棉)等构成，如图 2-3 所示。但该过滤装置准备工作要求严格，操作麻烦，而且脱脂棉具有吸湿性，不易烘干称重，故一般较少采用。如果使用，同样需在干燥状态下用分析天平称取滤膜至恒重的初重 m_1。

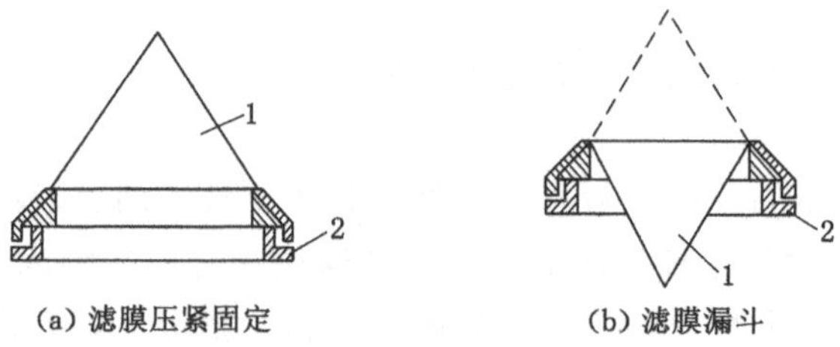

1—滤膜;2—滤膜夹。

图 2-2 规格为 ϕ75 mm 的滤膜用漏斗状安装法示意图

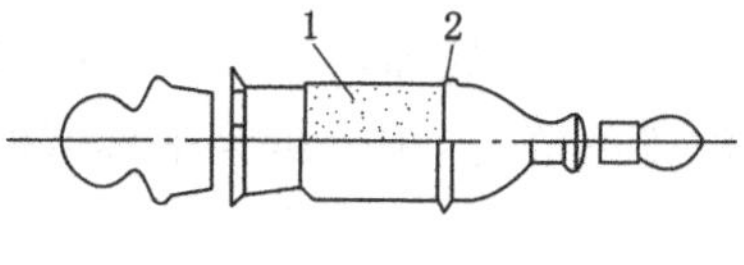

1—脱脂棉;2—金属网。

图 2-3 滤尘管

滤膜与滤尘管相比,具有阻尘率高(大于 99%)、含尘空气通过时阻力小、不易吸收水分、质量轻(规格为 ϕ40 mm 时为 20～70 mg)、操作简便、测尘时间短等特点。所以,用滤膜取样测定被广泛使用。

2.2.1.4 测尘仪器的分类及常用测尘仪器

(1) 分类

① 按不同测尘仪器原理分类

测尘取样仪器按不同测尘仪器原理分为采样器和测尘仪。

a. 采样器是现场滤膜采样,地面实验室称重分析,计算粉尘浓度值。

b. 测尘仪是根据物理原理,在现场测出粉尘浓度值。

② 按不同采样方法分类

测尘取样仪器按不同采样方法分为定点短时间采样仪器、定点长时间采样(或周期采样)仪器、个体佩戴采样仪器。

a. 定点短时间采样仪器是将仪器放在固定点,采样 10～20 min。

b. 定点长时间采样(或周期采样)仪器是将仪器放在固定点,全工班(1～8 h)或多班采样。

c. 个体佩戴采样仪器是由作业人员佩戴,全工班(1～8 h)采样。

(2) 常用测尘仪器

早期的测尘仪器有 AQC-45 型测尘仪、KBC 型采样器、AQF-1 型粉尘采样器等,通过现场滤膜采样,地面实验室称重分析,计算粉尘浓度值来测定全尘;而 ACG 系列等仪器则是根据物理原理(光电原理),用测尘仪现场测出粉尘浓度值。随着科学技术的发展,目前已研制出许多新型的自动化程度高、使用方便的采样器及测尘仪,具有同时测定全尘和呼吸性粉尘浓度的功能,如 AKFC-92A 型矿用粉尘采样器、CCZ-1000 型直读式测尘仪、CCHZ-1000 型全自动粉尘测定仪等。

国内几种常用的粉尘采样器的主要技术参数见表 2-2。

表 2-2　国内几种常用的粉尘采样器的主要技术参数

型号	采样流量/(L/min)	抽气负压/kPa	采样范围	采样时间/min	防爆形式	工作噪声/dB	质量/kg	温度/℃	湿度/%
KBC 型	0～40	<2	全尘	≥100	隔爆兼本质安全型		5	15～35	
AKFC-92A 型	20	>3	全尘、呼吸性粉尘	120	矿用本质安全型	≤70	1.8	−5～35	≤95
CCZ20 型	20～25	>3	全尘、呼吸性粉尘	120	矿用本质安全型	≤70	≤1.75		
FCC-25 型	5～25 5～30	>3	全尘、呼吸性粉尘		本质安全型	≤70	<70	0～40	≤95
AFQ-20A 型	20	>5	全尘、呼吸性粉尘	>100	本质安全型	<70	2	0～35	≤95
CCZ1000 型	2		全尘、呼吸性粉尘		本质安全型		2.5	0～40	≤95
CCHZ-1000 型	2		全尘、呼吸性粉尘	>480	安全型防爆				
ACGT-2 型	2	>5	全尘、呼吸性粉尘	>480	本质安全型	<65	0.35		
ACX-1 型	10～40	1.5	全尘		本质安全型		2	0～35	
ACH1 型	5		呼吸性粉尘	2	本质安全型				
AQH-1 型	2.5	>1.5	呼吸性粉尘	>480	本质安全型		4.5		
GH100 型	15		全尘、呼吸性粉尘	>80	本质安全型	<60	5	0～40	≤95

2.2.1.5　采样器或测尘仪检验方法

(1) 气密性检验

检验方法有 3 种：① 将滤膜夹上装有塑料薄膜的采样头放于盛水的烧杯中，向采样头内送气加压，当压差达到 1 000 Pa 时，水中应无气泡产生；② 用手指完全堵住采样头的进气口，转子应迅速下降至流量计底部；③ 自动控制流量的采样器，则进入停止运转状态。

(2) 与标准转子流量计相串联的标定

通常采用标准流量计精度为 1 级(±1%)的转子流量计进行标定。

① 用橡皮管将抽气机—流量调节阀—压力计—温度计—待校准流量计—标准流量计依次连接，如图 2-4 所示。

② 开启抽气机并调节流量，使标准流量计转子升到整数流量，读取待校准流量计用标准流量计标定转子的流量 Q_v 和流量计前的压力、温度，则被校准转子流量计的真实流量应为：

$$Q = 0.583\sqrt{\frac{p + p_r}{T_t}}\ \sqrt{Q_v} \tag{2-1}$$

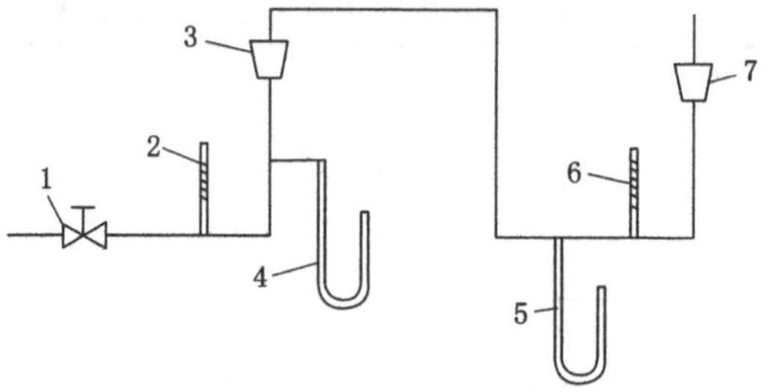

1—流量调节阀；2,6—温度计；3—标准流量计；4,5—压力计；7—待校准流量计。

图 2-4　标定转子流量计连接方法

式中　Q——转子流量在 101 325 Pa(标准大气压)、20 ℃条件下的流量，L/min；

p——当地大气压力，Pa；

p_r——转子流量计前的压力，Pa；

T_r——转子流量计前的绝对温度，K；

Q_v——转子流量计在 p_r、T_r条件下的读数，L/min。

如 p、p_r以毫米汞柱计量，上式中的系数应改为 0.62。

③ 核对被校准的流量读数 Q_v与标准流量计的流量读数 Q 是否相符，如不相符，以 Q_v为横坐标，标准流量计读数 Q 为纵坐标，绘制标定曲线，用于实际采样中实际流量的控制。

2.2.1.6　现场采样工作

完成上述准备工作后，携带采样器(或测尘仪)及滤料和记录纸到井下已选择好的地点进行采样。在采样时需保持采样器的流量稳定，并做好记录。

2.2.1.7　总粉尘浓度测定

总粉尘浓度计算公式为：

$$C = (C_2 + C_1)/2 \tag{2-2}$$

当分时段采样时，应按时间加权平均浓度计算：

$$C_{\text{TWA}} = \frac{C_1 T_1 + C_2 T_2 + \cdots + C_n T_n}{8}$$

式中　C_{TWA}——空气中粉尘 8 h 时间加权浓度，mg/m³；

$C_1, C_2, \cdots, C_n$——各时段空气总粉尘平均浓度，mg/m³；

$T_1, T_2, \cdots, T_n$——劳动者在相应浓度下的工作时间，h；

8——时间加权平均浓度规定的 8 h。

测定总粉尘浓度时注意事项如下：

① 上述方法是《工作场所空气中粉尘测定 第 1 部分：总粉尘浓度》(GBZ/T 192.1—2007)中规定的基本方法，如果采用其他方法(如红外线法等)，必须以此方法为基准。

② 上述方法最低检出浓度为 0.2 mg/m³(以 0.01 mg 天平，采集 500 L 空气样品计)。

③ 测定环境使得过氯乙烯滤膜不适用时(如在高温情况下采样)，可用超细玻璃纤维滤膜或混合纤维滤膜。

④ 采样前后应使用同一台天平进行称量，尽量保持称量环境一致。

⑤ 测尘滤膜通常带有静电，影响称量的准确性。因此，应在每次称量前除去静电。

⑥ 使用直径不大于 37 mm 的滤膜时(个体采样)，滤膜的增重不得大于 5 mg，否则，应

重新采样；使用直径为 40 mm 的滤膜时，滤膜的增重不得大于 10 mg。

⑦ 要按照所使用的呼吸性粉尘采样器的要求，正确应用滤膜和采样流量及粉尘增量，不能任意改变采样流量。

⑧ 过氯乙烯滤膜有明显的静电性和憎水性，但不耐高温，易溶于有机溶剂。

2.2.1.8 实验室分析仪器的使用

(1) 分析天平

按照规范和规程的要求，煤矿井下粉尘测定中要求使用分析天平，并要求其精度达到万分之一和十万分之一。分析天平从原理上可分为双盘等臂机械天平、单盘不等臂机械天平和电子天平。双盘等臂机械天平按用途分为检定天平、分析天平、精密天平和普通天平。现以 TG328B 型分析天平为例来介绍其原理和使用方法。

① 结构

TG328B 型分析天平(图 2-5)最大称重为 200 g，最小分度值为 0.1 mg，相对精度为 5×10^{-7}，机械加码范围为 10～990 mg，微分刻度全量值为 10 mg，每小格刻度值为 0.1 mg。

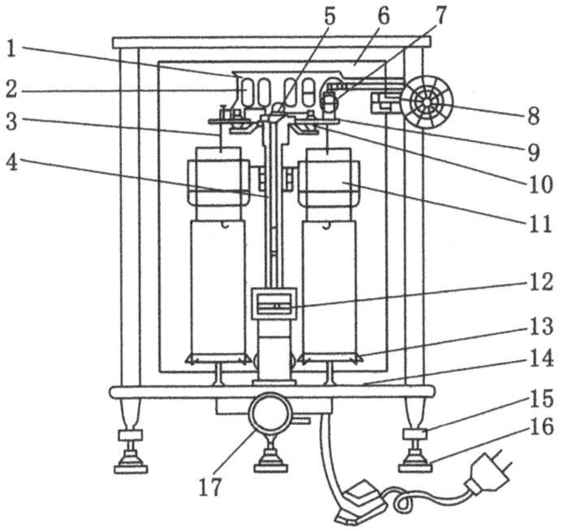

1—横梁；2—平衡砣；3—吊耳；4—指针；5—支点刀；6—框罩；7—圈形砝码；8—指数盘；9—支力销；10—折叶；11—阻尼内筒；12—投影屏；13—秤盘；14—托盘；15—螺旋脚；16—垫脚；17—旋钮。

图 2-5 TG328B 型分析天平结构图

该天平为杠杆式双盘等臂天平，其停动装置为双层折叶式。利用空气阻力的空气阻尼装置可减少横梁摆动时间，提高工作效率；光学投影放大读数装置及其零点调节机构可提高读数准确性；机械加码装置可转动指示旋钮变换砝码圈数。

② 使用方法

a. 天平零点调整。通过旋动横梁上端左右两个平衡砣进行较大范围的零点调整，底座下部的微动调节杆进行较小范围的零点调整。

b. 天平感量调整。通过旋低或旋高横梁支点刀上方重心螺母调整天平感量，但旋动重心螺母后必须重新调整天平零点。此外，必须准备一个 10 mg 的记差砝码，以便经常核对光学数值的准确性(如刀刃磨损应更换新刀)。

c. 天平光学投影调整。当天平装好使用时，投影屏上显示刻度应明亮而清晰。相反，则可能是天平受剧震或零件松动而产生刻度不清。TG328B 型分析天平光路如图 2-6 所示。

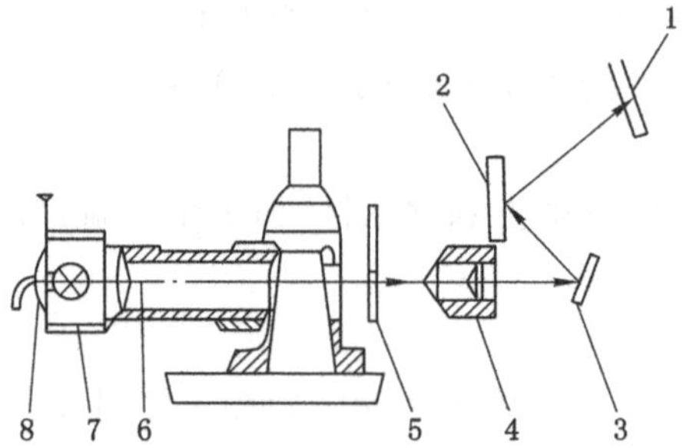

1—投影屏；2—大反射镜；3—小反射镜；4—物镜筒；5—指针；6—聚光管；7—照明筒；8—光源。

图 2-6 TG328B 型分析天平光路

(2) 干燥箱

干燥箱(或烘干箱)是用来干燥被采样品中的水分,通常烘干温度在 50～200 ℃之间任意调节。通风机可加强空气对流,使箱内温度均匀分布,易于样品的烘干或干燥。现以 DHG-9245A 型干燥箱为例对结构与技术指标、工作原理及使用方法进行说明。

① 结构与技术指标

DHG-9245A 型干燥箱结构如图 2-7 所示,由箱体、控制面板、温度控制器、风门调节按钮等部分组成。DHG-9245A 型干燥箱的电源电压为 AC220 V、50 Hz,控温范围为 10～250 ℃,恒温波动为±1 ℃,温度分辨率为 0.1 ℃,额定功率为 2 450 W。

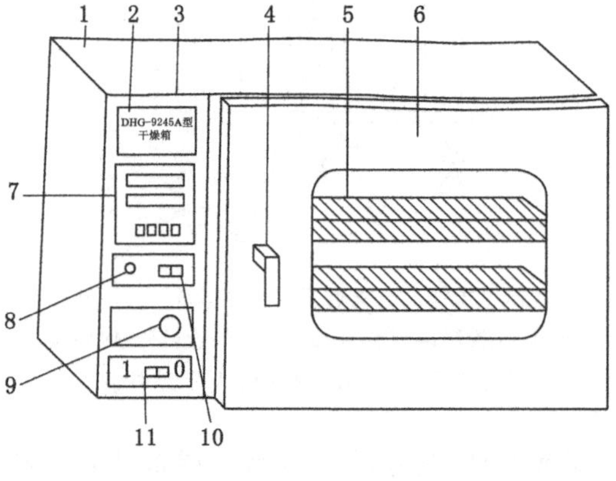

1—箱体；2—铭牌；3—控制面板；4—门拉手；5—搁板；6—箱门；

7—温度控制器；8—电源指示灯；9—风门调节按钮；10—电源开关；11—通风机开关。

图 2-7 DHG-9245A 型干燥箱结构示意图

② 工作原理

干燥箱外壳体采用优质钢板表面烘漆,工作室采用一般镀锌钢板或镜面不锈钢板,工作室内配有两层不锈钢丝制成的隔板,中间层充填超细玻璃棉隔热。箱门采用双层钢化玻璃作为观察窗,能清晰观察到箱内物品。工作室与箱门连接处装有耐热硅橡胶密封圈,以保证工作室与箱门之间密封。干燥箱电源开关、电源指示灯、风门调节旋钮、控温仪等操作件均集中于箱体前面的控制面板处,位于箱体的左前侧。箱内加热恒温系统主要由装有离心式叶轮的电动机、电加热器、合理的风道结构和温度控制器组成。当接通干燥箱电源并打开通风机开关时，电动机即运转，将位于箱内后部的电加热器产生的热量通过风道向上排出，经过工作室内干燥物品再吸入通风机，以此不断循环，从而使工作室内温度达到均匀。智能型温度控制器具有自动风速调节功能，在升温过程中电动机高速运行，温度接近恒定时自动调整为低速运行，从而降低由于风速过快造成的使用问题。风门调节器能通过开启风门调节旋钮，调节箱内进出空气量。

(3) ACG-1 型光电测尘仪及其使用

ACG-1 型光电测尘仪(图 2-8)为一种利用光电效应测定粉尘浓度的直读型仪器。该仪器体积小、便于携带、操作简便、读数方便，但其测量精度易受粉尘种类(如煤粉和岩粉)影响。

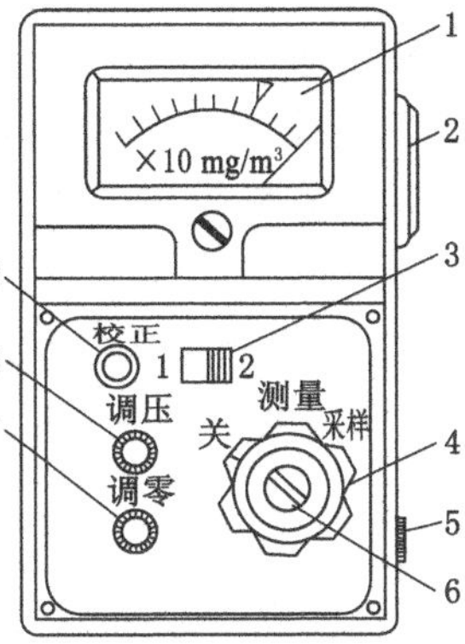

1—指示电表；2—采样器；3—量程开关；4—测量按钮；5—充电口；
6—卷纸按钮；7—调零旋钮；8—调压旋钮；9—校正开关。

图 2-8　ACG-1 型光电测尘仪

① 原理

光电测尘的原理为一定光通量的光通过含粉尘的气体，由于粉尘对光有散射和消光的作用，使得光通过粉尘后照射到检测元件的光通量和电流发生变化，根据电流变化确定粉尘的浓度。在实际电路中，硅光电池产生的电流与光的强度有如下关系：

$$I = d\Phi \tag{2-3}$$

式中　I——硅光电池受光照射后产生的电流；

d——比例系数；

Φ——照射在硅光电池上的光通量。

在无粉尘时，设光通量为 Φ_0，有粉尘时为 Φ。测尘前后，$\Phi_0 \neq \Phi$，则两者关系如下：

$$\Phi = \Phi_0 \mathrm{e}^{-KLG_1} \tag{2-4}$$

式中　K——含尘气体消光系数；

G_1——单位厚度粉尘的质量；

L——含尘气体的厚度。

上式中 G_1、L 之积是含尘气体中的总尘质量，如以 G 代替 G_1、L，则有

$$\Phi = \Phi_0 \mathrm{e}^{-KG} \tag{2-5}$$

对上式取对数，则有

$$G = \frac{1}{K}\ln\frac{\Phi_0}{\Phi} \tag{2-6}$$

上式推导可求出一定体积内的含尘浓度。

又因为 $I=d\Phi$,可得:

$$G = \frac{1}{K}\ln\frac{I_0}{I} \tag{2-7}$$

式中 G——所测定的全尘浓度,mg/m^3;

I_0——测尘前(无粉尘状态)硅光电池产生的光敏电流,μA;

I——测尘后(有粉尘状态)硅光电池产生的光敏电流,μA。

② 操作步骤

a. 将充电器的电源插头接 220 V 电源

充电指示灯亮表示充电正常,充电电流为80 mA。放电状态的电池组(出厂时镉镍电池组为放电状态)应连续充电 12～14 h,尚未全部放电的电池组充电时间的长短视电池耗电状况而定。仪器充电一次,其测量次数不应超过 120 次,以防电池耗电过多而降低其使用寿命。镉镍电池组达到使用寿命时(充电后将测量旋钮旋至采样位置时,电表指针已调不到"▽"符号位置),应重新更换电池组。更换电池时应注意电池的极性,并不得用其他类型电池代用,以保证仪器的安全性能。

b. 装滤纸

滤纸的规格为宽 8 mm×20 mm(仪器滤纸用完后,可购买同一型号测尘滤纸自己裁成所需要的规格)。剥去滤纸两面的保护纸,按逆时针方向缠在从动纸轴上。缠好后将从动纸轴插入轴杆,插入高度由轴杆上的弹性钢球而定。从动轴插入轴杆后,用尖镊子拉住滤纸的一头,将滤纸从光气室和滑板的缝隙间通过,并将该头缠在主动纸轴上,然后转动卷纸旋钮,从采样口中观察到滤纸移动时,说明滤纸已装好。

c. 选择测量范围

图 2-8 所示的 ACG-1 型光电测尘仪中,将粉尘浓度测量分为"1""2"两挡,测量范围分别为 0～1 000 mg/m^3 和 0～2 000 mg/m^3。

d. 调零点

将测量旋钮由"关"位置旋至"测量"位置时,电表指针偏向左方,然后调节调零旋钮,使电表指针位于零点,按校正开关,记下电表表示值 A,A 值便是这次测量的光强基准。

e. 采样

调零后将仪器的采样口对准含尘气流,测量旋钮旋至"采样"位置,此时电动机转动吸气,当达到给定时间时采样自动结束。采样时通过调节调压旋钮,使电表指针在指针盘量程范围内的固定位置处。

f. 读数

采样结束后将测量旋钮旋回到"测量"位置,并按下正开关调节调零旋钮,使电表指示值为上述测定前的 A 值,然后松开校正开关,此时的电表读数即为所测的煤尘浓度。

g. 停机

每次测量后应将测量旋钮及时旋回"关"位置,下一次测量应在停机 30 s 后再进行,而且每次测量都应按规定完成采样程序,否则由于电路特性的原因将使吸气泵产生误动作。

测尘滤纸用完后或在没有滤纸的情况下不应开机采样，以免粉尘堵塞气路。

③ 仪器校正

测尘仪在使用过程中应定期对采样体积(即流量和采样时间)进行校验，其方法有流量校验和采样时间校验。

a. 流量校验

测尘仪装上滤纸后，在采样口处用 1 m^3/min 转子流量计对仪器的流量进行校验。当电表指针指示在"▽"符号位置时，仪器的工作流量为 3 L/s，通过转子流量计的校验，误差不得大于±5%，否则应调节气泵上流量调节阀。

b. 采样时间校验

当量程开关位于 1 时，仪器的采样时间为 40 s；在位置 2 时，仪器的采样时间为 20 s。采样时间校验可直接用秒表进行，分别将量程开关置于 1 或 2 位置，并同时打开秒表，误差为标准值的±5%为合格；否则，应调节控时电位器 W_1、W_2。

2.2.2 呼吸性粉尘浓度测定

采集的粉尘空气动力学直径均在 7.07 μm 以下，且空气动力学直径为 5 μm 粉尘的采集效率为 50%时，称为呼吸性粉尘，简称呼尘或浮游粉尘。直径为 5 μm 以下的呼吸性粉尘通常是指能进入人体肺泡的粉尘。《工作场所空气中粉尘测定 第 2 部分：呼吸性粉尘浓度》(GBZ/T 192.2—2007)和《工作场所有害因素职业接触限值》系列标准对各种生产环境中呼吸性粉尘的最高允许浓度有严格的规定，并对粉尘浓度测定进行了介绍。

2.2.2.1 测定原理

空气中粉尘通过采样器上的预分离器，将分离出的呼吸性粉尘颗粒采集在已知质量的滤膜上，由采样后的滤膜增量和采气量计算出空气中呼吸性粉尘的浓度。

2.2.2.2 采样前的准备工作

粉尘采样应选择防爆型或本质安全型采样器，且带有预分离器，预分离的分离效率要达到国际公认的 BMRC 曲线标准(BMRC 曲线是英国医学研究会提出的粉尘采样器对粉尘粒度大小的分级性能曲线，见图 2-9)。

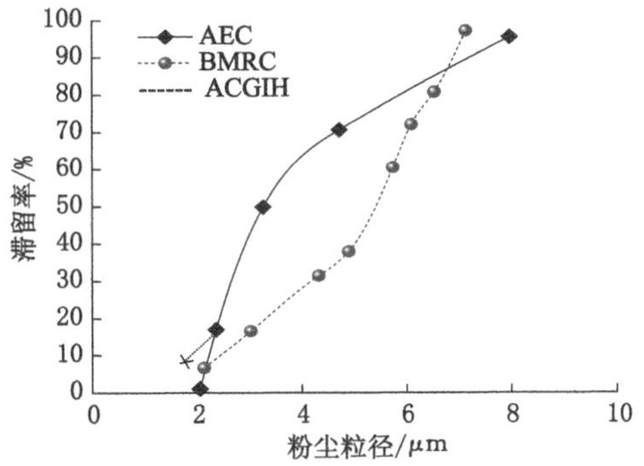

图 2-9　BMRC 粉尘粒度的分级性能曲线

《工作场所空气中粉尘测定 第 2 部分：呼吸性粉尘浓度》(GBZ/T 192.2—2007)要求，在呼吸性粉尘采样器采样头部应加设前置装置对粉尘进行分离过滤，对进入采样头的含尘气流中的大颗粒尘粒进行淘析或者分离，因此前置装置也称淘析器或分离器。

呼吸性粉尘采样器主要装置包括预分离器、泵和流量计。采样流量根据使用的预分离器确定，其要求与全尘采样相同。采用的粉尘测定仪器不同，粉尘浓度的测定方法也有所不同，但含有呼吸性粉尘的空气通过采样器的预分离器后，按照《工作场所空气中粉尘测定 第2部分：呼吸性粉尘浓度》(GBZ/T 192.2—2007)中的有关内容，其呼吸性粉尘的浓度检测方法一致。

(1) 器材

① 冲击式预捕集器。当采样流量为 20 L/min 时，该预捕集器的分离特性符合 BMRC 曲线，其前级捕集效率：尘粒直径大于 7.07 μm 为 100%，尘粒直径 5 μm 为 50%，尘粒直径 2.2 μm 为 10%。

② 个体粉尘采样器。用于个体采样时，流量为 1～5 L/min；用于定点采样时，流量为 5～80 L/min。用于长时间采样时，连续运转时间应不小于 8 h。

③ 玻璃捕集板。采用 ϕ25 mm 的无色石英晶片。

④ 滤膜。主要采用 ϕ40 mm 的过氯乙烯纤维滤膜，直径不大于 37 mm 的滤膜主要用于个体采样。

⑤ 小型塑料采样夹。

⑥ 硅油。六万黏度的二甲基硅油。

⑦ 天平。感量为 0.01 mg 的分析天平。

⑧ 干燥器(或烘干箱)。采用普通干燥器时应放置变色硅胶，以便观察。

⑨ 镊子。主要采用不锈钢钟表镊子。

⑩ 刮刀。主要采用不锈钢小刮刀。

⑪ 除静电器。

⑫ 秒表或其他计时器。

⑬ 粉尘采样器主机。

(2) 准备程序

① 分粒装置的准备

将分粒装置内壁用无水乙醇擦干净，并晾干放在洁净的器皿中。

② 玻璃捕集板的清洗

玻璃捕集板先用中性洗涤液浸泡，除去表面污渍，用蒸馏水进行冲洗，再用脱脂棉球及酒精擦净、晾干。

③ 玻璃捕集板涂抹硅油

用洁净的小刮刀蘸取少量硅油(0.5～5 mg)，涂抹在捕集板圆心位置；再向侧边将硅油涂成 ϕ15 mm 左右的圆形，距捕集板边缘 4～5 mm。由于硅油黏度较高，刚涂抹后有不均匀现象，数小时后随时间的延长而扩散平滑均匀，所以向捕集板涂抹硅油的工作应在采样前一天进行，并保证其不受污染。

④ 玻璃捕集板的固定

用镊子夹取已涂好硅油的捕集板，迅速放在分析天平秤盘上称量至恒重，放入贴好标签的样品盒内(涂油面向上并防止污染)备用。工作时，将玻璃捕集板从样品盒内取出，涂油面向上小心地安装在预捕集器分离装置前部的捕集板座台上，用金属卡环压紧并固定，旋上预捕集器的进气盖。

⑤ 滤膜的安装

将洁净的规格为 ϕ40 mm 的纤维滤膜用镊子除去两面的衬纸，用除静电器除去静电，放在分析天平上称量至恒重(预先置于干燥器 2 h，内盛变色硅胶)，并做好记录，压入滤膜夹，放入贴好标签的样品盒内备用。工作时，将装好滤膜的滤膜夹取出，安装在分离装置底座的金属网上，接上已经安装好预捕集器前段，即准备工作完成。

2.2.2.3 现场采样

在选定的采样地点，将采样器牢固安装在专用三脚支架上，其高度应符合现场呼吸带高度。取出预捕集器安装在采样器上，并将进气口置于含尘空气流中。开机采样应根据现场粉尘种类及环境情况进行。

(1) 定点采样

根据粉尘检测的目的和要求，分为短时间采样或长时间采样。

短时间采样时，在采样点将连接好的呼吸性粉尘采样器，在呼吸带高度以预分离器要求的流量采集 15 min 空气样品。

长时间采样时，在采样点将装好滤膜的呼吸性粉尘采样器，在呼吸带高度以预分离器要求的流量采集 1～8 h 空气样品(由采样现场的粉尘浓度和采样器的性能等确定)。

要根据现场空气中粉尘的浓度、采样流量及采样时间，估算滤膜上增重(方法同全尘采样)。采样时要调节采样时间，并将滤膜粉尘增重数值控制在 0.1～5 mg，避免因滤膜过载造成粉尘脱落。若有过载可能，应及时更换呼吸性粉尘采样器。粉尘浓度较高的场所，采样时间定为 2～5 min 即可。采样前应估计捕集板及滤膜上粉尘的增量，总粉尘增量(捕集板及滤膜上)均不应少于 0.5 mg 或多于 10 mg，以免影响采样准确度。

采样结束后应小心取下预分离器，用防护罩盖好进气口，将其轻轻地直立，放入样品箱中；或从预分离器中取出滤膜，将滤膜的接尘面朝里对折 2～3 次，置于清洁容器内运输和保存，同时防止粉尘脱落或污染。

(2) 个体采样

个体采样选用呼吸性粉尘个体采样器。将连接好的呼吸性粉尘采样器佩戴在采样对象的前胸上部，进气口尽量接近呼吸带，以预分离器要求的流量采集 1～8 h 空气样品(由采样现场的粉尘浓度和采样器的性能等确定)。个体采样的具体步骤如下：

① 测尘专管员在采样器收发室将计时器清零，打开个体粉尘采样器电源开关，发给采样人员；并将采样起始时间、采样人员姓名、采样工种、接尘作业场所等信息资料填入粉尘数据卡。

② 采样人员正确佩戴个体粉尘采样器。用腰带将个体粉尘采样器主机系于腰部，使连接管从肩部绕过，将采样头固定于胸前(鼻以下 300 mm 内)。要确保连接管通畅，无折扁。

③ 采样人员在正常工作情况下进行工班采样，采样过程中不得将个体粉尘采样器从身上取下弃置一旁，不准关机、拆卸个体粉尘采样器和污染采样头中的滤膜。尽量避免碰撞个体粉尘采样器各部件。

④ 采样人员作业结束离开井口后应及时到采样器收发室交回个体粉尘采样器。测尘专管员收回个体粉尘采样器后检测个体粉尘采样器是否在正常工作状态。采用转子流量计检查采样后的采样流量，将采样流量和采样终止时间填入粉尘数据卡。

⑤ 取下采样头并取出滤膜，在与滤膜呈 45°的光束下，观察滤膜上的粉尘是否脱落和滤

膜的完整性，若发现异常，视为无效。

⑥ 从预分离器中取出滤膜，将滤膜的接尘面朝里对折 2～3 次，将滤膜装入原样品袋内，用蒸馏水棉球擦拭采样头各部件，晾干后组装待用。

2.2.2.4 样品处理

将现场采集的样品带回地面实验室进行处理，称量前将采样后的滤膜置于干燥器内(应放置变色硅胶)2 h 以上，按照全尘采样后滤膜的处理方法，除静电后在分析天平上准确称量，将滤膜称重至恒重，记录滤膜和粉尘的质量。其样品处理方法与全尘实验室分析、称量相同。

2.2.2.5 呼吸性粉尘浓度测定结果

采用下式计算呼吸性粉尘浓度：

$$C_{\mathrm{H}} = \frac{\Delta m}{Q \cdot t} \times 1\ 000 \tag{2-8}$$

式中 C_{H}——空气中的呼吸性粉尘浓度，mg/m³；

Δm——滤膜的增量，mg；

t——采样持续时间，min；

Q——采样时的流量，L/min。

由于增加了前置预分离器及捕捉大颗粒粉尘的捕集板，可计算总尘浓度。计算公式如下：

$$C = \frac{\Delta m + (f_2 - f_1)}{Q \cdot t} \times 1\ 000 \tag{2-9}$$

式中 C——空气中的总粉尘浓度，mg/m³；

f_1，f_2——采样前、后捕集板的质量，mg。

2.2.2.6 空气中呼吸性粉尘的时间加权平均浓度

按照《工作场所空气中粉尘测定 第 2 部分：呼吸性粉尘浓度》(GBZ/T 192.2—2007)及《工作场所空气中有害物质监测的采样规范》(GBZ 159—2004)要求，呼吸性粉尘浓度需要按时间进行加权平均浓度计算。

当采样时间不足 15 min 进行 1 次以上采样时，按 15 min 时间加权平均浓度计算，计算公式如下：

$$\mathrm{STEL} = (C_{\mathrm{H}_1} T_1 + C_{\mathrm{H}_2} T_2 + \cdots + C_{\mathrm{H}_n} T_n)/15 \tag{2-10}$$

式中 STEL——短时间接触浓度，mg/m³；

C_{H_1}，C_{H_2}，…，C_{H_n}——测得空气中呼吸性粉尘浓度，mg/m³；

T_1，T_2，…，T_n——采样器在相应的呼吸性粉尘浓度下的工作时间，min；

15——短时间接触容许浓度规定的时间，min。

采样时间不足 15 min 时，按 15 min 时间加权平均浓度计算，计算公式如下：

$$\mathrm{STEL} = C_{\mathrm{H}} T/15$$

式中 STEL——短时间接触浓度，mg/m³；

C_{H}——测得空气中呼吸性粉尘浓度，mg/m³；

T——采样器在相应的呼吸性粉尘浓度下的工作时间，min。

个体采样仪器能够满足全工作日连续一次性采样(或定点采样)时，接尘时间为 8 h(或不足 8 h)，则空气中呼吸性粉尘 8 h 时间加权平均浓度按下式计算：

$$\mathrm{CTWA} = \frac{\Delta m}{480Q} \times 1\,000 \tag{2-11}$$

$$\mathrm{CTWA} = \frac{\Delta m T}{480Q \times 8} \times 1\,000 \tag{2-12}$$

式中　CTWA——空气中呼吸性粉尘 8 h 时间加权平均浓度，mg/m^3；

Δm——滤膜的增量，mg；

Q——采样时的恒定流量，L/min；

T——不足 8 h 的采样时间，h；

480——时间加权平均容许浓度规定的时间，以 8 h 计，min。

2.2.2.7　数据处理

粉尘浓度测定完毕后，应及时做好数据及现场生产条件、作业装备、通风参数及采用的防尘措施等情况的记录，将测定数据进行统计分析，及时发现防尘工作中存在的问题，制定针对性的防范措施，并将测定结果上报有关单位。

2.2.2.8　常用呼吸性粉尘采样仪器

(1) ACH-1 型呼吸性粉尘测尘仪

ACH-1 型呼吸性粉尘测尘仪是根据 BMRC 曲线标准为依据来设计的，适用于测定煤、岩粉尘，也可作为作业场所环境卫生管理所必需的粉尘监测仪器。ACH-1 型呼吸性粉尘测尘仪外观如图 2-10 所示，内部结构如图 2-11 所示。

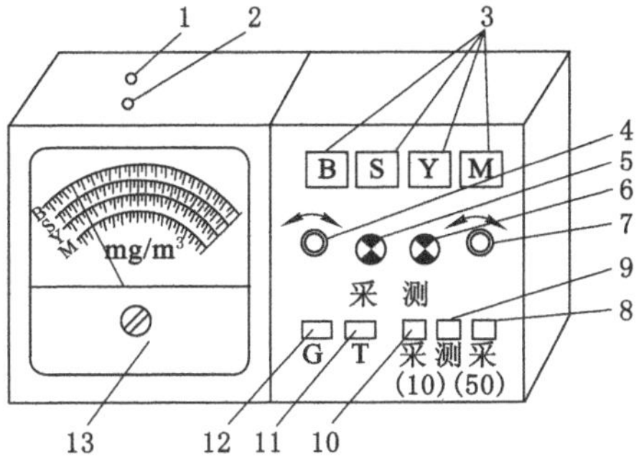

1—采样口；2—观察滤纸孔；3—粉尘种类选择开关；4，7—旋钮；
5—采样指示灯；6—测量指示灯；8，10—采样开关；
9—测量开关；11—调零开关；12—监视开关；13—指示表。

图 2-10　ACH-1 型呼吸性粉尘测尘仪外观图

① 分离原理

ACH-1 型呼吸性粉尘测尘仪通过分离全尘中的呼吸性粉尘，然后利用光电原理进行粉尘浓度测定，其分离原理如图 2-12 所示。

ACH-1 型呼吸性粉尘测尘仪采用离心(或旋风)淘析器，由带锥形底的外圆筒、进气管、排气管及集尘斗组成。含有呼吸性粉尘气体的排气管插入外圆筒里边，形成内圆筒，内外圆筒及储尘盒的轴线在同一条垂线上；同时，进气管与外圆筒相切，当含全尘的气体从进气管以较快的速度沿着外圆筒的切线方向进入外圆筒后，将以旋转的形式运动，并且做上、下流动。其向上含尘气体的气流至顶盖返回，向下的气流在内外圆筒间筒体部分的锥体部位做

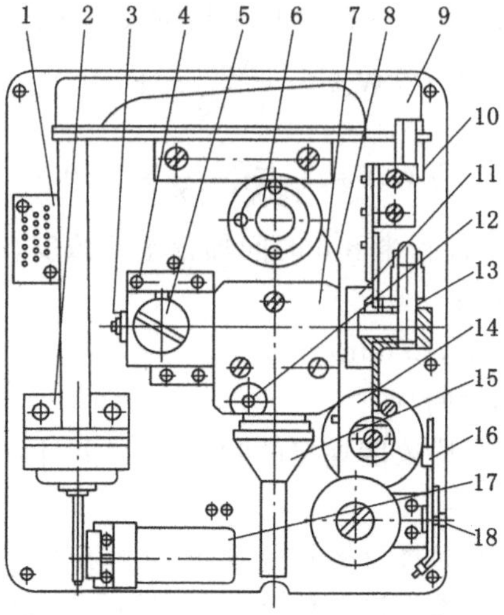

1—连线插座；2—气泵；3—红外光源；4—透镜；5—监视硅光电池；
6—从动轴；7—淘析器；8—滤纸；9—稳流室；10—胶管；11—测量硅光电池；
12—采样口；13—气嘴；14—扭簧套；15—集尘斗；16—卡板；17—微电动机；18—主动轴。

图 2-11　ACH-1 型呼吸性粉尘测尘仪内部结构

自上而下的螺旋线运动(称为外旋流)。含尘气体在旋转过程中产生较大的离心力，由于尘粒的惯性比空气大，在离心力的作用下，粒度较大的粉尘颗粒被甩向器壁，当粉尘与外圆筒的器壁接触后，因失去惯性而沿壁面下落，与气体分离开，经锥体排入集尘斗内。旋转下降的外旋流气体在圆锥体部分运动时，随圆锥形的收缩而向淘析器中心靠拢，气流达到锥体下端后开始旋转上升，形成一股自下向上的螺旋线运动(称为内旋流)，并经内圆筒向外排出，所排出的气体仅含有呼吸性粉尘。

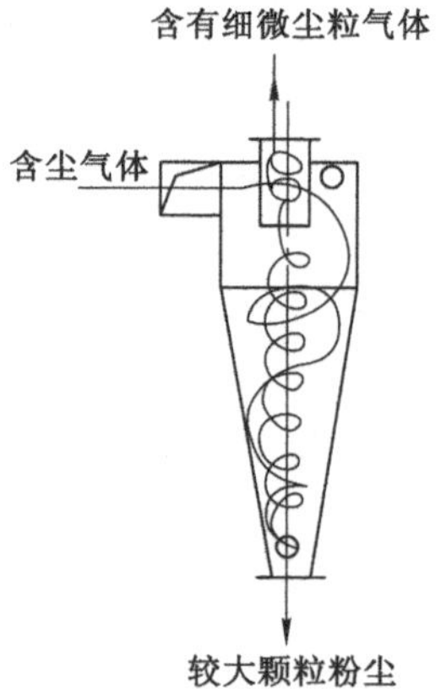

图 2-12　ACH-1 型呼吸性粉尘测尘仪粉尘分离原理图

② 工作原理

ACH-1 型呼吸性粉尘测尘仪采用砷化镓红外发光管，发出波长为 0.93 μm 的红外光，其工作原理如图 2-13 所示。砷化镓红外光源发出的红光通过透镜聚在一点上，再透过滤纸照射到硅光电池上，由硅光电池上的输出显示仪表(微安表)读出。若有含尘气流通过滤纸，粉尘被捕集到滤纸上，透过滤纸照射到硅光电池上的照射度减小，硅光电池上的输出也相应减小。

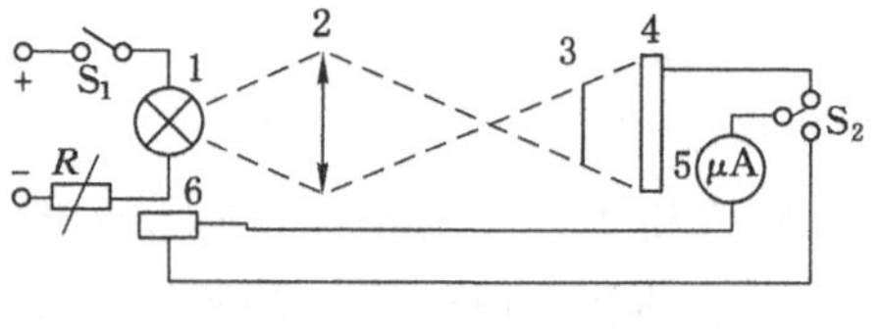

1—砷化镓红外光源；2—透镜；3—滤纸；4—硅光电池；5—电流表；6—监视硅光电池。

图 2-13　ACH-1 型呼吸性粉尘测尘仪工作原理图

(2) AKFC-92A 型粉尘测尘仪

AKFC-92A 型粉尘测尘仪(图 2-14)由高性能吸气泵、自动时间控制电路、流量调节电路、自动反馈恒流电路、欠压保护报警电路、粉尘预捕集器及安全电源等组成。仪器采用 ib Ⅰ(150 ℃)等级本质安全型防爆结构,适用于煤矿井下及其他含有爆炸危险性气体的作业场所使用。

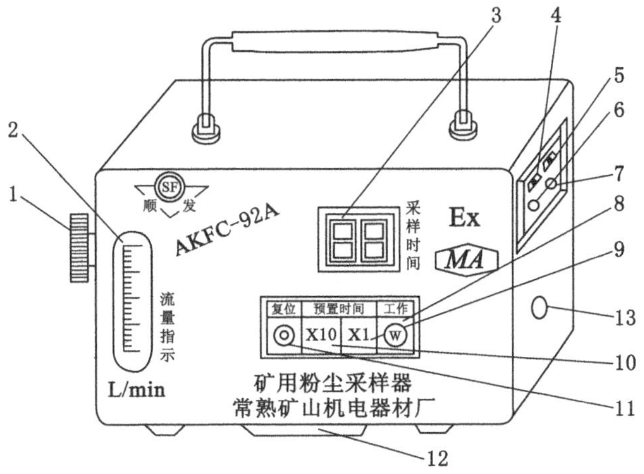

1—采样头连接座;2—流量计;3—采样时间显示窗;4—自动开关;5—手动开关;6—流量调节钮;7—充电插座;8—工作按钮;9—置"－"按钮;10—置"＋"按钮;11—复位按钮;12—三脚支架固定螺母;13—出气口。

图 2-14　AKFC-92A 型粉尘测尘仪外观图

AKFC-92A 型粉尘测尘仪用于测定总粉尘浓度的预分离器为全尘式预捕集器,用于测定呼吸性粉尘浓度的预分离器为冲击式预捕集器(这种预捕集器能将危害人类的呼吸性粉尘和非呼吸性粉尘进行分离,一次性采集呼吸性和非呼吸性两种粉尘样本,其分离效率达到国际公认的 BMRC 曲线标准,是一种较为可靠且实用的粉尘前级分离装置)。

AKFC-92A 型粉尘测尘仪机壳采用高强度 ABS 工程塑料,具有无脉动气流,负压、负载能力大,自动定时采样,安全可靠,坚固耐用,便于携带等优点。

① 分离原理

冲击式预捕集器捕捉到较粗大的粉尘颗粒,利用滤膜截留呼吸性粉尘,同时测定并计算出呼吸性粉尘及全尘浓度。

② 工作原理

一定体积的含尘空气通过全尘式预捕集器时,粉尘阻留在滤膜上并逐步积累。在采样结束后,由滤膜的增量计算出单位体积含尘空气中所含呼吸性粉尘的总质量,从而计算出所测定环境的呼吸性粉尘浓度;同时,根据冲击式预捕集器捕捉到大颗粒粉尘质量及滤膜上呼吸性粉尘质量,从而计算出所测定环境的全尘浓度。如图 2-15 所示。

(3) CCHG1000 型直读式粉尘浓度测量仪

CCHG1000 型直读式粉尘浓度测量仪(图 2-16)由液晶显示屏、采样头(包括总粉尘采样头和呼吸性粉尘采样头)、检测装置、气泵组件、本安电源、单片机控制电路、流量计等组

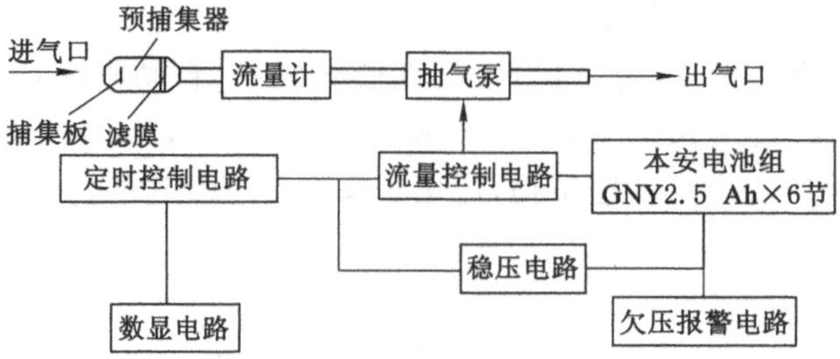

图 2-15　AKFC-92A 型粉尘测尘仪的工作原理图

成。其型号含义如下：

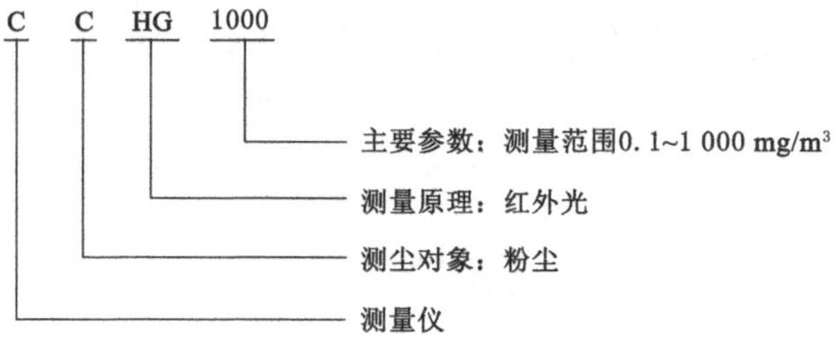

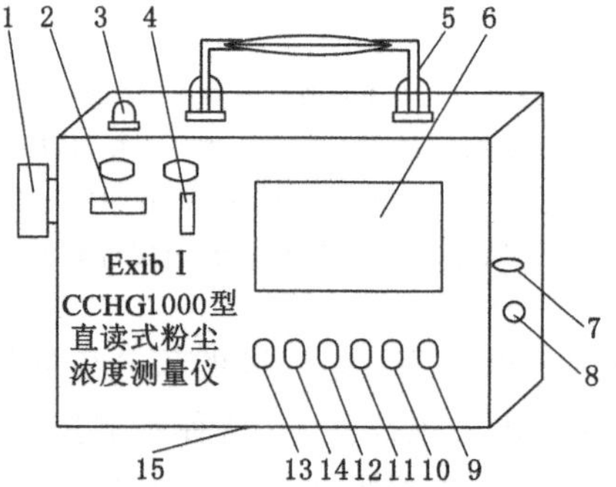

1—采样头连接座；2—滤膜插孔；3—紧固装置；4—流量计；5—提手；
6—液晶屏；7—打印接口；8—充电插座；9—“开关”键；10—“确定”键；
11—“选择”键；12—“取消”键；13—“－”键；14—“＋”键；15—支架固定螺母。

图 2-16　CCHG1000 型直读式粉尘浓度测量仪外观图

① 工作原理

设定好需要采样的时间，将放好滤膜的滤膜夹插入检测装置内，由装置内的检测系统对空白滤膜进行测量，得到第一个光电压值后，启动仪器开始进行采样。采样时间到后，检测装置对采有粉尘的滤膜进行第二次测量，得到第二个光电压值，最后由单片机进行数据处理，计算显示粉尘浓度并自动存储。仪器控制流程如图 2-17 所示。

② 保护原理

测量仪的电池采用 Ni-H 电池，并联 5 只 10 Ω/10 W 的限流电阻，用环氧树脂灌封后置于电池盒内。额定电压为 7.2 V，最高输出电压为 9.0 V，最大输出电流为 3.5 A，构成本安电池组件。

测量仪采用 SYK22 型直流电动机，工作电压为 3 V，工作电流为 0.1 A，与两只反向二

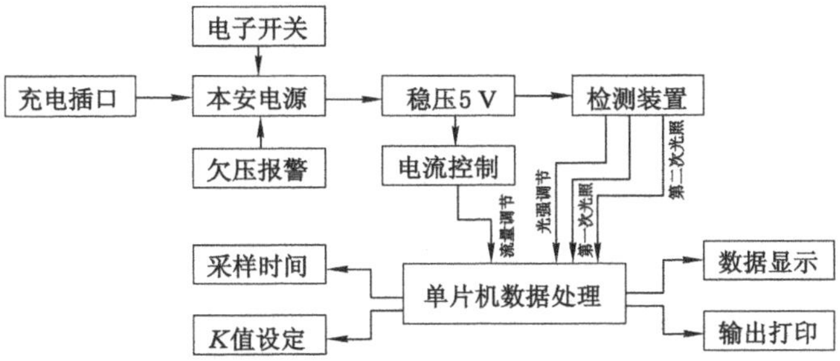

图 2-17　仪器控制流程

极管用环氧树脂浇封。

(4) CCZ-1000 型直读式测尘仪

CCZ-1000 型直读式测尘仪特点如下：① 采用本质安全型防爆结构；② 采用计算机技术，由中央处理器对采集的各种数据进行处理，处理速度快，抗干扰能力强，能自动采样和定时测试，并能随机记录前 50 个历史测试数据；③ 与计算机连接，对数据进行集中处理、打印；④ 配有分级粉尘捕集器，能采集到呼吸性粉尘和总粉尘，分离效率达到国际公认的 BMRC 曲线标准。

CCZ-1000 型直读式测尘仪由采样头、检测装置、本安电源、单片机系统及气体质量传感器组成，其外形结构与内部结构如图 2-18 所示，工作框图如图 2-19 所示，型号的组成及其代表意义如下：

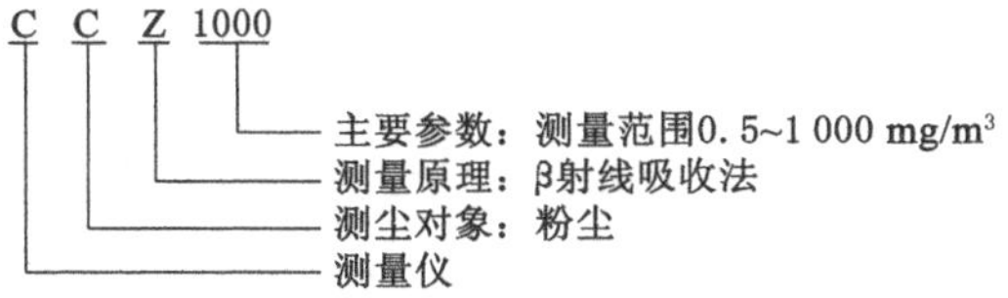

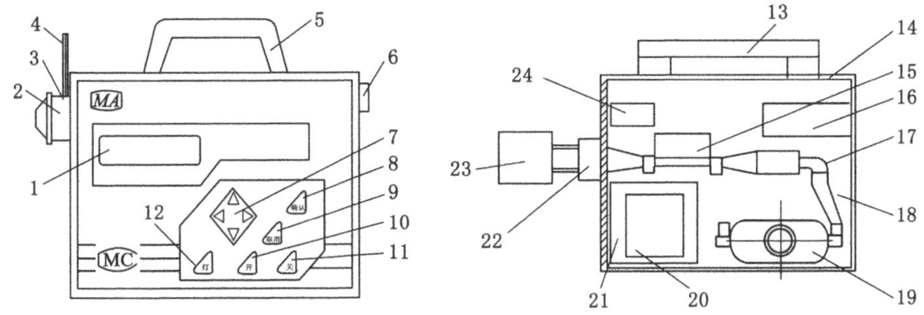

(a) 外观　　(b) 内部结构

1—显示屏；2，23—采样头；3—采样腔；4—滤膜夹；5，13—提手；
6—测量腔；7—方向键；8—“确认”键；9—“取消”键；10—“开机”键；
11—“关机”键；12—背光灯键；14—外壳；15—流量计；16—检测装置；
17—弯头；18—连接管；19—抽气泵；20—电池组；21—电池盒；22—采样头座；24—电源模块。

图 2-18　CCZ-1000 型直读式测尘仪的外观与内部结构示意图

① 工作原理

将放好采样滤膜的滤膜夹插入检测装置，由装置内的检测系统对空白滤膜的质量进行测量，测量结果计为 I_1 并存储。再将滤膜夹从检测装置内取出放入采样装置内开始采样，采样由

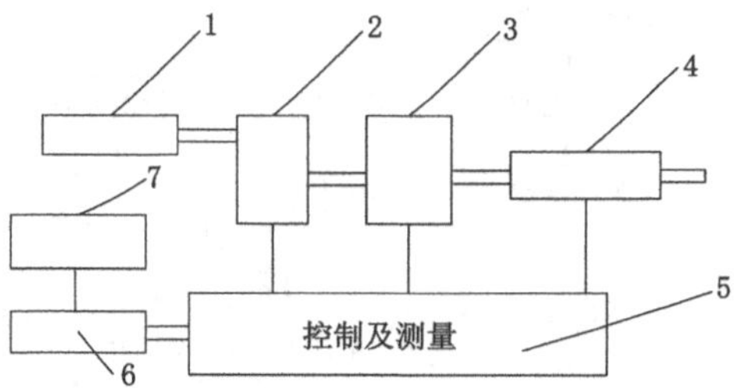

1—采样头；2—采样装置；3—涡街流量计；4—抽气泵；5—单片机；6—电源模块；7—检测装置。

图 2-19　CCA-1000 型直读式测尘仪工作框图

微电动机带动叶片泵工作，形成负压将含尘空气经滤膜抽入，此时与采样同步的计时器开始计时，数码显示的数字表示采样时间；当采尘仪停止采样时，仪器自动显示并存储总采样时间。采样结束后，取出在采样装置内的滤膜夹，将其插入检测装置，对采样后的滤膜质量进行测量，测量结果计为 I_2 并存储。最后由单片机进行数据处理，自动显示及存储粉尘浓度。

② 检测系统的测量原理

检测系统由 β 射线源及检测元件组成。当 β 射线穿过介质时，介质的原子吸收 β 射线，使入射能量发生变化，粒子数量减少。通过采样前后 β 粒子的减少量、采样流量及采样时间即可得出粉尘浓度值。

2.3　矿井粉尘分散度测定

粉尘分散度是指粉尘中各种粒径区间的尘粒所占数量或质量的百分比，我国常用数量百分比来表示粉尘分散度。粉尘粒子的大小通常指粉尘粒子的直径(几何投影直径)，在一定量的粉尘中，粉尘粒径又定为＜2 μm、2～5 μm、5～10 μm、10～20 μm 和＞20 μm 五个计算范围。《工作场所空气中粉尘测定 第 3 部分：粉尘分散度》(GBZ/T 192.3—2007)规定，粉尘分散度测定主要有滤膜溶解涂片法和自然沉降法。

2.3.1　滤膜溶解涂片法

(1) 测定原理

将采集有粉尘的过氯乙烯滤膜溶于有机溶剂中，形成矿尘粒子的混悬液，制成标本，在显微镜下测定和计数粉尘的大小及数量，计算不同大小粉尘颗粒的百分比。

(2) 所需试剂和器材

① 醋酸丁酯(化学纯)；

② 瓷坩埚(25 mL)或小烧杯(25 mL)；

③ 玻璃平皿、玻璃棒、玻璃滴管或吸管；

④ 显微镜、载物玻片(75 mm×25 mm×1 mm)；

⑤ 目镜测微尺、物镜测微尺，如图 2-20 和图 2-21 所示。

(3) 采样方法

用准备好的粉尘采样器(符合全尘测定要求)和滤膜，参照全尘采样的方法到指定地点采样或个体采样。

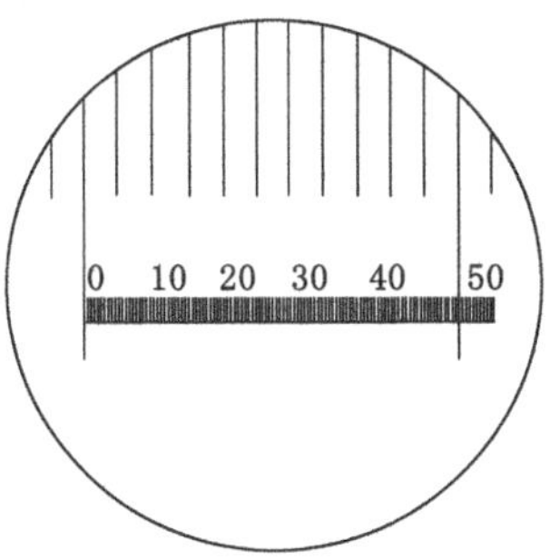

图 2-20 目镜测微尺

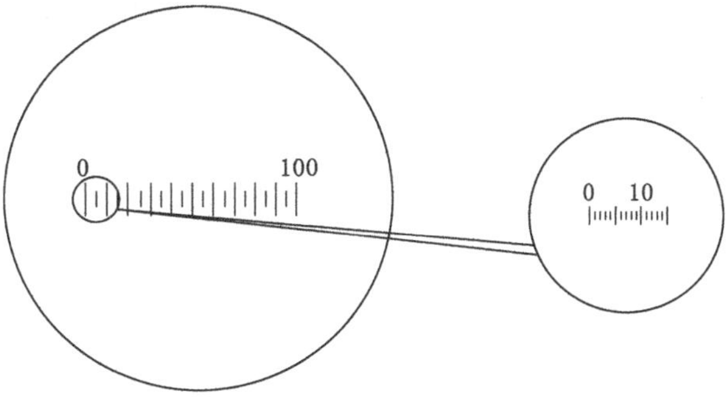

图 2-21 物镜测微尺

（4）操作步骤

① 将有矿尘的滤膜放在瓷坩埚中，用吸管加入 1～2 mL 醋酸丁酯，再用玻璃棒充分搅拌，制成均匀的矿尘混悬液，立即用滴管吸取一滴，滴于载物玻片上，用另一载物玻片成 45°推片，贴上标签、编号、注明采样地点及日期。镜检时如发现涂片上粉尘密集，应加醋酸丁酯稀释，重新制备标本。

② 制好的标本应保存在玻璃平皿中，避免外界粉尘污染。

③ 在 400～600 倍的放大倍率下，用物镜测微尺校正目镜测微尺每一刻度的间距，即将物镜测微尺放在显微镜载物台上，目镜测微尺放在目镜内。在低倍镜下找到物镜测微尺的刻度线，将其刻度移到视野中央，换成测定时所需倍率，在视野中使物镜测微尺任一刻度与目镜测微尺的任一刻度重合。然后，再向同一方向找出两尺二次重合的刻度线，分别数出重合部分的目镜测微尺和物镜测微尺的刻度数，计算出目镜测微尺一个刻度的间距。

④ 测定矿尘粒子分散度时，取下物镜测微尺，将矿尘标本放在载物台上，先用低倍镜找到矿尘粒子，然后再用 400～600 倍的高倍镜观察。用已标定的目镜测微尺依次测量矿尘粒子的大小，随时调节微调螺旋，使尘粒物像清晰，遇到长径量测长径，遇到短径量测短径。至少测量 200 个尘粒，做好记录，算出百分数。

（5）分散度计算方法

① 数量分散度

$$P_{n_i} = \frac{n_i}{\sum n_i} \times 100\% \tag{2-13}$$

式中 P_{n_i} ——第 i 粒级的数量分散度，%；

n_i ——第 i 粒级的计测粒数，颗；

$\sum n_i$ ——总的计测粒数，颗。

② 质量分散度

在计算质量分散度时，可根据所测的粉尘颗粒数按下述公式计算。

a. 当量质量可按下式计算：

$$\omega = n_i \cdot (d_i)^3 \tag{2-14}$$

式中 ω ——不同粒级的当量质量，mg；

d_i——代表粒级，粒径小于 2 μm 时 d_i＝1.25，粒径为 2～5 μm 时 d_i＝3.5，粒径为

5～10 μm 时 $d_i = 7.5$，粒径为 10～20 μm 时 $d_i = 15$，粒径大于 20 μm 时 $d_i = 20$。

b. 质量分散度可按下式计算：

$$P_\omega = \frac{n_i \cdot d_i^3}{\sum \omega} \times 100\% = \frac{n_i \cdot d_i^3}{\sum (n_i d_i^3)} \times 100\% \tag{2-15}$$

2.3.2 自然沉降法

可溶于有机溶剂中的矿尘和纤维状粉尘不适合用滤膜溶解涂片法计算其分散度，应采用自然沉降法。

(1) 测定原理

自然沉降法通过使用沉降器，使尘粒自然沉降在底部玻璃片上，取出玻璃片置于显微镜下观察测定矿尘粒子。

(2) 测定器材

① 格林式沉降器(图 2-22)、盖玻片(18 mm×18 mm)；

② 显微镜、载物玻片(75 mm×25 mm×1 mm)；

③ 目镜测微尺、物镜测微尺。

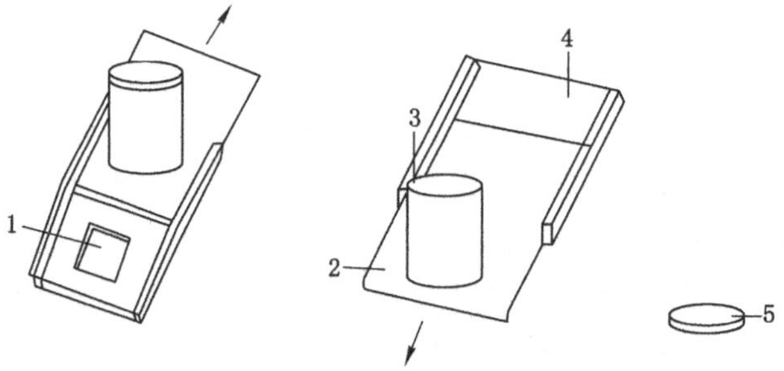

1—凹槽；2—滑板；3—圆筒；4—底座；5—圆筒盖。

图 2-22 格林式沉降器

(3) 采样方法

参照全尘采样方法到需要采样的地点进行采样。将滑板向凹槽方向推动，直至圆筒底座之外，取下圆筒盖，上下晃动数次，使含尘空气进入圆筒内。推动滑板与底座平齐，盖上圆筒盖，将沉降器放在没有振动的室内，水平静置 3 h 以上，使尘粒自然沉降在盖玻片上。

(4) 操作步骤

① 将盖玻片用络酸洗液浸泡，用水冲洗后，再用浓度为 95% 的酒精擦洗干净，然后放在沉降器的凹槽内，推动滑板至与底座平齐，盖上圆筒盖以备采样。

② 在矿工作业点采样时，将滑板向凹槽方向推动，直至圆筒位于底座之外，取下圆筒盖，上下移动数次，使含尘气流进入圆筒内，盖上圆筒盖，推动滑板至与底座平齐。将沉降器水平静置 3 h，使尘粒自然降落在盖玻片上。

③ 将滑板推出底座外，取出盖玻片贴在载物玻片上，编号、注明采样日期及地点，然后在显微镜下观测。

④ 分散度的测量及计算同滤膜溶解涂片法。

2.4　矿井粉尘中游离二氧化硅测定

游离二氧化硅是指没有与金属或金属氧化物结合的二氧化硅，常以结晶形态存在。医学研究证明，生产性粉尘中的游离二氧化硅是导致尘肺病的主要成分。因此，在测定粉尘浓度和分散度的同时，必须对粉尘中游离二氧化硅含量进行定期测定，以便了解粉尘中游离二氧化硅的含量。《煤矿安全规程》、《工作场所空气中粉尘测定 第1部分：总粉尘浓度》(GBZ/T 192.1—2007)、《煤矿井下粉尘综合防治技术规范》(AQ 1020—2006)对粉尘中游离二氧化硅的含量、测定周期及测定办法都做出了明确规定，要求每半年对粉尘中游离二氧化硅的含量测定一次。游离二氧化硅的测定方法主要有焦磷酸法、红外分光光谱法和X射线衍射法。

2.4.1　焦磷酸法

(1) 基本原理

粉尘中的硅酸盐及金属氧化物能溶于245～250 ℃的焦磷酸中，游离二氧化硅却几乎不溶，从而实现分离。通过称量分离出的游离二氧化硅，计算其在粉尘中的百分含量。

(2) 器材与试剂

主要包括采样器，恒温干燥箱，硬质锥形烧瓶(50 mL)，量筒(25 mL)，烧杯(200～400 mL)，抽滤瓶(1 000 mL)，玻璃棒(长300 mm、直径5 mm)，粉尘筛(200目)，玻璃漏斗(60°)，漏斗架，温度计(0～360 ℃)，可调式电炉(0～1 100 W)，高温电炉(附温度控制器0～1 100 ℃)，瓷坩埚或铂坩埚(25 mL带盖)，坩埚钳或铂尖坩埚钳，干燥器(内盛变色硅胶)，分析天平(感量为0.1 mg)，玛瑙研钵，定量滤纸(慢速)，pH试纸，焦磷酸(将磷酸加热沸腾至250 ℃不冒泡为止，冷却，储存于试剂瓶中)，氢氟酸，结晶硝酸铵，盐酸。

注意：以上试剂均要求为分析纯品。

(3) 采集样品

一般采集工人经常工作地点附近的悬浮粉尘，粉尘样品采集量一般应大于0.1 g，可按照滤膜直径为75 mm的采样方法进行采样，也可用其他合适的采样方法进行采样；当受采样条件限制时，可在采样点采集呼吸带高度的新鲜沉降尘，并记录采样方法和样品来源。

(4) 测定分析步骤

① 准确称量备用瓷坩埚质量，记为m_1。

② 将采集的粉尘样品放在(105±3)℃电热恒温干燥箱中烘2 h，冷却后，储于干燥器中备用。如粉尘粒度较大，需用玛瑙研钵研细至手捻有滑感为止，也可先过200目粉尘筛，再取下粉尘用玛瑙研钵研细。

③ 准确称取采集的粉尘样品0.1～0.2 g于50 mL的锥形烧瓶中。

④ 样品中若含有煤、其他碳素及有机物的粉尘时，应放在瓷坩埚中，在800～900 ℃下灼烧30 min以上，使碳及有机物完全灰化，冷却后将残渣用焦磷酸洗入锥形烧瓶中。若含有硫化矿物(如黄铁矿、黄铜矿、辉钼矿等)，应加数毫克结晶硝酸铵于锥形烧瓶中，并记录加入量。

⑤ 用量筒取15 mL焦磷酸，倒于锥形烧瓶中，摇动，使样品全部湿润。搅拌时取一支玻璃棒与温度计用胶圈固定在一起，玻璃棒的底部稍长于温度计约2 mm。

⑥ 将锥形烧瓶置于可调电炉上迅速加热至 245～250 ℃，加热时间 15 min，并用带有温度计的玻璃棒不断搅拌。

⑦ 取下锥形烧瓶，室温下冷却至 100～150 ℃，再将锥形烧瓶放于冷水中，冷却至 40～50 ℃。在冷却过程中，加 50～80 ℃的蒸馏水稀释到 40～45 mL。

⑧ 将锥形烧瓶内容物小心移至烧杯中，再用热蒸馏水冲洗温度计、玻璃棒及锥形烧瓶。把冲洗液一并倒入烧杯中，并加蒸馏水稀释至 150～200 mL，用玻璃棒搅匀。

⑨ 取慢速定量滤纸折叠成漏斗状，放于漏斗中并用蒸馏水湿润。

⑩ 将烧杯放在电炉上煮沸，静置至混合悬浮物略沉降，同时将 60°玻璃漏斗放置在 1 000 mL抽滤瓶上，趁热用无灰滤纸过滤，滤液一般位于滤纸（漏斗状）高的 2/3 处。为增加过滤速度，可用胶管与玻璃抽气管相接，利用水流产生负压加速过滤。

⑪ 过滤后，用 0.1 mol/L 盐酸洗涤烧杯移至漏斗中，并将滤纸上的沉渣冲洗 3～5 次，再用热蒸馏水洗至无酸性反应为止（可用 pH 试纸检验）。如用铂坩埚时，要洗至无磷酸根反应后，再洗 3 次，以免损坏铂坩埚。上述过程应在当天完成。

⑫ 将带有残渣的滤纸折叠数次，放于恒温的瓷坩埚中，在 80 ℃的烘箱中烘干，再放在电炉上干燥、炭化。炭化时要加盖并留一小缝隙。在炭化过程中，滤纸在燃烧时应打开高温电炉门，放出烟雾后放入高温电炉（800～900 ℃）中灼烧灰化 30 min，待炉内温度下降到 300 ℃左右时取出瓷坩埚，在室温下稍冷后放入干燥器中冷却 1 h，在分析天平上称至恒量（m_2），并记录其质量等。

（5）粉尘中游离二氧化硅含量的计算

粉尘中游离二氧化硅含量按下式计算：

$$F_{SiO_2} = \frac{m_2 - m_1}{G} \times 100\% \tag{2-16}$$

式中 F_{SiO_2}——游离二氧化硅含量，%；

m_1——瓷坩埚质量，g；

m_2——瓷坩埚加沉渣质量，g；

G——粉尘样品质量，g。

2.4.2 红外分光光谱法

（1）原理

用滤膜采集矿尘样品，进行灰化破坏有机杂质，将灰分混合在溴化钾压片中，获得 700～900 cm^{-1}红外光谱，计算 800 cm^{-1}光谱上的吸光度，然后用标准曲线确定石英的含量。

（2）器材

① 红外分光光度计，其测量原理如图 2-23 所示。

② 低温高频灰化炉。

③ 微量天平和分析天平。

④ 压片模具（13 mm，可抽真空）。

⑤ 压片机（实验室用，40 MPa）。

⑥ 玛瑙研钵及研磨棒。

⑦ 铝质称量盘。

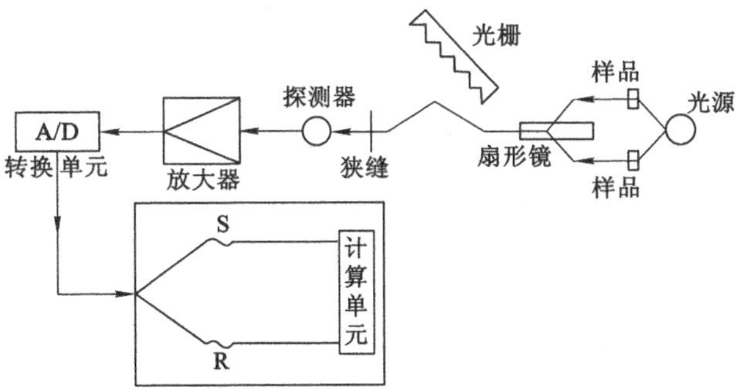

图 2-23 红外分光光度计原理图

⑧ 镊子(无磁性)。

⑨ 滤膜。

⑩ 粉尘采样器或个体粉尘采样器。

(3) 试剂

① 溴化钾(光谱纯)。

② 石英(直径 10 μm,酸洗处理)。

③ 乙醇(95%)。

(4) 操作

① 清净仪器

所用器材尽量避免粉尘污染。

a. 镊子、玛瑙研钵及研磨棒、压片模具用乙醇清洗,用无纤维屑的绢布擦净。

b. 铝质称量盘用蒸馏水冲洗 2 次,再用乙醇冲洗 2 次,在无尘环境下干燥。

② 样品的采集

在生产现场用滤膜采集煤尘样品(3~4 mg),精确到 0.01 mg(按常规方法采样)。

③ 样品的分析

a. 用镊子将已称重的滤膜放在铝质称量盘上,在灰化炉中灰化成残渣,取出。

b. 称量干燥的溴化钾 200 mg(精确到 0.1 mg),加入含有灰分的铝盘,将溴化钾和灰分充分搅拌,使之均匀(溴化钾的称量和搅拌应在相对湿度小于 25%的环境下进行)。

c. 将混合后的样品放在直径为 13 mm 的压模中制模,制成的压模约为 0.85 mm,并称量精确到 0.1 mg,然后计算压膜比 η:

$$\eta = \frac{M_0}{\Delta M_{KBr}} \times 100\% \tag{2-17}$$

式中 M_0——制成压膜的质量,mg;

ΔM_{KBr}——加入溴化钾的质量,mg;

η——通常为 0.98。

d. 将压模放在红外分光光度计下扫描,扫描前需要调整刻度位置(从 900 cm^{-1} 到 600 cm^{-1})。每个样品要以不同角度扫描 3 次,把基准调成一致,取 800 cm^{-1} 附近吸收峰的平均值。

e. 将峰值和基线的透过率换算成吸光度，然后从标准曲线中求得石英的质量(μg)。

④ 标准曲线

a. 在微量天平上称量 10～100 μg 的石英(准确到 0.001 mg)，在干燥环境中称量溴化钾约 200 mg，将石英和溴化钾放到玛瑙乳钵中研磨，然后制备压模、称量(准确到 0.1 mg)。

b. 标准曲线。将压模中石英的质量与在 800 cm^{-1} 压模的吸光度制成曲线，点之间要成一直线，并通过原点。

⑤ 计算

样品中石英质量可根据压模中石英的 800 cm^{-1} 吸光度从标准曲线中求得。

$$\lambda = \frac{M_{石英}}{M_t \times 1\ 000} \times 100\% \tag{2-18}$$

式中 λ——矿尘样品中石英含量占比，%；

$M_{石英}$——样品中石英质量，μg；

M_t——矿尘的校正质量，mg。

2.4.3 X 射线衍射法

(1) 原理

X 射线在通过晶体时产生衍射现象，用照相机或 X 射线探测器可记录产生的衍射花纹。由于每种晶体化合物都有其特异的衍射图样，根据衍射图样的强度可定量测定试样中化合物的含量，将被测试样的衍射图样与已知的各种试样的衍射图谱相对照可定性鉴定出化合物的种类。

(2) 器材及测定方法

测定游离二氧化硅含量时用粉末法制样。将 200 目的均匀粉末置于玻璃毛细管中，装入粉末照相机内测定。粉末照相机呈圆筒形，如图 2-24(a)所示。由 X 射线管发射的 X 射线束，透过滤光片后成为近乎单色的辐射束，通过细管准直，照射到样品体上，其中一部分 X 射线被晶体中的原子散射。粉末中所有与入射线的夹角为 θ(该角决定于晶体的种类)的晶面放射光束，在空间可连接成一个以入射线方向为轴，夹角为 40°的圆锥面。未被散射的射线，将通过出射细管射出照相机。散射线投射在衬有底片的相机内壁上，从而得出对称弧线

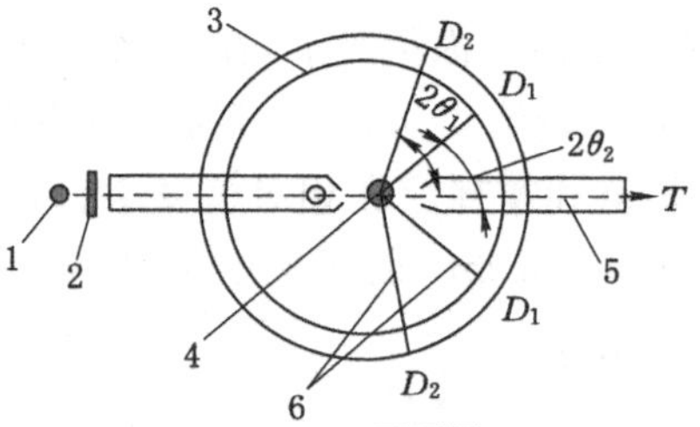

(a) 平面图

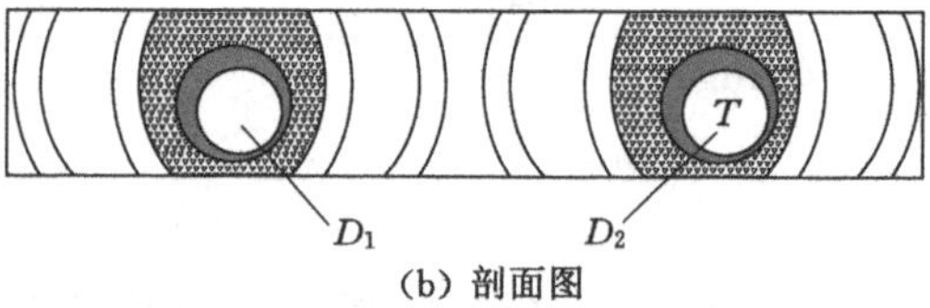

(b) 剖面图

1—X 射线管；2—滤光片；3—照相软片；4—样品；5—透射光束；6—衍射光束。

图 2-24 粉末照相机原理图

组成的图样，如图 2-24(b)所示。

2.5　矿井粉尘爆炸指数测定

2.5.1　爆炸指数计算

2.5.1.1　煤尘爆炸条件

煤尘爆炸必须同时具备以下三个条件：一是煤尘本身具有爆炸性；二是煤尘在空气中呈悬浮状态，并达到一定的浓度（在爆炸下限至上限浓度范围内）；三是引爆的高温热源，煤尘爆炸的引爆温度一般为 700～800 ℃，温度越高越容易引起爆炸。

2.5.1.2　煤尘爆炸性的判别

爆炸指数 V_Γ 是指煤尘中可燃挥发分含量大小，是判断煤尘有无爆炸性和爆炸性强弱的依据之一。

$$V_\Gamma = \frac{V_{ad}}{V_{ad} + C} \times 100\% = \frac{V_{ad}}{100 - M_{ad} - A_{ad}} \times 100\% \tag{2-19}$$

式中　V_{ad}——空气干燥煤样的挥发分产率，%；

C——空气干燥煤样的固定碳产率，%；

M_{ad}——空气干燥煤样的水分产率，%；

A_{ad}——空气干燥煤样的灰分产率，%。

挥发分含量大小对煤尘爆炸的发生、发展至关重要。实验表明，挥发分越高的煤尘，越易爆炸。挥发分含量大小与煤质、煤级紧密相关，贫煤、焦煤、肥煤、气肥煤、长焰煤、褐煤的挥发分依次增高，爆炸性依次增强。

一般情况下，V_Γ 小于 10% 的煤尘，属于基本上没有爆炸危险性的煤尘；V_Γ 处于 10%～15% 之间，属于弱爆炸危险性煤尘；V_Γ 大于 15% 时，属于有爆炸危险性煤尘。从理论分析层面出发，煤尘挥发分含量小于 10% 时，煤尘失去爆炸性。但由于煤的组成成分非常复杂，同类煤的挥发分的成分及含量不同，所以挥发分含量无法作为判断煤尘爆炸危险的唯一依据。例如，松藻二号井煤尘 $V_\Gamma = 15.92\%$，但无煤尘爆炸危险，而萍乡青山矿 V_Γ 小于 10%，却有煤尘爆炸危险。因此，《煤矿安全规程》规定，煤层有无爆炸危险，必须通过煤尘爆炸性实验鉴定。

我国用大管状煤尘爆炸性鉴定仪对煤尘有无爆炸性做最终判定，世界其他产煤国家也将可燃挥发分作为煤尘有无爆炸性的判断依据，如表 2-3 所列。

表 2-3　世界部分产煤国家煤尘爆炸性判断依据

国别	煤尘具有爆炸性	煤尘粒径
日本	$V_{ad} > 11\%$	<0.64 mm
德国	$V_{ad} > 14\%$	无相关资料
英国	$V_{ad} > 15\%$	<0.59 mm
美国	$V_{ad} > 10\%$	<0.64 mm
苏联	$V_{ad} > 10\%$	0.75～1 mm

煤尘挥发分含量与不爆炸率关系如图 2-25 所示。当煤尘挥发分含量低于 6.21%时，煤尘不具有爆炸性，这个值称为煤尘不爆临界值。此后，随着煤尘挥发分含量增加，煤尘不爆炸率随之下降，即煤尘爆炸可靠性增大，当煤尘挥发分含量大于 14%时，煤尘爆炸可能性达到 100%，即煤尘肯定具有爆炸性。

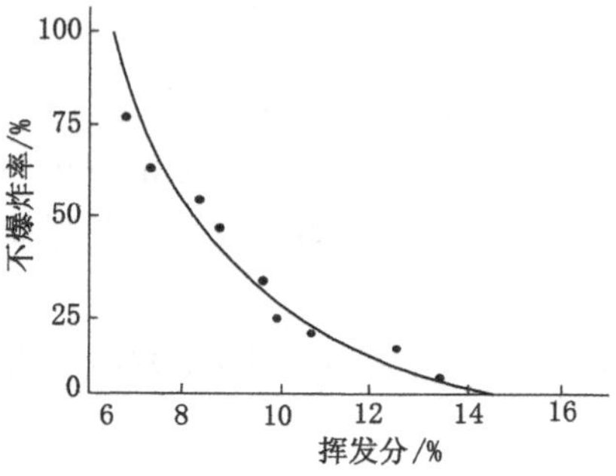

图 2-25　煤尘挥发分含量与不爆炸率的关系曲线

2.5.1.3　煤尘爆炸浓度范围

能够爆炸的悬浮煤尘浓度存在一定范围，即在爆炸的下限浓度至上限浓度这个范围内才能发生爆炸。所谓爆炸下限浓度，是指单位体积空气中能够发生爆炸的最低煤尘含量。许多国家实验结果表明，煤尘爆炸的最小下限浓度主要与煤尘的成分，特别是可燃挥发分含量、粒度、引火源种类和实验规模等有关。世界上一些产煤国家的煤尘爆炸下限浓度值（实验数据）如表 2-4 所列。

表 2-4　一些产煤国家的煤尘爆炸下限浓度值（实验数据）

国家名称	煤尘爆炸下限浓度/(g/cm^3)	可燃挥发分/%	实验条件
中国	45	54.7	实验室，铂金丝加热
波兰	32	30	实验室
苏联	30～40	30～35	实验室
德国	70	28	巷道，瓦斯爆炸
英国	50		实验室
美国	32		黑色火药
法国	23		胶制炸药
日本	48		感应线圈的电火花

所谓爆炸上限浓度，是指单位体积空气中能够发生爆炸的最高煤尘含量，即在此含量以上的浓度不再发生爆炸。一些产煤国家的煤尘爆炸上限浓度值（实验数据）如表 2-5 所列。在井下实际生产条件下，悬浮煤尘量要达到上限浓度值十分困难，只有沉积煤尘在冲击波等作用下才能达到高浓度悬浮煤尘。

表 2-5　一些产煤国家的煤尘爆炸上限浓度值(实验数据)

国家名称	粒径/目	爆炸上限浓度/(g/cm^3)
中国	100～150	1 800
	150～200	2 100
	200～270	2 400
	270～400	2 750
美国	270～400	2 100
波兰	270～400	1 800
苏联	270～400	1 450

2.5.2　煤尘爆炸性的当量鉴定方法

2.5.2.1　煤尘爆炸性鉴定装置

煤尘爆炸性鉴定装置示意图如图 2-26 所示。燃烧管为内径 75～80 mm、长 1 400 mm 的耐压玻璃管,一端经弯管与滤尘箱连接,另一端距管口 400 mm 径向对开两个小孔,穿过小孔装入铂丝加热器。加热器为长 110 mm 的中空细瓷管(内径分别为 1.5 mm 和 3.6 mm),管外缠绕 60 圈直径为 0.3 mm 的铂丝,铂丝由燃烧管的小孔引出,接在变压器的线圈上,该线圈两端电压为 30～40 V,细瓷管内装有铂铑热电偶,热电偶两端接上钢线,构成冷接点置于冰筒中,然后接到高温计上以测定温度。

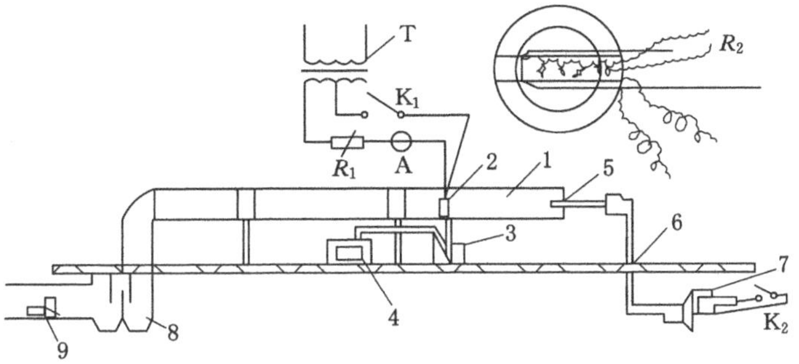

1—燃烧管;2—加热器;3—冷藏瓶;4—高温计;5—试料管;6—导气管;7—打气筒;8—滤尘箱;9—吸尘器;K_1—开关;K_2—电偶;T—变压器;A—电流表;R_1—可变电阻;R_2—铂丝热电器。

图 2-26　煤尘爆炸性鉴定装置示意图

2.5.2.2　煤尘爆炸性鉴定装置的实验条件

煤尘爆炸性鉴定装置必须安装在通风良好且安装有排风装置的实验室内。

2.5.2.3　煤尘爆炸性鉴定的步骤

(1) 打开装置电源开关,检查仪器是否正常工作。

(2) 打开装置加热器升温开关,使加热器温度逐渐升至(1 100±1) ℃。

(3) 用 0.1 g 感量的架盘天平称取(1±0.1)g 鉴定试样,装入试样管内,将试样聚集在试样管的尾端,插入弯管。

(4) 打开空气压缩机开关,将气室气压调节到 0.05 MPa。

(5) 按下启动按钮,将试样喷进玻璃管内,形成煤尘云。

(6) 观察并记录火焰长度。

(7) 同一个试样做5次相同的实验,如果5次实验均未产生火焰,还要再做5次相同的实验。

(8) 做完5～10次试样实验后,用长杆毛刷把沉积在玻璃管内的煤尘清扫干净。

(9) 对于产生火焰的试样,需做添加岩粉实验:按估计的岩粉百分比用量配置总重为58 g的岩粉和试样的混合粉尘,放在一个直径为50 mm的称量瓶内,加盖后用力摇动,混合均匀;然后称取5份各为1 g的混合粉尘,分别放入直径为30 mm的称量瓶,逐个按上述步骤进行实验。在5次实验中,如有一次出现火焰,则应重新配置混合粉尘,即在原岩粉百分比用量的基础上再增加5%,继续实验直至混合粉尘不再出现火焰为止。如果第一次配置的混合粉尘在5次实验中均未产生火焰,则应配置降低岩粉用量5%的混合粉尘继续实验,直至产生火焰为止。

(10) 对鉴定试样和添加岩粉的混合粉尘进行实验时,必须随时将实验结果记录在煤尘爆炸性鉴定原始记录表上。

每实验完一个鉴定试样需清扫一次玻璃管,并用毛刷顺着铂丝缠绕方向轻轻刷掉加热器表面上的浮尘;同时,开动实验室的排风换气装置进行通风。

2.5.2.4 鉴定结果的评定

(1) 在5次鉴定实验中,若有1次出现火焰,则该鉴定试样为有煤尘爆炸性。

(2) 在10次鉴定实验中均未出现火焰,则该鉴定试样为无煤尘爆炸性。

(3) 凡是在加热器周围出现单边长度大于3 mm的火焰(一小片火舌)均属于火焰;而仅出现火星,则不属于火焰。

(4) 以加热器为起点向管口方向所观测到的火焰长度作为本次实验的火焰长度。如果这一方向未出现火焰,而仅在相反方向出现火焰时,应以此方向确定为本次实验的火焰长度。选取5次实验中火焰最长的1次火焰长度作为该鉴定试样的火焰长度。

(5) 在添加岩粉实验中,混合粉尘刚刚不出现火焰时,该混合粉尘中的岩粉用量百分比即为抑制煤尘爆炸所需的最低岩粉用量。

2.5.2.5 鉴定报告

(1) 对鉴定试样进行煤尘爆炸性实验后,必须填写实验室煤尘爆炸性鉴定报告表。

(2) 鉴定报告必须由鉴定人、审核人、负责人及鉴定单位签字盖章才能生效。

(3) 鉴定报告表一式两份,一份由鉴定单位保存,另一份提供给供样单位,煤矿企业应根据鉴定结果采取相应的安全措施。

第 3 章　矿井防尘供水与管路系统

3.1　矿井防尘供水

防尘供水是做好井下防尘工作的必要条件，在进行防尘设计时，必须要充分考虑。

3.1.1　防尘供水设计的原则

(1) 防尘供水的水质，应符合下列要求：

① 悬浮物含量不得超过 150 mg/L；

② 悬浮物的粒度直径不得大于 0.3 mm；

③ pH 值应为 6～9；

④ 大肠杆菌不得大于 3 个/L；

⑤ 防尘用水既可采用地面水源，也可用井下水源。为保证防尘用水清洁，供水系统要设置过滤装置，如果矿井井下水源属于严重的酸性水，必须设置碱化处理设施。

(2) 地面建设永久性静压水池，其容量不得小于 200 m^3，并建设备用水池；井下防尘洒水系统不得少于连续 2 h 的用水量。

(3) 主、副井底车场，采区上下山口、机电硐室、检修硐室、材料库、火药库附近设置消火栓，其流量应达到 150 L/min，直径可为 50 mm。

(4) 喷雾洒水设备的水压和流量，应符合下列要求：

① 采煤机或者掘进机的喷雾装置——内喷雾水压不低于 3 MPa，外喷雾水压不低于 15 MPa，每个喷嘴流量不得少于 15 L/min；

② 凿岩机供水，水压不低于 0.3 MPa，流量不得少于 4 L/min；

③ 巷道中喷雾器，水压不低于 0.3 MPa，每个喷嘴流量不得少于 2 L/min；

④ 防尘水幕喷雾器，水压不低于 0.3 MPa，每个喷嘴流量不得少于 15 L/min；

⑤ 冲洗巷道用水量，每平方米表面积不少于 1.5 L。

(5) 防尘用水应当采用集中供水方式，将储水池设置在地面。采用静压供水，水位差一般需保持在 200～400 m，如果水位差过大，则必须设减压水箱来减压。采用动压供水时，必须装设备用水泵。

(6) 在寒冷地区，地面水池必须有防冻设施。

(7) 井下凿岩的防尘用水的压力应低于压气的压力。

3.1.2　矿井防尘总耗水量

井下防尘总耗水量，主要根据生产规模，工作面和掘进工作面个数，运、装等定点喷雾洒水，消防，水冷降温等用水来确定。

全矿井防尘耗水量可按下式近似计算：

$$Q_z = (\sum Q_m + \sum Q_i + \sum Q_q + \sum Q_h + \sum Q_v + \sum Q_x)K \tag{3-1}$$

式中 Q_z——矿井防尘总耗水量，m^3/h；

Q_m——采煤防尘耗水量，m^3/h；

Q_i——掘进防尘耗水量，m^3/h；

Q_q——煤层注水耗水量，m^3/h；

Q_h——采空区灌水耗水量，m^3/h；

Q_v——运输风巷喷雾洒水和风流水幕净化耗水量，m^3/h；

Q_x——其他地点防尘耗水量，m^3/h；

K——耗水量备用系数。

3.1.2.1 采煤防尘耗水量

（1）机组割煤时的内外喷雾或炮采洒水耗水量

$$Q_g = \frac{60}{1\ 000} C N_0 q_1 \tag{3-2}$$

式中 Q_g——割煤喷雾或炮采洒水耗水量，m^3/h；

N_0——机采工作面数量；

q_1——机组额定压力下的耗水量（或外喷雾器额定耗水量），L/min；

C——洒水和供水不均衡系数（实验值）。

炮采喷雾或攉煤洒水时的耗水量：

$$Q'_g = \frac{60}{1\ 000} C N_1 q'_1 B \tag{3-3}$$

式中 Q'_g——炮采喷雾或攉煤洒水耗水量，m^3/h；

N_1——炮采工作面数量；

q'_1——单个喷雾器（洒水器）耗水量，L/min；

B——同时使用喷雾器个数，个。

（2）转载点喷雾耗水量

$$Q_j = \frac{60}{1\ 000} a N_1 q_i \tag{3-4}$$

式中 Q_j——转载点喷雾耗水量，m^3/h；

a——单个工作面安设的喷嘴个数，个；

q_i——单个喷嘴耗水量，L/min。

采煤防尘总耗水量为

$$\sum Q_m = Q_g(\text{或 } Q'_g) + Q_j \tag{3-5}$$

若炮采工作面采用湿式打眼和水封爆破，还要考虑这两项用水量，计算公式见掘进防尘耗水量部分。则上式可改为：

$$\sum Q_m = Q_g(\text{或 } Q'_g) + Q_j + Q_k(= Q_1 + Q_2) \tag{3-6}$$

3.1.2.2 掘进防尘耗水量

（1）湿式打眼耗水量

$$Q_1 = \frac{60}{1\ 000}\alpha N_2 q_1 \tag{3-7}$$

式中　Q_1——湿式打眼耗水量，m^3/h；

N_2——同时使用凿岩机台数，台；

q_1——每台凿岩机额定耗水量，L/min；

α——打眼时供水备用系数，取值 1.1～1.2。

(2) 水封爆破耗水量

$$Q_2 = \frac{60}{1\ 000}N_3 V_2 \tag{3-8}$$

式中　Q_2——水封爆破耗水量，m^3/h；

N_3——每个水炮泥用水量，L/个；

V_2——单位时间内水炮泥充水数，个/min。

(3) 湿式除尘器(或净化通风)耗水量

$$Q_3 = \frac{60}{1\ 000}n_1 q_3 \tag{3-9}$$

式中　Q_3——除尘器(或净化器)耗水量，m^3/h；

q_3——除尘器(或净化器)单个喷嘴或引射喷嘴耗水量，L/min；

n_1——整机安设喷嘴总数，个。

(4) 装矸洒水和冲洗岩帮耗水量

$$Q_4 = \frac{60}{1\ 000}(V_3 q_3 K + \frac{S q_4}{t}) \tag{3-10}$$

式中　Q_4——装矸洒水和冲洗岩帮耗水量，m^3/h；

q_3——每出一吨矸石的洒水量，取值 10～25 L/t；

q_4——冲洗每平方米岩帮所需的洒水量，取值 1～2 L/m^2；

V_3——每分钟平均运出的矸石量，取值 10～25 t/min；

K——矿石湿度系数修正系数，取值 0.5～1.0；

S——所需冲洗的巷壁，m^2；

t——冲洗时间，min。

(5) 爆破喷雾耗水量

$$Q_5 = \frac{60}{1\ 000}N_4 q_5 \tag{3-11}$$

式中　Q_5——爆破喷雾耗水量，m^3/h；

N_4——喷雾器个数，个；

Q_5——单个喷雾器耗水量，L/min。

(6) 巷壁喷浆耗水量

$$Q_6 = \frac{60}{1\ 000}n_2 q_6 \tag{3-12}$$

式中　Q_6——巷壁喷浆耗水量，m^3/h；

q_6——每台喷浆机额定耗水量，L/min；

n_2——同时使用喷浆机的台数，台。

如果掘进工作面均为单工序循环作业，其耗水量可按照最大用水量工序考虑，即

$$\sum Q_t = C_1 N_4 Q_n \tag{3-13}$$

式中 $\sum Q_t$——掘进单工序循环作业总耗水量，m^3/h；

Q_n——最大耗水量工序的耗水量，m^3/h；

N_4——同时作业的掘进工作面个数，个；

C_1——供水备用系数，1.05～1.20。

当机械化程度高的矿井实行多工序平行作业时，可采用最大耗水量工序和其他平行作业工序的耗水量之和作为计算基础，即

$$\sum Q_t = C_1 N_4 (Q_a + Q_c) \tag{3-14}$$

式中 Q_a——最大耗水量工序耗水量，m^3/h；

Q_c——其他平行作业工序的耗水量之和，m^3/h。

3.1.2.3 煤层注水耗水量

$$\sum Q_g = 3\ 600 b N_5 (v_1 \frac{D_2}{4} \pi) \tag{3-15}$$

式中 $\sum Q_g$——煤层注水耗水量，m^3/h；

v_1——注水管注入水的流速，m/s；

D_2——注水管管径，m；

b——同时注水孔数(即水管数)，个；

N_5——同时注水工作面数，个。

3.1.2.4 采空区灌水耗水量

$$\sum Q_h = 3\ 600 C_2 N_6 (v_2 D^2 \pi)/4 \tag{3-16}$$

式中 $\sum Q_h$——采空区灌水耗水量，m^3/h；

C_2——单面同时向采空区灌水管数，个；

v_2——灌水管水的流速，m/s；

D——灌水管管径，m；

N_6——采空区灌水的工作面数，个。

3.1.2.5 运输风巷喷雾洒水和风流水幕净化耗水量

$$\sum Q_v = \frac{60}{1\ 000}(a_7 N_7 q_7 + a_8 N_8 q_8) \tag{3-17}$$

式中 $\sum Q_v$——运输风巷喷雾洒水和风流水幕净化耗水量，m^3/h；

a_7, a_8——每个喷雾洒水或净化喷嘴数，个；

N_7, N_8——喷雾洒水或净化点数，处；

q_7, q_8——单个喷嘴耗水量，L/min。

3.1.2.6 耗水量备用系数

$$K = K_1 K_2 K_3 \tag{3-18}$$

式中 K——耗水量备用系数；

K_1——供水不均衡系数，一般年核定生产能力(或设计产量)小于 15 万 t 的矿井，K_1

取 1.05～1.10；15 万～50 万 t 的矿井，K_1 取 1.10～1.15；50 万～100 万 t 的矿井，K_1 取 1.15～1.20；大于 100 万 t 的矿井，K_1 取 1.20～1.30。

K_2——管网系统漏水备用系数，取值 1.1～1.2。全井静压供水，取 1.1；泵压供水，取 1.2。

K_3——消防用水预留系数，取值 1.2～1.5。

全矿井防尘总耗水量也可按下式计算：

$$Q_z = K(N_a q\eta + N_b q_1 \eta_1 + N_c q_2 \eta_2) \tag{3-19}$$

式中　Q_z——全矿井总耗水量，m^3/h；

N_a——井下工作的凿岩机台数，个；

q——每台凿岩机平均耗水量，m^3/h；

η——凿岩机同时工作系数；

N_b——井下使用的喷雾器数量(包括水幕和采煤机内喷雾器)，个；

q_1——每个喷雾器耗水量，m^3/h；

η_1——喷雾器同时工作系数；

N_c——井下煤层注水孔数量，个；

q_2——单孔平均注水量，m^3/h；

η_2——注水孔的同时工作系数；

K——水量备用系数，一般取 1.05～1.30。

3.1.3　矿井防尘供水方式

(1) 静压水池容积的确定

矿井永久性防尘静压水池的确定，应与消防水池同时综合考虑，设在地面或井下巷道中的适当位置。其容积应以满足一班生产防尘用水为宜。设计计算式可参照下式：

$$V = (6 \sim 8)K_1 K_2 K_3 Q_z \tag{3-20}$$

(2) 静压水池的结构

① 钢筋混凝土浇筑圆形池或矩形池；

② 砖石水泥结构圆形池或矩形池。

圆形钢筋混凝土防尘水池的平面结构和外形尺寸如图 3-1 所示。各种不同容积的防尘静压水池尺寸和进排水管尺寸如表 3-1 和表 3-2 所列。大型矿井设计地面储水池时，要设计两个，一个使用，一个备用。

表 3-1　圆形钢筋混凝土防尘水池规格尺寸

水池容积/m^3	水池外形尺寸/m			加筋混凝土厚度/mm				池底集水坑/mm			
	纯高度	外直径	内直径	池壁厚度		池底	盖板	水坑直径		高度	排泥管径
				顶部	底部			顶径	底径		
200	3.2	9.20	8.94	130	130	200	130	2 000	1 500	1 000	150
500	3.5	14.45	14.15	120	170	220	120	2 000	1 500	1 100	150
1 000	3.7	15.4	15.1	120	250	200	120	2 000	1 500	1 000	150

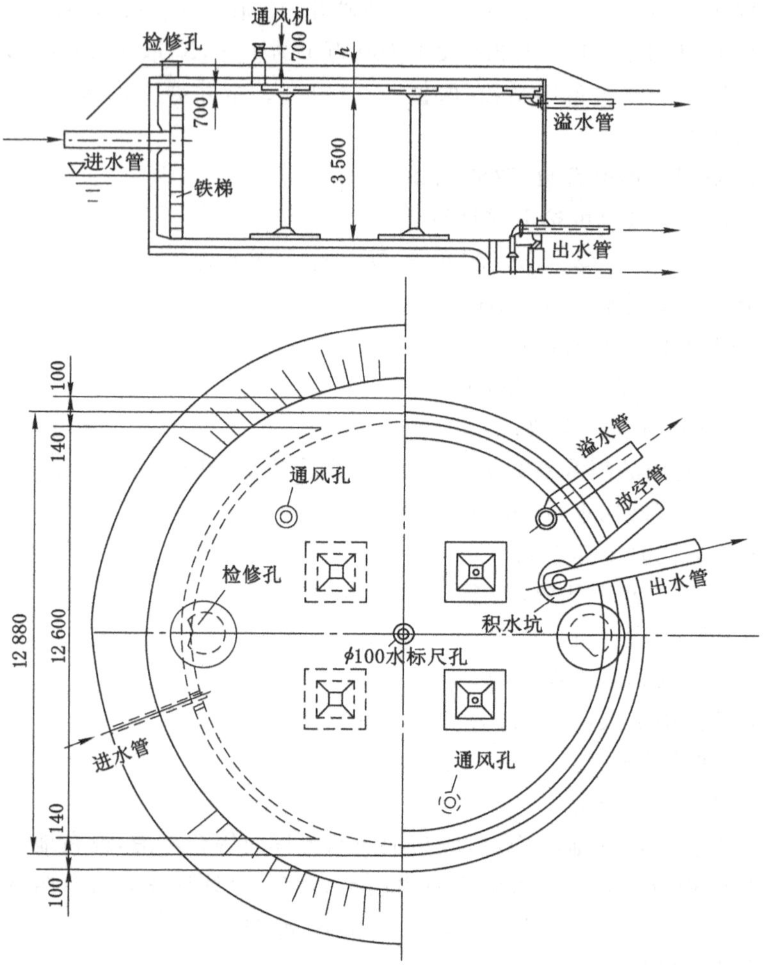

图 3-1　圆形钢筋混凝土防尘水池

表 3-2　防尘水池的配管口直径选择

管路	水池容量/m³						
	50	100	150	200	300	400	500
进水管管径/mm	100	150	150	200	250	250	300
出水管管径/mm	150	200	250	250	300	300	300
溢水管管径/mm	100	150	150	200	250	250	300
排水管管径/mm	100	100	100	100	150	150	150

（3）地面储水池的防冻

在寒冷地区，矿井地面静压水池的设计，要具有防寒能力。

（4）静压供水的水压调节

如图 3-2～图 3-4 所示，为矿井地面三种常规静压水池设计示意图，分别为平巷隔离式、平巷水窝式和斜巷密闭式静压水池，采用不同方式进行水压调节。

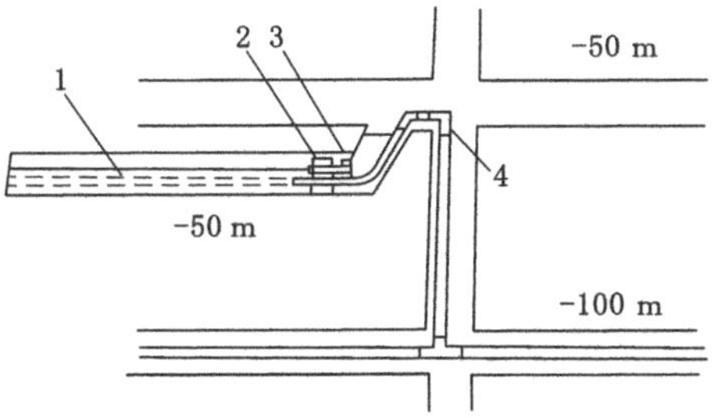

1—水池；2—隔离水墙；3—卸流水管；4—供水管。

图 3-2　平巷隔离式静压水池

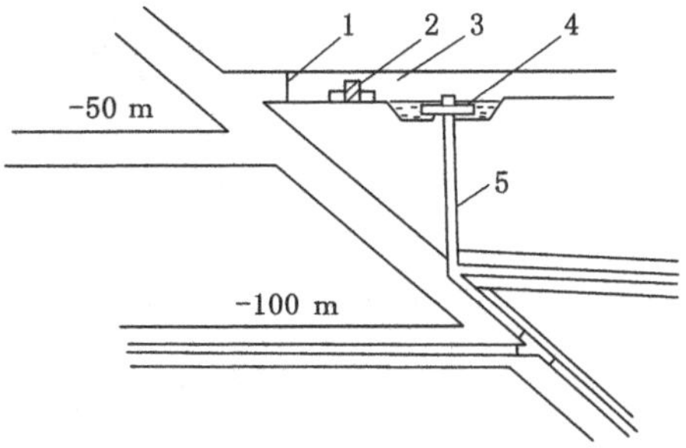

1—栅栏；2—挡水墙；3—平排管；4—水池；5—供水管。

图 3-3　平巷水窝式静压水池

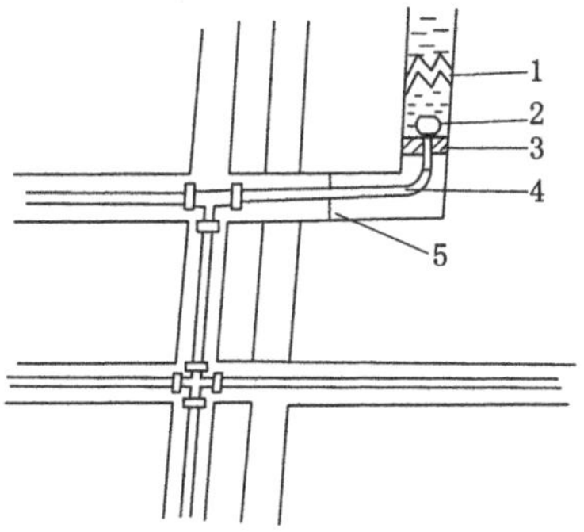

1—净化滤层；2—吸水过滤器；3—密闭混凝土挡水墙；4—供水管；5—栅栏。

图 3-4　斜巷密闭式静压水池

① 降压调节。采用缓冲减压水池，一般适用于地面静压水池距井下用水地点垂高超过 400 m。

减压阀调节法：在主供水管路设置减压阀，通常设置在井筒的一定深度内。减压后水的压力应满足井下消防、喷雾降尘的需要。在法兰连接两节水管之间接阻力片。若消除较大的压力，可串联几个阻力片，片间距要大于管径的 30 倍且其前后均要有大于管径 30 倍以上的直管。还可采用供水管道专用减压阀，如图 3-5 所示。也可在供水管路中使用自动减压阀增阻减压，其规格型号如表 3-3 所列。

表 3-3　自动减压阀

产品名称	型号	介质	适用温度/℃	阀体材料	压力/10^5 Pa		管径/mm
					进口	出口	
膜片活塞式减压阀	Y_{43}H-16	水	50	铸铁	6.8～12	4	20,25,32,40,50,65,80,100,125,150,200
弹簧膜片式减压阀	Y_{42}X-16C	水	50	铸铁	16	0.5～12	
膜片活塞式减压阀	Y_{43}H-16Q	蒸汽、空气	300	铸铁	16	0.5～12	

② 增压调节。由于管路沿程阻力损失，静压水压可能小于某些防尘设备的额定压力，

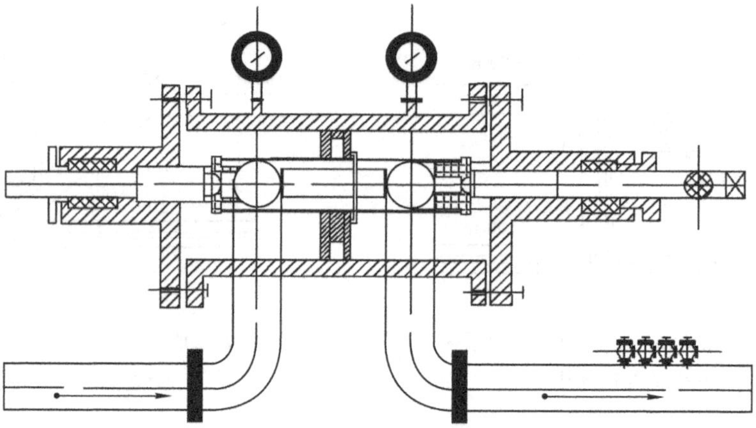

图 3-5　减压阀结构图

因此，必须进行增压调节。增压调节的措施主要是安设水泵。W 型水泵技术特征如表 3-4 所列。

表 3-4　W 型水泵技术特征

水泵型号	流量		扬程/m	功率/kW		效率/%	允许吸上真空高度/m
	m^3/h	L/s		轴功率	电动机功率		
20W-20	0.36～0.90	0.10～0.25	28～15	0.18～0.16	0.8	15.0～22.5	7.0～6.0
20W-65	0.36～0.90	0.10～0.25	90～50	1.04～0.82	2.2	8.5～15.0	6.5～5.5
25W-45	0.79～1.80	0.22～0.50	40～18	0.43～0.33	0.8	20～27	6.5～5.5
25W-70	0.79～1.80	0.22～0.50	110～52	1.58～1.16	3.0	15～22	6.0～5.0
32W-30	1.73～3.60	0.48～1.00	52～20	0.94～0.58	1.5	26～34	6.5～5.5
32W-75	1.73～3.60	0.48～1.00	115～53	2.17～1.63	4.0	25～32	5.5～4.5
40W-40	3.60～6.48	1.0～1.8	65～26	2.28～1.63	11.0	28～35	6.0～4.0
40W-90	3.60～6.48	1.0～1.8	132～63	4.98～3.37	10.0	26～33	4.5～3.5
50W-45	6.12～10.8	1.7～3.0	74～28	4.41～2.29	5.5	28～36	5.0～3.0
65W-50	10.1～16.9	2.8～4.7	84～30	7.91～3.74	10.0	29～37	4.5～2.5

(5) 静压水池位置的选择

静压水池标高距用水地点的高差（静压头）必须满足下式：

$$H_Z \geqslant h_R + p \tag{3-21}$$

式中　H_Z——水池距用水点的垂直高差，m；

h_R——管路中阻力损失水头，m；

p——管路末端所需工作压头，m。

(6) 设备选型

① 预选水泵

水泵的供（排）水量：

$$Q_B = 1.2Q_{max} \tag{3-22}$$

水泵必需的扬程：

$$H_B = \frac{H_g}{\eta_g} \tag{3-23}$$

水泵必需的级数：

$$i = \frac{H_B}{H_1} \tag{3-24}$$

式中　Q_{max}——矿用防尘最大耗水量(或矿井 24 h 最大涌水量)，m^3/h；

H_g——排水高度，m；

η_g——水泵效率，%；

H_1——水泵单级扬程，m。

② 吸排管径的确定

排水管径：

$$d_p = 0.018\ 8\sqrt{\frac{Q_B}{v_p}} \tag{3-25}$$

吸水管径：

$$d_x = d_p + 25 \times 10^{-3} \tag{3-26}$$

管壁厚度：

$$\sigma_0 = 0.5 d_p \left(\sqrt{\frac{\sigma_n + 0.4p}{\sigma_n + 1.3p}} - 1\right) + \sigma_1 \tag{3-27}$$

式中　d_p——排水管内径，m；

d_x——吸水管径，m；

σ_n——许用应力(表 3-5)，kPa；

p——管内液态压强，kPa；

σ_1——附加厚度，其中，铸铁管 $\sigma_1 = 0.7 \sim 0.9$ cm，焊接钢管 $\sigma_1 = 0.2$ cm，无缝钢管 $\sigma_1 = 0.1 \sim 0.2$ cm；

v_p——流速，经验值 1.5～2.2 m/s。

表 3-5　常用管材许用应力　　kPa

管材名称	铸铁管	焊接钢管	无缝钢管
许用应力 σ_n	19 613.2	58 839.6	78 452.8

3.1.4　防尘供水的水质净化

保证防尘用水清洁主要是在防尘系统中设置过滤装置或过滤池。

3.1.4.1　沉淀池过滤净化

采用地表水源：地面沉淀池结构根据水源水浑浊度的高低，参照给水标准设计选择平流式沉淀池、辐流式沉淀池、斜板或斜管式沉淀池。

采用井下水源：设两个蓄水池，即污水沉淀池和清水给水池。

3.1.4.2　管道滤流器净化

该法在供水管路系统中安设滤流器。当前生产的 MPD-I 型管道滤流器主要用于防尘管路中水的净化，其结构和规格尺寸分别见图 3-6 和表 3-6。

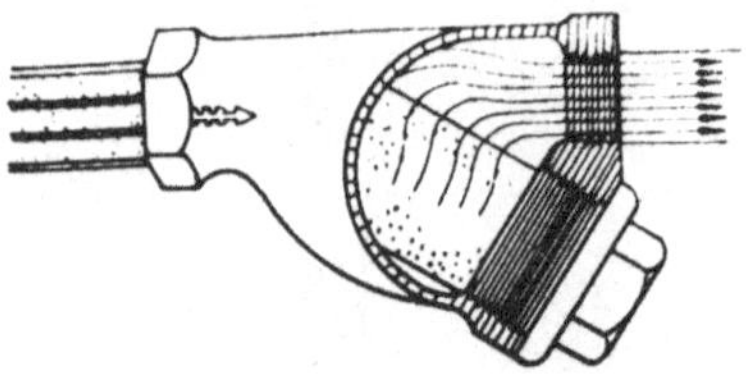

图 3-6　MPD-I 型防尘管道滤流器

表 3-6　管道滤流器规格尺寸

尺寸/in	内径/mm	A/mm	B/mm	C/mm	D/mm	承压/kPa	连接方式
1/2	15	123.8	70.3	136.3	37.3	1 961	标准管螺纹
3/4	20	144.2	86.5	169.0	57.8	1 961	标准管螺纹
1	25	185.8	112.2	218.8	74.3	1 961	标准管螺纹
3/2	40	198.0	140.3	222.8	90.8	1 961	标准管螺纹
2	50	231.0	173.3	276.2	119.8	2 452	标准管螺纹

注：1 in＝2.54 cm，下同；表中 A/B/C/D 代表管道滤流器不同的分级。

一般 100～200 mm 主干管，滤流器滤网应选 40～60 目；25～75 mm 支干管，滤流器滤网选 60～80 目；喷嘴和喷雾器前的滤流器滤网应选 80～120 目。

3.2　矿井防尘供水管路系统

3.2.1　防尘供水管路系统的敷设

根据《煤矿井下消防、洒水设计规范》(GB 50383—2016)的要求，敷设防尘用水管路系统时，应遵循以下规定。

(1) 立井井筒内管道敷设应符合下列规定：

① 立井井筒中井下消防、洒水管道宜靠近井壁并保持检修操作所需的距离。其位置应与井筒内的其他设施相互协调。

② 立井中的管道应每隔 100～150 m 设一个承受管道荷载的立管托座。

③ 井筒中消防、洒水管道的全部重量及水动力荷载，应通过立管托座传递到固定于井壁的承重梁上。

④ 两个立管托座之间的管道上应设一个伸缩器。伸缩器的强度应能承受管道的最大水压，其伸缩量必须大于管道在温度及荷载变化下可能发生的长度变化量的 2 倍，且不应小于 20 mm。

⑤ 立井井筒管道应设立管支架，用管卡将立管固定在支架上。支架位置应与管道梁等构件的位置协调，两个立管支架的间距可按表 3-7 确定。立管支架可固定在由井壁支撑的梁上，也可采用锚杆直接固定在井壁上。

表 3-7　立管支架间距

管径/mm	<50	50～100(不含 100)	100～150(不含 150)	150～200(不含 200)	≥200
间距/m	3.0	3.5	4.0	4.5	5.0

（2）水平巷中管道敷设应符合下列规定：

① 巷道内敷设的管道应采用牢固的构件固定。管道及固定件的位置应不妨碍人员和运输设备通行。沿着巷道底板敷设的管道距道砟面的净高不应小于 0.3 m，布置在人行道上方的管道距道砟面的净高不应小于 1.8 m。

② 巷道中的直线管道应设支撑管道重量的滑动支架，用管卡固定管道。两支架的间距可按表 3-8 确定。

表 3-8　水平管支架间距

管径/mm	≤32	40	50	70	80	100	125	≥150
间距/m	3.0	3.5	4.5	5.5	6.5	7.5	8.5	9.5

③ 水平巷道的直线段宜每隔 100 m 左右设一个固定支架，并且在管道每个拐弯处各设一个固定支架。

④ 直线管段的每两个固定支架之间宜设一个管道伸缩器。

（3）斜井井筒及倾斜巷道中管道敷设应符合下列规定：

① 斜井井筒及倾斜巷道中管道敷设必须在适当的位置设承受下滑力的斜管托架。当管道下滑力大于其摩擦阻力时，可用固定支架代替斜管托架，每两个托架之间宜设一个管道伸缩器。

② 斜管托架或倾斜巷道的固定支架的强度应能承受管道的下滑力。

3.2.2　管路总水头损失计算

管路水头损失可分为沿程水头损失和局部水头损失。

$$h_W = \sum h_f + \sum h_m \tag{3-28}$$

式中　h_W——管路总水头损失，m；

$\sum h_f$——管路沿程水头损失之和，m；

$\sum h_m$——管路局部水头损失之和，m。

3.2.2.1　管路沿程水头损失

$$h_f = \lambda \frac{L}{d} \cdot \frac{v^2}{2g} \tag{3-29}$$

式中　h_f——沿程水头损失，m；

L——管路长度，m；

d——管径，m；

v——管内平均流速，m/s；

g——重力加速度，m/s^2；

λ——沿程阻力系数。

下面来确定沿程阻力系数（λ）。

（1）若为层流：

$$\lambda = \frac{64}{Re} \tag{3-30}$$

（2）若为紊流：

① 2 320<Re<10^5时，

$$\lambda = \frac{0.3164}{Re^{0.25}} \tag{3-31}$$

② 2 320<Re<10^8时，

$$\lambda = \frac{1}{2\tan\frac{d}{\Delta}+1.14} \tag{3-32}$$

③ 2 320<Re<$27\left(\frac{d}{\Delta}\right)^{1\frac{1}{7}}$ 时，

$$\lambda = \left(\frac{0.556}{\tan\frac{Re}{7}}\right)^2 \tag{3-33}$$

式中　Δ——绝对粗糙度，mm。

表 3-9 为不同管道绝对粗糙度（Δ）值。

表 3-9　管道绝对粗糙度（Δ）值

管子类别	Δ/mm	管子类别	Δ/mm
无缝钢管	0.01～0.08	旧钢管、铸锈显著的无缝钢管	0.50～1.00
镀锌管	0.30～0.40	旧铸铁管	0.50～1.60
带锈的无缝钢管	0.19～0.30	铜管、铝管	0.001 5～0.06
新铸铁管	0.20～0.80	橡胶软管	0.20～0.30

雷诺系数的计算公式如下：

$$Re = \frac{\rho \upsilon d}{\mu} \text{或} Re = \frac{\upsilon d}{v} \tag{3-34}$$

式中　υ——平均流速，m/s；

d——管路水力直径，m；

ρ——流体密度，kg/m^3；

μ——绝对黏性系数，Pa·s；

v——流体运动黏性系数，m^2/s。

不同温度时水的重度与流体运动黏性系数如表 3-10 所列。

表 3-10　不同温度时水的重度与运动黏性系数

温度 t/℃	重度/(N/m^3)	运动黏性系数 v/(m^2/s)
0	9 808.63	0.0178×10^{-4}
4	9 810.00	0.0156×10^{-4}
10	9 807.23	0.0131×10^{-4}
15	9 801.37	0.0114×10^{-4}
20	9 694.54	0.0101×10^{-4}
30	9 764.58	0.0080×10^{-4}
40	9 733.87	0.0066×10^{-4}

表 3-10(续)

温度 t/℃	重度/(N/m³)	运动黏性系数 v/(m²/s)
60	9 645.58	$0.004\ 5\times10^{-4}$
80	9 532.05	$0.003\ 5\times10^{-4}$
100	9 401.71	$0.002\ 7\times10^{-4}$

若 $Re<2\ 320$,管路内水流流态为层流;

若 $Re>2\ 320$,管路内水流流态为紊流。

3.2.2.2　管路局部水头损失

$$h_m = \xi \frac{v^2}{2g} \tag{3-35}$$

式中　h_m——局部水头损失,m;

v——平均流速,m/s;

ξ——局部阻力系数。

若突然扩大:

$$\xi = \left(\frac{A_2}{A_1} - 1\right)^2 \tag{3-36}$$

若突然缩小:

$$\xi = 0.5\left(1 - \frac{A_2}{A_1}\right)^2 \tag{3-37}$$

若为折角弯头:

$$\xi = 0.95\sin^2\frac{\alpha}{2} + 2.05\sin^4\frac{\alpha}{2} \tag{3-38}$$

若为圆弧弯头时,则

$$\xi = \left[0.13 + 1.85\left(\frac{r}{R}\right)^{3.5}\right]\frac{\alpha}{90}\quad(\alpha \neq 90^\circ) \tag{3-39}$$

式中　A_1——初始过流断面,m²;

A_2——扩大后的过流断面,m²。

常用的管路设施局部阻力系数如表 3-11 所列。

表 3-11　常用的管路设施局部阻力系数(ξ)

管路设施		ε	管路设施	ε
逆止阀		0.60～1.50	标准弯头	1.09～2.30
闸板阀	ϕ100 mm,开度 1～3/2	0.16～1.93	管断面突扩	1.00
	ϕ125 mm,开度 1～1/2	0.15～2.64	管断面突缩	0.07～0.48
分支管	ξ_1	0.04～0.35	底阀及过滤器	1.50～2.00
	ξ_2	0.09～1.29	管子入口	0.56～1.00
合流管	ξ_1	0.04～0.60	管子出口	1.00
	ξ_2	0.08～0.91	全开闸阀	0.20

3.2.3 管径的选择

选择管径可用经验流速计算，也可采用流量特性计算。

3.2.3.1 以经验流速计算管径

$$d = 1.128\,7\left(\frac{Q}{v}\right)^{\frac{1}{2}} \tag{3-40}$$

式中 d——管路直径，m；

Q——通过管路的流水量，m^3/s；

v——水平均流速，取值 1.5～2.2 m/s。

设计管径时应考虑管路使用后锈蚀和污垢沉积对过流断面的影响，故设计管径为：

$$D = Kd \tag{3-41}$$

式中 D——设计管径，m；

K——锈蚀和污垢沉积预留系数，取值 1.003～1.021。

3.2.3.2 以流量特性计算管径

$$K^2 = \frac{Q^2 L}{h} = \frac{Q^2}{i} \tag{3-42}$$

式中 K^2——管路流量特性，L^2/s^2；

Q——通过管路的流量，L/s；

h——作用管路水头，m；

L——管路长度，m；

i——水力坡度。

$$i = \frac{\Delta H}{\sum L} \tag{3-43}$$

式中 ΔH——管路始、终点的高差，m；

$\sum L$——管路总长度，m。

钢管或铸铁管(阻力平方区)流量特性如表 3-12 所列。

表 3-12 钢管或铸铁管(阻力平方区)流量特性

管径 d/mm	管壁粗糙状况								
	清洁水管(h=0.011 1 m)			正常水管(h=0.012 5 m)			污垢水管(h=0.014 3 m)		
	λ	C /($m^{1/2}$/s)	K^2/ /($\times 10^3$ L^2/s^2)	λ	C ($m^{1/2}$/s)	K^2 /($\times 10^3$ L^2/s^2)	λ	C /($m^{1/2}$/s)	K^2 /($\times 10^3$ L^2/s^2)
50	0.024 8	56.3	0.152	0.036 6	46.3	0.103	0.06	36.3	0.06
75	0.022 2	59.4	1.39	0.032 2	49.4	0.894	0.05	39.4	0.57
100	0.020 7	61.6	5.77	0.029 5	51.6	4.06	0.04	41.6	2.63
125	0.019 5	63.4	19.0	0.027 5	53.4	13.4	0.04	43.4	8.80
150	0.018 8	64.7	49.3	0.026 3	54.7	35.0	0.04	44.7	23.4
200	0.017 5	67.0	222	0.024 2	57.0	161	0.03	47.0	109
250	0.016 6	68.7	711	0.022 8	58.7	510	0.03	48.7	357

表 3-12(续)

管径 d/mm	管壁粗糙状况								
	清洁水管(h=0.011 1 m)			正常水管(h=0.012 5 m)			污垢水管(h=0.014 3 m)		
	λ	C /($m^{1/2}$/s)	K^2/ /(×10^3 L^2/s^2)	λ	C ($m^{1/2}$/s)	K^2 /(×10^3 L^2/s^2)	λ	C /($m^{1/2}$/s)	K^2 /(×10^3 L^2/s^2)
300	0.016 0	70.1	1 850	0.021 7	60.1	1 370	0.03	50.1	950
350	0.015 4	71.3	4 120	0.020 9	61.3	3 060	0.03	51.3	2 130
400	0.015 0	72.3	8 130	0.020 2	62.3	6 100	0.03	52.3	4 320

3.2.3.3 管路的串、并联计算

(1) 串联管路计算

$$\begin{cases} Q = Q_1 = Q_2 = Q_3 = \cdots = Q_n \\ H = h_1 + h_2 + h_3 + \cdots + h_n \end{cases} \tag{3-44}$$

或

$$\begin{cases} H = \dfrac{Q_1^2}{K_1^2}L_1 + \dfrac{Q_2^2}{K_2^2}L_2 + \cdots + \dfrac{Q_n^2}{K_n^2}L_n \\ H = B_1L_1Q_1^2 + B_2L_2Q_2^2 + \cdots + B_nL_nQ_n^2 \\ R = R_1 = R_2 = R_3 = \cdots = R_n \end{cases} \tag{3-45}$$

式中　$Q_1, Q_2, \cdots, Q_n$——不同管径的管流量,m^3/s;

$h_1, h_2, \cdots, h_n$——不同管径内的水压,m;

$B_1, B_2, \cdots, B_n$——不同管径内工程阻力系数,$B_i = \dfrac{16\lambda}{2g\pi^2 d^2}(i=1,2,\cdots,n)$,$s^2/m^6$;

$K_1^2, K_2^2, \cdots, K_n^2$——管路流量特性,$L^2/s^2$。

常用钢管或铸铁管的 B 值如表 3-13 所列。

表 3-13　常用钢管或铸铁管的 B 值　　单位:s^2/m^6

d/mm	洁净管 B	正常管 B	污垢管 B	d/mm	洁净管 B	正常管 B	污垢管 B
40	20 830	32 260	50 920	350	0.24	0.33	0.453
50	6 390	9 709	15 190	400	0.12	0.16	0.223
75	751.9	1 124	1 709	450	0.064	0.088	0.119
100	166.1	222.4	365.0	500	0.037	0.051	0.068 4
125	51.6	75.0	110.8	600	0.014	0.020	0.026 0
150	19.8	28.6	41.85	700	0.006 4	0.008 7	0.011 5
200	4.4	6.2	9.029	800	0.003 2	0.004 3	0.005 67
250	1.4	1.9	2.752	900	0.001 7	0.002 3	0.003 03
300	0.58	0.74	1.025	1 000	0.001 0	0.001 4	0.001 73

(2) 并联管路计算

$$\begin{cases} Q = Q_1 + Q_2 + \cdots + Q_n \\ H = h_1 = h_2 = \cdots = h_n \\ R = R_1 + R_2 + \cdots + R_n \end{cases} \tag{3-46}$$

（3）分支管路计算

分支管路是开口式并联管路(图 3-7)，煤矿防尘主干管路或采区支干管路多为这种形式。此管路分支点为 a，如该点的位置标高(以平面 $ABCD$ 为基准面)为 Z，静压水头为 h，三分支管的终点位置标高各为 Z_1、Z_2、Z_3，水头为 h_1、h_2、h_3，流量为 Q_1、Q_2、Q_3，则：

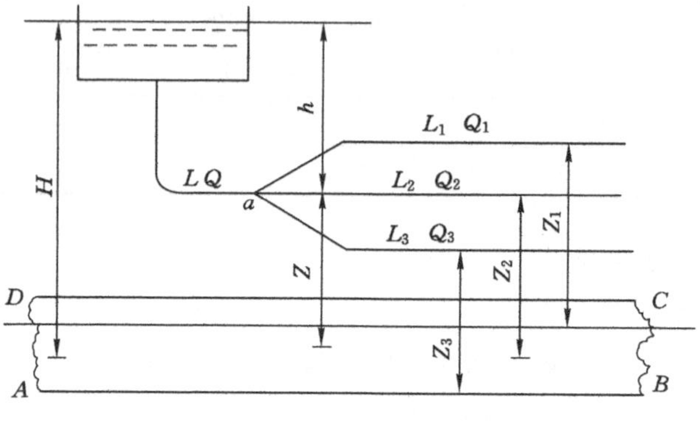

图 3-7　防尘供水分支管路

$$\begin{cases} Q = Q_1 + Q_2 + Q_3 \\ H = (Z + h) = BLQ^3 \\ (Z+h) - (Z_1 - h_1) = B_1 L_1 Q_1^2 \\ (Z+h) - (Z_2 - h_2) = B_2 L_2 Q_2^2 \\ (Z+h) - (Z_3 - h_3) = B_3 L_3 Q_3^2 \end{cases} \tag{3-47}$$

3.2.4　应用实例

某矿静压防尘管路系统如图 3-8 所示。其管路敷设于同一水平面上，水池水平面与管路水平的垂距为 200 m，各用水地点的水头(水压)不低于 40 m。已知 $L_{AB}=400$ m，$L_{BC}=600$ m，$L_{CD}=500$ m，$L_{DE}=300$ m，$L_{BN}=200$ m，$L_{CM}=300$ m，$L_{DF}=200$ m，$L_{EG}=200$ m，各作业点耗水量为 $Q_N=12$ L/s，$Q_M=16$ L/s，$Q_F=20$ L/s，$Q_G=10$ L/s，试合理确定各段管径。

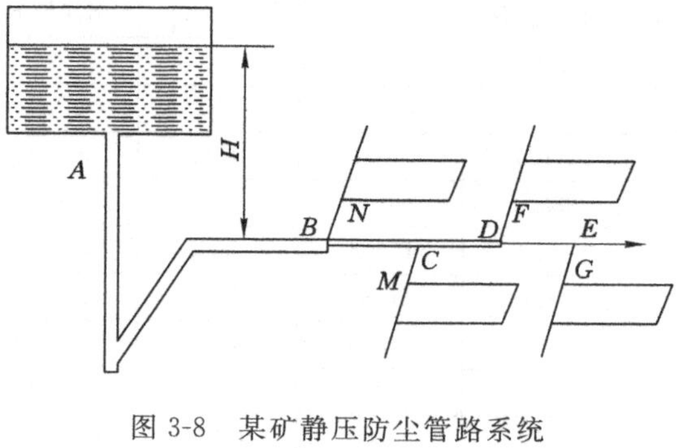

图 3-8　某矿静压防尘管路系统

根据公式 $K^2=\dfrac{Q^2L}{h}=\dfrac{Q^2}{i}$ 和公式 $i=\dfrac{\Delta H}{\sum L}$ 计算，管线平均水力坡度 i 及主干管路各段上的计算流量特性(K^2)分别为：

$$i=\frac{\Delta h}{\sum L}=\frac{160}{400+600+500+300}=0.089$$

$$(K_{AB}^2)'=\frac{Q_{AB}^2}{i}=\frac{58^2}{0.089}=37\ 797.8\ (\mathrm{L}^2/\mathrm{s}^2)$$

$$(K_{BC}^2)'=\frac{Q_{BC}^2}{i}=\frac{46^2}{0.089}=23\ 775.3\ (\mathrm{L}^2/\mathrm{s}^2)$$

$$(K_{CD}^2)'=\frac{Q_{CD}^2}{i}=\frac{30^2}{0.089}=10\ 112.4\ (\mathrm{L}^2/\mathrm{s}^2)$$

$$(K_{DE}^2)'=\frac{Q_{DE}^2}{i}=\frac{10^2}{0.089}=1\ 123.6\ (\mathrm{L}^2/\mathrm{s}^2)$$

根据上述计算值和表 3-12 选取管径和实际流量特性 K^2 为：

$$d_{AB}=200\ \text{mm 时},K_{AB}^2=161\ 000\ \mathrm{L}^2/\mathrm{s}^2$$

$$d_{BC}=150\ \text{mm 时},K_{BC}^2=35\ 000\ \mathrm{L}^2/\mathrm{s}^2$$

$$d_{CD}=125\ \text{mm 时},K_{CD}^2=13\ 400\ \mathrm{L}^2/\mathrm{s}^2$$

$$d_{DE}=100\ \text{mm 时},K_{AB}^2=4\ 060\ \mathrm{L}^2/\mathrm{s}^2$$

干线各段管路上的实际水头损失为：

$$h_{AB}=\frac{Q_{AB}^2L_{AB}}{K_{AB}^2}=\frac{58^2\times400}{161\ 000}=8.4\ (\mathrm{m})$$

$$h_{BC}=\frac{Q_{BC}^2L_{BC}}{K_{BC}^2}=\frac{46^2\times600}{35\ 000}=36.3\ (\mathrm{m})$$

$$h_{CD}=\frac{Q_{CD}^2L_{CD}}{K_{CD}^2}=\frac{30^2\times500}{13\ 400}=33.6\ (\mathrm{m})$$

$$h_{DE}=\frac{Q_{DE}^2L_{DE}}{K_{DE}^2}=\frac{10^2\times300}{4\ 060}=7.4\ (\mathrm{m})$$

主干管路 $ABCDE$ 实际总水头损失为：

$$\sum h_{\mathrm{f}}=h_{AB}+h_{BC}+h_{CD}+h_{DE}=8.4+36.3+33.6+7.4=85.7(\mathrm{m})$$

根据给定的条件，矿井防尘主干管路 $ABCDE$ 的水压为 200 m－40 m＝160 m。$\sum h_{\mathrm{f}}=85.7\ \mathrm{m}<160\ \mathrm{m}$，故满足所有用水地点的水头（水压）要求。

根据公式 $K^2=\frac{Q^2L}{h}=\frac{Q^2}{i}$ 计算 K^2，通过表 3-12 选取各分支管径为：

$$K_{EG}^2=\frac{Q_{EG}^2L_{EG}}{h_{EG}}=\frac{10^2\times200}{200-8.4-36.3-33.6-7.4-40}=269.2\ (\mathrm{L}^2/\mathrm{s}^2)$$

$d_{EG}=75$ mm

$$K_{DF}^2=\frac{Q_{DF}^2L_{DF}}{h_{DF}}=\frac{20^2\times200}{200-8.4-36.3-33.6-40}=979.2\ (\mathrm{L}^2/\mathrm{s}^2)$$

$d_{DF}=100$ mm

$$K_{CM}^2=\frac{Q_{CM}^2L_{CM}}{h_{CM}}=\frac{16^2\times300}{200-8.4-36.3-40}=666.1\ (\mathrm{L}^2/\mathrm{s}^2)$$

$d_{CM}=75$ mm

$$K_{BN}^2=\frac{Q_{BN}^2L_{BN}}{h_{BN}}=\frac{12^2\times200}{200-8.4-40}=189.97\ (\mathrm{L}^2/\mathrm{s}^2)$$

$d_{BN}=75$ mm

第4章　现有矿井粉尘综合防治技术

4.1　煤层注水防尘

4.1.1　煤层注水设计要求

煤层注水是将压力水通过钻孔注入尚未开采的煤层，使煤体润湿，以减少开采时浮尘的生成量。国内外的实践证明，煤层注水能较大幅度地减少采煤工作面粉尘产生量，被称为除尘的治本措施。

4.1.1.1　影响煤层注水效果的因素

(1) 煤的裂隙和孔隙的发育程度：对于不同成因及煤岩种类的煤层来说，其裂隙和孔隙的发育程度不同，注水效果差异也较大。煤体的裂隙越发育则越易注水，可采用静压低压注水，否则需采用动压高压注水才能取得预期效果。

煤体的孔隙发育程度一般用孔隙率表示。孔隙率是指煤样孔隙的总体积与煤样总体积的比率。当煤层的孔隙率小于4%时，煤层的透水性较差，注水效果差；孔隙率为15%时，煤层的透水性最高，注水效果最佳；而当孔隙率达40%时，煤层成为多孔均质体，天然水分丰富则无须注水。

(2) 覆岩层压力及支承压力：地压的集中程度与煤层的埋藏深度有关，煤层埋藏越深则地层压力越大，而裂隙和孔隙变得更小，导致透水性能降低。因此，随着矿井开采深度的增加，要想取得良好的煤体湿润效果，需提高注水压力。

(3) 煤的坚固性：煤的普氏系数 f 较小时，煤的透气性好，易于注水，反之则难以注水。但对于那些有夹矸、极松软且遇水易膨胀的煤层，尽管其 f 值很小，却不易注水。

(4) 液体性质的影响：煤是极性小的物质，水是极性大的物质，两者之间极性差越小，越易湿润。在水中添加表面活性剂，可以减小水的极性，降低水的表面张力，提高对煤的湿润效果。

(5) 注水参数：煤层注水参数是指注水压力、注水速度、注水量和注水时间。注水量或煤的水分增量既是煤层注水效果的标志，也是决定煤层注水除尘率高低的重要因素，如图4-1所示。通常，注水量或煤的水分增量变化在50%～80%之间。注水量和煤的水分增量与煤层的渗透性、注水压力、注水速度及注水时间有关。

4.1.1.2　煤层适合注水的条件

根据我国煤层注水经验，满足下列条件的煤层进行注水可取得明显效果。

(1) 煤层孔隙率为15%时，透水性系数最高，为50～60 mD，容易注水。

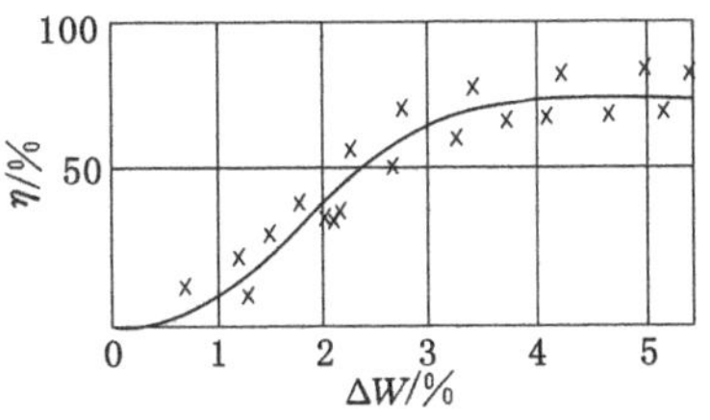

图 4-1　降尘率与煤水分增量的关系

(2) 煤层孔隙率大于 5%，小于 15%时注水也比较容易。

(3) 煤层湿润边角 $\theta<90°$，湿润能力大，注水后防尘效果好。

以下条件不宜注水：

(1) 煤层的孔隙率小于 4%时，透水性系数接近于零，注水一般无效果。

(2) 煤层孔隙率大于或等于 40%时，煤层成为多孔均质体，天然含水系数已达 1，此情况不能注水，也没有必要注水。

(3) 煤层湿润边角 $\theta\geqslant90°$时，为不可湿润煤体，注水防尘效果不好。

(4) 煤层厚度小于 0.6 m 时，不能煤层注水。

4.1.1.3　煤层注水的工作要求

(1) 煤层注水后水分增值不能小于 1%。水分增值达到 4%，防尘效果最佳。

(2) 综采工作面注水工程应超前工作面 120 m。

(3) 工作面距注水孔 15～20 m 时要停注。

(4) 长孔注水时，孔长不能小于待注水煤层工作面倾斜长的 2/3。

(5) 为了提高煤层预湿润效果，建议将氯化钠和氯化钙(2%～5%)溶液，或油水浮浊液(0.5%～20%)加入水中。

(6) 不可注水的煤层，或注水后对劳动条件产生有害影响(使顶、底板充水和软化)的煤层，应当由不少于三个循环的检验性注水所证实，注水情况写成报告交总工程师批准后，可不注水。

(7) 多孔并联注水时，注水系统应有水量分配调节记录装置。

(8) 有比较充裕的钻孔施工和注水时间。

4.1.1.4　煤层注水设计依据

(1) 煤的物理机械特性(煤的透水性、原始水分、孔隙率、湿润边角、硬度、裂隙发育情况、煤的视密度、煤的真密度、煤的饱和含水率)、瓦斯压力、瓦斯压力梯度、顶底板的物理力学性质(真密度、视密度、孔隙率、湿润边角、硬度、饱和含水率、自然含水率)。

(2) 煤的赋存条件(煤的倾角、煤层厚度、构造及稳定性等)。

(3) 矿井开拓系统、采区巷道布置及采煤方法。

(4) 开采深度、月产量、日产量、月推进度、通风方式、工作面风量、工作面走向和倾斜长、注水煤层工作面的上下风巷几何尺寸和支护形式。

(5) 水源及供水系统。

4.1.2　煤层注水方式及其选择

煤层注水方式是指钻孔长度、位置和方向的概念，一般分为工作面短孔注水、平巷长孔注水和巷道前钻孔深孔注水等注水方式。

（1）工作面短孔注水

短孔注水是在采煤工作面垂直煤壁或与煤壁斜交打钻孔注水，注水方式如图 4-2 所示，注水钻孔的长度一般为 2.0～3.5 m。

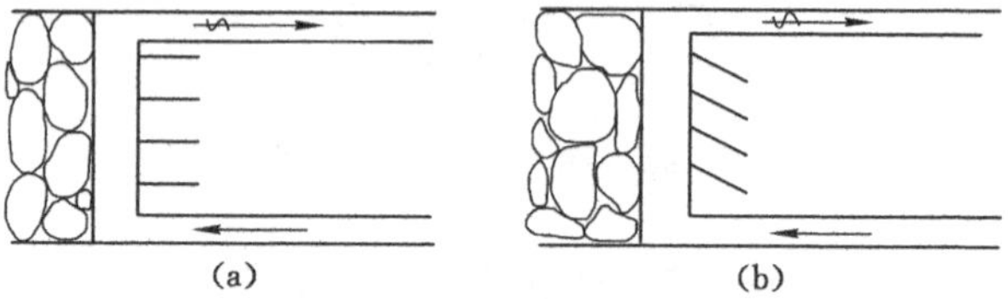

图 4-2　短孔注水钻孔布置

这种注水方式对地质条件适应性强，注水设备、工艺、技术简单。但是，钻孔数量大，浸润范围小，封孔频繁，不易严密，易跑水，注水与采煤工作面其他工序相干扰。现在国内很少使用这种注水方式。

（2）平巷长孔注水

长孔注水主要用于长壁式采煤法，钻孔沿煤层的走向布置倾斜方向打钻孔。《煤矿井下粉尘综合防治技术规范》中规定：单向钻孔能湿润工作面全长的煤体时，可以从回风巷或运输巷平行于工作面打上向孔或下向孔，孔长 30～100 m；当工作面长度超过 120 m 而单向孔达不到设计深度或煤层倾角有变化时，可采用双向钻孔注水，如图 4-3(c)所示；当煤的裂隙很发育，而且主裂隙与工作面推进方向的交角超过 50°时，或者煤层透水性很强，煤层倾角较大时，为扩大煤层的湿润带，应采取伪倾斜钻孔布置[图 4-3(d)]。

长孔注水的优点：① 一个钻孔能湿润较大区域的煤体；② 注水时间长，湿润均匀；③ 预注时，注水与生产无干扰；④ 经济。

长孔注水的缺点：① 打钻技术较复杂；② 对地质条件的变化适应性差，易穿顶底板，不仅难以达到设计长度，而且还影响正常注水；③ 封孔在有些条件下复杂。

长孔注水方式易注入煤层，选择时应优先考虑，特别是回采强度大的综合机械化采煤时，以及地质条件好的中厚和厚煤层更宜采用长孔。地质变化大的煤层，本方式受到限制。

（3）利用瓦斯抽采机注水

高瓦斯矿井，由于瓦斯抽采的需要而施工穿层钻孔和顺层钻孔，在瓦斯抽采结束后可利用顺层钻孔注水，湿润煤体，一孔两用，注水工艺与平巷长孔注水一致。

4.1.3　煤层长孔注水参数计算

注水的参数主要有钻孔直径、钻孔长度、钻孔间距、封孔深度、封孔长度、注水量、注水速度、注水时间、注水压力等。

4.1.3.1　钻孔直径

钻孔直径主要由钻机、钻杆直径所决定。我国采用岩石电钻打孔时，孔径一般为45 mm左右，用钻机打孔时，孔径一般为 50～75 mm。

在选择时，也要考虑煤的硬度、破碎情况、封孔技术及注水量等因素。一般情况下，如果煤的硬度大，注水量大，封孔技术好，钻孔直径可取较大一点，反之宜取较小的钻孔直径。

4.1.3.2　钻孔长度

确定钻孔长度要考虑的因素有：① 煤层透水性；② 工作面长度；③ 注水时间和注水压

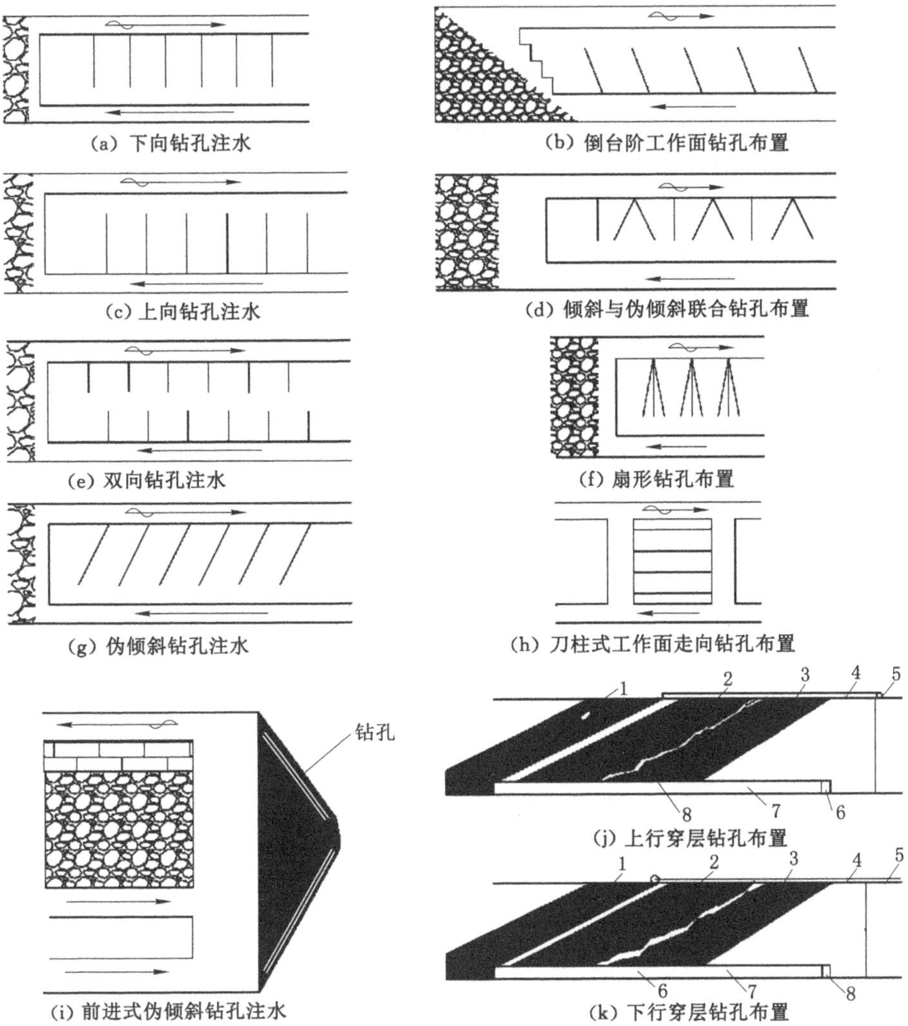

图 4-3　长孔注水钻孔布置

力;④ 钻机能力;⑤ 煤层倾角、厚度、构造、夹矸等情况。

为满足确定的钻孔长度使煤体普遍湿润,避免无水区和注水时间持续过长等。单向钻孔注水时钻孔长度计算公式为:

$$L = L_x - \alpha \tag{4-1}$$

式中　L——钻孔长度,m;

L_x——工作面长度,m;

α——与煤层透水性和钻孔方向有关的数:透水性弱的煤层上、下向钻孔,α 均取 20 m;对透水性强的煤层,上向钻孔取 $\alpha \geqslant 20$ m,下向钻孔 $\alpha = (1/3 \sim 2/3)L_x$。

单向钻孔长度不能达到工作面长度 2/3 时,应采用双向钻机布置。

4.1.3.3　钻孔间距

钻孔间距可根据煤层湿润半径计算,即:

$$B = 2.0R \tag{4-2}$$

式中 B——钻孔间距，m；

R——煤层湿润半径，m。

在实际煤层注水中，合理的钻孔间距一般通过实际测定煤层湿润半径来确定。我国煤层注水矿井多数取孔间距为 10～25 m，设计时按 15～20 m 考虑。钻孔应超前施工，确保有足够的注水时间，满足注水量要求。

4.1.3.4 封孔深度和封孔长度

封孔深度因其影响因素不同，取值不同，但都必须满足下列要求：

(1) 不从孔口及其附近煤壁返水、泄水、渗水。

(2) 在湿润半径未达到设计要求前不发生泄水、渗水现象。

(3) 操作方便，工艺简单。

影响封孔深度的因素及选择：

(1) 注水压力。注水压力越大，封孔深度也越深，封孔长度也越大。

(2) 煤层裂隙发育程度。裂隙发育，要求封孔深度深，封孔长度大。

(3) 沿巷边缘煤体破碎带宽度。封孔深度必须大于破碎带宽度。

(4) 煤的硬度。煤越软，要求封孔深度越深，封孔长度越大。

我国煤层注水封孔深度一般为 10～20 m，长度 2～5 m。通常该参数可通过试验和生产实践确定。

4.1.3.5 单孔注水量

(1) 按水分增值计算：

$$Q_D = BL_x M\gamma(W_1 - W_2)K \tag{4-3}$$

式中 Q_D——单孔最大注水量，m^3；

M——煤层厚度，m；

γ——煤的真密度，t/m^3；

W_1——注水后要求达到的水分(一般取 4%～5%)，%；

W_2——煤层自然含水率，%，瓦斯抽采后注水，应为抽采后煤层含水率；

K——考虑围岩吸水水分，水的损失和注水不均匀系数，一般取值 1.5～2.0。

(2) 根据吨煤注水量计算：

$$Q_D = BL_x M\gamma q \tag{4-4}$$

式中 q——吨煤注水量，它根据注水时的水分流失率，煤的孔隙率，及注水时间中的经验确定，一般按 0.03 m^3/t 考虑。

4.1.3.6 注水速度与单位长度注水速度

注水速度是指单位时间内的注水量，单位长度注水速度是指每米钻孔单位时间内的注水量，应在注水实践中实际测定。

4.1.3.7 单孔注水时间

$$T = \frac{Q_D}{v} \tag{4-5}$$

式中 T——注水时间，h；

v——注水速度，m^3/h；

Q_D——单孔注水量，m^3。

4.1.3.8　注水压力

长孔注水压力尚未有理想的计算方法，需根据煤层孔隙率和注水难易程度在注水实践中来确定。目前设计时，一方面根据对煤层特征的观察、测定及参考煤层注水口的经验，粗略估计注水压力，即根据煤层的种类、成因类型、煤岩类型、变质程度和煤层的地质构造环境等条件分析煤层的裂隙孔隙发育程度，以及测定的瓦斯压力、水对煤的湿润边角、煤的坚固性系数和计算出的煤层埋藏深度等数据，综合分析煤层注水的难易程度，粗略估计出注水压力。下面以兖矿集团各矿工作面注水钻孔的吨煤注水量和单孔注水量为例，来说明静压、动压注水参数，如表 4-1 所列。

表 4-1　兖州煤田注水参数表

矿井名称	单孔注水时间/h			单孔总注水量/m^3			吨煤注水量/(m^3/t)（动压区/静压区）	单孔注水流量/(m^3/h)（动压区/静压区）	注水方式
	最大	最小	平均	最大（动压区/静压区）	最小（动压区/静压区）	平均（动压区/静压区）			
南屯矿(7322)	28	2	5.60	9.53/2.38	1.79/0.17	2.90/1.08	5.54×10^{-4}/1.18×10^{-4}	0.588/0.156	静压
南屯矿(9302)	4	4	4.00	3.85/1.34	2.31/0.85	2.58/1.01	3.64×10^{-4}/0.61×10^{-4}	0.645/0.189	静压
鲍店矿	60	6	10.50	56.60/22.00	10.10/2.20	28.60/8.26	9.45×10^{-3}/1.82×10^{-3}	0.827/0.271	动、静压
兴隆矿	315	84	158.06	84.00/31.00	49.00/18.00	66.80/21.49	4.72×10^{-2}/1.40×10^{-2}	1.528/0.340	静压
济二矿	128	32	56.10	31.60/8.92	20.40/6.50	27.80/7.10	6.77×10^{-3}/3.05×10^{-3}	0.649/0.227	静压
济三矿	21	16.5	19.17	20.50/15.30	12.75/8.32	16.75/9.26	9.01×10^{-4}/3.12×10^{-4}	0.327/0.779	静压
东滩矿(14309)	740	243	485.86	317.81/102.45	154.90/80.06	173.48/91.88	6.30×10^{-2}/2.13×10^{-2}	0.872/0.357	动、静压
东滩矿(4312)	228	96	156.00	112.47/53.29	47.24/18.97	68.27/33.55	7.71×10^{-3}/2.86×10^{-3}	0.745/0.361	静压
杨村矿	456	168	344.00	93.00/32.00	54.60/19.00	73.23/22.00	3.53×10^{-3}/0.77×10^{-3}	0.554/0.213	静压

国外注水压力情况如表 4-2 所列。

表 4-2　国外注水压力统计表

国家	注水方式	注水流量/[m^3/(h·m)]
法国	长孔静压	0.001
德国	长孔动压注水；巷道钻孔注水	0.005～0.006；0.004 5～0.007 5

可根据下列经验公式进行计算：

① 静压注水

$$p_{静} = p_W + p_S \pm 98\ 066.5L_{\varphi}\sin\frac{\alpha}{10} \tag{4-6}$$

② 动压注水

$$p_{静} = p_R + p_W \pm 98\ 066.5L_{\varphi}\sin\frac{\alpha}{10} \tag{4-7}$$

式中　p_W——煤层瓦斯压力，Pa；

p_S——渗透阻力损失，Pa；

p_R——地层压力，Pa；

L_{φ}——钻孔斜长，m；

α——钻孔倾角，(°)；

$\pm$——在上向注水时取“＋”，下向注水时取“－”。

根据我国煤层注水经验，静压注水的水压一般不超过 3 MPa，动压注水的水压一般可达到 10～20 MPa。

4.1.4　煤层注水工艺

4.1.4.1　钻孔布置及施工

钻孔布置要考虑以下因素：① 工作面的地质构造情况；② 煤层倾角及煤层厚度；③ 开采方法及工作面倾斜长度；④ 生产准备工作的紧张程度；⑤ 注水技术装备和施工人员技术素质。

在满足钻孔间距的条件下，孔口尽量布置在煤层内比较坚硬的小分层理中，不可在断裂的煤壁处开孔，防止返水和增加封孔难度，必要可适当增减孔距。开孔选在距顶板为 1/4～1/3 煤层厚度的位置。钻孔角度原则上与煤层倾角保持一致。煤层有夹矸时，钻孔应穿透夹矸，使各自然分层均被湿润。

钻孔时，钻头进入煤层后 10 m 内，应高转速慢推进，使钻孔圆整光滑，有利于机械封孔。

钻孔时若发现泥浆由黑变白，煤层内中间无夹矸层且平稳，则认为钻头已触到顶底板岩石，此时应找正方向重新开钻。

为防止打钻时卡钻，钻进一定深度后，要循环提钻，使煤粉及时排出。或采用小钻大泵的方法，增大冲孔水流量，也可消除卡钻。

为防止钻孔偏斜，钻孔过程中，因钻头钻杆自重，钻孔轨迹会向下偏移。因此，设计钻孔角度应大于煤层倾角 1°～1°30′。还要根据钻孔长度，掌握好钻杆的下垂距。

4.1.4.2　封孔方法

(1) 水泥砂浆封孔

首先在封孔长度内，用较大直径的钻头钻出孔径为 86～110 mm 的开口孔，然后取一根注水管，在其端部固定好堵塞物(管子外绑上棉纱或紧套两层橡胶堵圈)将其插入开口孔，送入孔内后，使堵塞物封严开口孔的孔底，防止水泥砂浆流入注水孔内；然后用人工或压风等设备将水泥砂浆送入孔壁与注水管之间的空间内，经凝固起到终凝强度后即可开始注水。

水泥砂浆封孔灰砂比为 1∶2.5～1∶3.0。注水管可用直径为 50～75 mm 钢管和塑料管。由于封孔深度超过3 m,注水管应采用接头连接,分段送入孔中。为节约钢材,封入孔内部分可以使用塑料管,用接头与伸出孔口的第一节钢管相连。

(2) 机械封孔

① 采用螺旋式封孔器进行封孔。螺旋式封孔器是由带螺杆的内管和外管,以及螺母和胶筒组成。使用时,用附件摇动手柄封孔器内外管相运动,通过压板将两个胶圈压成鼓形而将钻孔封严。

② 水力压缩自动封孔器封孔。使用时,将其与注水高压软胶管连接,注水时通过注水压力自动使胶筒做径向膨胀而使钻孔封严。

4.1.4.3 煤层注水方法

煤层注水方法主要包括供水方式和注水过程中的压力及流量调节。

(1) 供水方式

① 静压注水。静压注水是利用地面或上水平静压水池的静压力进行注水,分为单孔注水或多孔并注,每个孔中的注水管通过胶管和阀门连接到静压供水管路上。静压注水系统如图4-4所示。

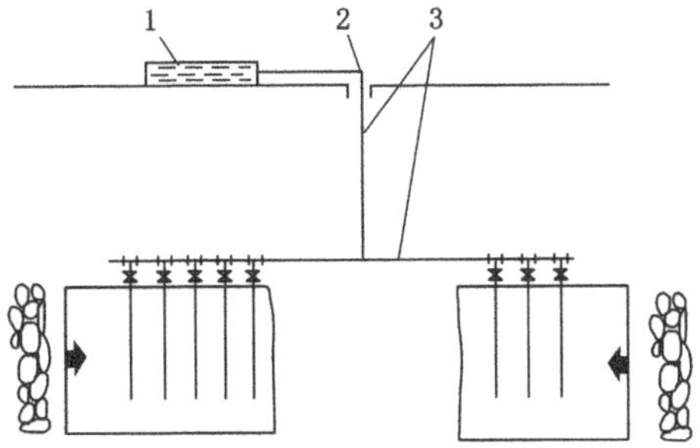

1—地面水池;2—井筒;3—注水管道。

图4-4 静压注水系统示意图

② 动压注水。泵压注水分单孔注水系统和多孔并联同时注水,正常采用多孔同时注水的方式,如图4-5和图4-6所示。各钻孔注水量用分流器自动调节使之相等,总注水量由中、高压水表测定。

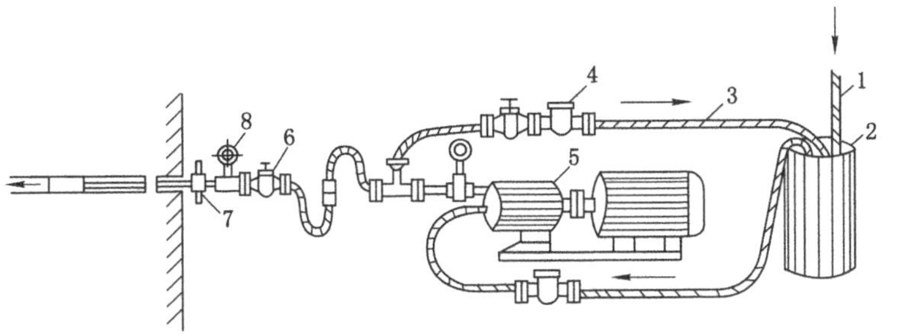

1—水管;2—水桶;3—胶管;4—水表;5—水泵;6—截止阀;7—封孔器;8—压力表。

图4-5 动压注水系统示意图

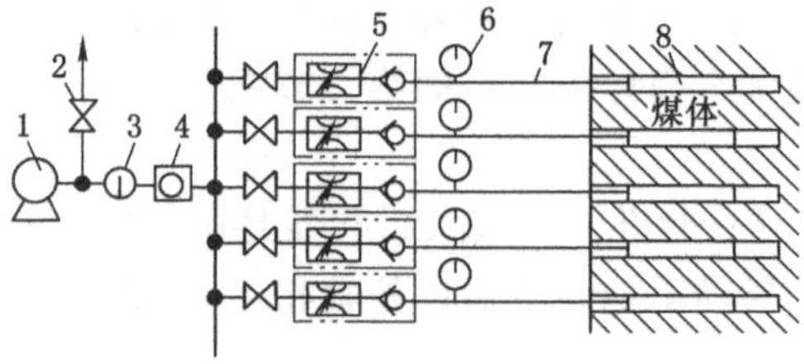

1—水泵；2—截止阀；3—中高压水表；4—单向阀；
5—流量调节阀；6—压力表；7—注水钢管；8—封孔器。

图 4-6　多孔注水系统示意图

（2）注水压力和流量调节方法

由于煤层赋存条件的差异，其渗水性和泄水的可能性也不同，因此要想取得较好的注水效果，必须对注水压力和流量进行合理的调节。

水泵的排水量大于单孔的吸水量时，产生泵压过高或“憋泵”现象，可采用并联多孔同注的方法。

注水泵压力和排水量高于注水的实际需要，可用如下方法调节：① 用调压阀调节泵的压力和排水量；② 用泵的安全阀调节泵的压力和排水量；③ 改变水泵转速调整流量。

（3）提高注水效果的措施

提高注水效果的措施主要有：① 间歇注水；② 在水中加入湿润剂；③ 采用放震动炮及增加裂隙措施提高透水性。

4.1.4.4　煤层注水的效果测定

煤层注水主要包括：① 煤层注水参数监测，如水压、流量等监测；② 煤层注水环境监测，如地质条件、开采技术条件等监测；③ 粉尘浓度和粉尘分散测定；④ 煤体注水后水分增值的测定；⑤ 煤层注水防尘效果分析；⑥ 注水专业队伍的组织管理；⑦ 注水技术操作等技术管理。

4.1.5　工作面超前动压区长钻孔双巷静压注水技术

兖州矿区从 20 世纪 80 年代就开始对煤体注水进行研究与探索，先后进行了“长钻孔超前静压注水”“长钻孔动压注水”“长钻孔高中压脉冲注水”等试验。兖州矿区 3 煤层导水性很差，主要因为煤层渗透系数低，属极难注水煤层。试验证明，在上述各种注水方法中，“长钻孔高中压脉冲注水”方法比较适合于矿区 3 煤层。它是兖州矿区创造的一种注水方法，原理为：高压脉冲、中压润湿、低流量注水，即在压力大于 11 MPa 的情况下，使煤体裂隙增加，然后以 5～6 MPa 的压力，低流量长时间注水，利于渗透，使煤体水分增加率达到 1.2%以上。

但是这种注水方法易造成注水泵损坏，为此又研究了“工作面超前动压区长钻孔双巷静压注水”的方法，即利用工作面超前压力使工作面前方一定宽度的煤体产生较多的次生裂隙的有利时机，在该区域内实施长钻孔注水。这种方法使煤体内水分增加率达到 1.8%左右，降尘率达到 81%左右。这项注水技术较成功地解决了极难注水煤层注水难的问题。

4.1.5.1　注水区域的确定

根据兖州矿区某综放工作面矿压及深基孔观测资料表明，矿山超前压力对沿空侧平巷的影响范围为 50～60 m，对实体侧平巷的影响范围为 40～50 m，而在距工作面 4～6 m 内，次生裂隙过于发育，所以选择注水超前距离为 45～55 m，终止注水超前距离为 6 m。

4.1.5.2　钻孔布置方式及钻孔参数

钻孔布置是根据煤层层理、节理、裂隙、孔隙分布等情况，考虑综放厚煤层的特殊条件，采用能较好湿润顶煤的穿裂隙钻孔布置，钻孔长度及方向根据工作面长度、钻孔布置方式、煤层厚度、裂隙和孔隙分布等条件确定。

(1) 钻孔布置方式

兴隆庄矿 4328 综放工作面长度为 300 m，煤层产状平缓，裂隙发育，结构较为复杂，煤的孔隙率平均为 2.63%。根据该工作面的具体情况，选择双巷钻孔布置方式。

兖矿集团的采煤工作面的长度大多为 200～300 m，煤层倾角 5°～8°，因上向钻孔较下向钻孔容易施工，钻孔施工质量易于保障，同时也有利于煤层及顶煤的充分湿润，因此大多采用上向钻孔。钻孔布置平面示意图如图 4-7 所示。

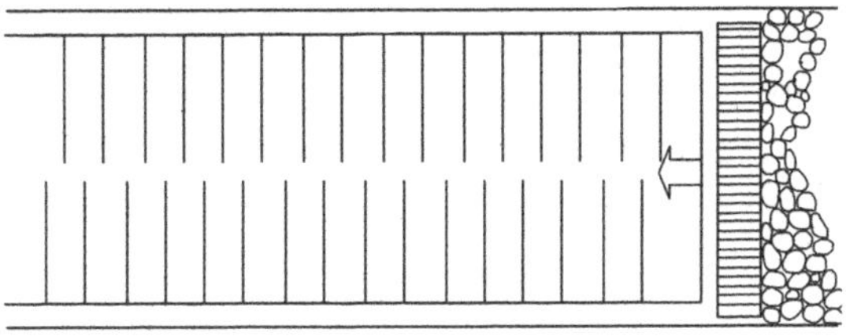

图 4-7　钻孔布置平面示意图

(2) 钻孔直径

钻孔直径的选择，应与封孔方式相适应。当采用封孔器封孔时，应按封孔器的要求确定钻孔直径，如：当采用封孔器封孔，钻孔直径应为 65 mm；当采用水泥砂浆封孔时，钻孔直径一般为 76～110 mm，通常取 90 mm。封孔深度应当超过沿巷道边缘煤体的卸压带宽度，对于静压注水，一般确定为 6～10 m，封孔长度 2～4 m。

(3) 钻孔长度

钻孔长度取决于工作面长度、煤层透水性及钻孔方向。单向钻孔的钻孔长度按式(4-1)进行计算。

双向钻孔的钻孔长度按下式计算：

$$L = L_x/2 - 15 \tag{4-8}$$

(4) 钻孔间距

钻孔间距的大小取决于煤层的透水性、煤层厚度及煤层倾角等综合因素。合理的钻孔间距等于钻孔的润湿直径，通过注水试验证明，兖州矿区的钻孔间距以 10～15 m 为宜。

为能有效考察注水后水沿钻孔两侧的分布范围，防止水分分布范围发生交叉，根据煤层厚度及封孔长度，确定注水试验钻孔的间距：封孔长度 8 m 的间距为 20 m，封孔长度 10～12 m的间距为 30 m，封孔长度 15 m 以上的间距为 40 m。

(5) 钻孔倾角

确定钻孔倾角的基本原则是使钻孔始终保持在煤层之中，施工中影响钻孔移位的主要因素是钻杆的下沉。

钻孔倾角按下式计算：

$$\gamma = \alpha \pm \theta \tag{4-9}$$

式中 γ——钻孔倾角，(°)；

α——煤层倾角，(°)；

$\pm$——打上向钻孔时取"+"，打下向钻孔时取"−"；

θ——钻杆最大下沉角，(°)，$\theta = \arctan(h/l)$；

h——钻孔下沉距离，m；

l——钻孔长度，m；

h/l——钻孔下沉率，一般为 0.3%～1.0%，倾角大的硬煤层及刚度大而每米质量小的钻孔，下沉率低，反之则高。

4.1.5.3 封孔

封孔有封孔器封孔、水泥砂浆封孔和水泥石膏封孔等多种方式，其缺点是封孔的有效长度短，抗高压水的能力弱，但其封孔简单，低压连续注水效果好，适用于连续静压注水。封孔器封孔示意图如图 4-8 所示。

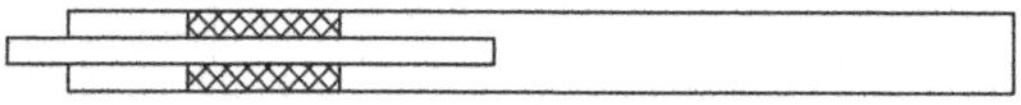

图 4-8 封孔器封孔示意图

(1) 封孔器封孔

煤层注水使用的封孔器主要有三种：第一种是 MF-60/150 型摩擦式封孔器，即将封孔器与注水管连接起来送至封孔位置，顺时针旋动注水管使其向前移动，橡胶密封件被压缩膨胀封住钻孔，然后注水。注水结束后，逆时针旋转注水管，密封件卸压并恢复原形，取出再用。第二种是 YPA 型水力膨胀式封孔器，它是利用注水的水压将封孔器胶管膨胀封住钻孔，注水结束后，封孔器胶管的压力下降而恢复原状，取出再用。第三种是 FQ-60 型串球式封孔器，它是集上述两种封孔器的特点，改进后制成，该封孔器全长 4.5 m，共有 3 节（每节 1.5 m），前两节为"水力膨胀式"，后一节为"摩擦式"，所不同的是用一串橡胶球代替原摩擦式封孔器的橡胶密封件，其使用方法完全相同。

(2) 水泥砂浆封孔

水泥砂浆和水泥石膏封孔（图 4-9）最适合用于倾斜孔封孔，因为倾斜孔由于砂浆自身重量的作用，会自动填满因砂浆收缩产生的空隙，封孔严实。而水泥砂浆和水泥石膏用于水平钻孔封孔时，往往产生月牙状的空隙，造成钻孔跑水。为解决此问题，必须在水泥砂浆或水泥石膏中加入膨胀剂等组分，改良材料的性质，可取得良好的封孔效果。

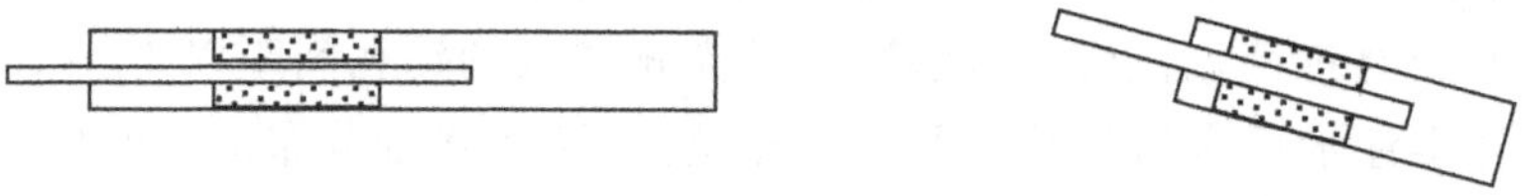

图 4-9 水泥砂浆/石膏封孔示意图

采用水泥砂浆封孔时，一般有两种方法，一种为"人工送泥法"，当封孔深度和倾角较小时可采用此法，灰砂比为 1∶2，以水拌成炮泥状，送进孔内并捣实。另一种为"砂浆泵送泥法"，这种方法主要用于上向仰孔或封孔较深时，采用水泥砂浆封孔泵将水泥砂浆注入钻孔。

（3）封孔方式的选择

封孔方式应与注水方式相适应。在工作面超前压力裂隙带注水，若用水泥砂浆封孔，其封孔深度达 20 m 以上时，效果较好；若用封孔器封孔，宜选用 FQ-60 型串球式封孔器，封孔深度可达 6 m，封孔长度 4.5 m，效果较好。这两种封孔方式的优缺点见表 4-3。

表 4-3　水泥砂浆封孔与 FQ-60 型串球式封孔器封孔的优缺点对比

封孔方式	优点	缺点
水泥砂浆	1. 成本低 2. 封孔深度大	1. 占用设备多 2. 注水管不能立即回收，影响采煤 3. 封孔深度大于 10 m 时，难度较大
FQ-60 型串球式封孔器	1. 封孔速度快 2. 不需其他设备 3. 可重复使用，回收方便	1. 成本高 2. 封孔深度受到限制

由以上分析可以看出，水泥砂浆封孔和 FQ-60 型串球式封孔器封孔，各具有优缺点，基本上都能满足封孔需要。目前，兖州矿区大多采用 FQ-60 型串球式封孔器封孔。

4.1.5.4　注水

（1）注水系统

由于兖州煤田开采深度较深，工作面防尘用水静压能达到 3.0 MPa 以上，且在动压区注水，因此采用静压注水方式。煤层注水系统主要由注水流量表、分流器、高压阀门、注水管及封孔器等组成，如图 4-10 所示。

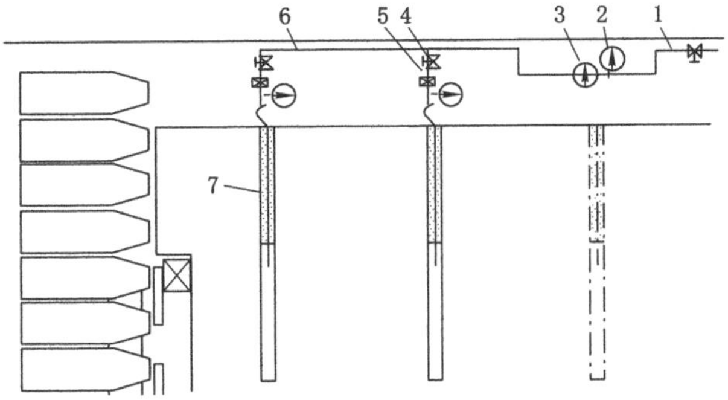

1—水管；2—压力表；3—水表；4—阀门；5—分流器；6—高压胶管；7—水泥石膏。

图 4-10　静压注水系统

综放工作面脉冲式高压注水系统由 2BZ-40/12 型脉冲式煤层注水泵、注水集成块、高压水表及注水管路系统组成。由于脉冲式煤层注水泵输出压力的强脉动性，其脉冲注水压力由脉冲式煤层注水泵压力显示器手动测定间断直接显示，静压注水压力由注水集成块上安装的压力表显示。在注水集成块上分别设置有脉冲式高压水接口和静压水接口，并在注水集成块内部对应的接口设置单向止回阀，实现在关闭脉冲式高压注水的同时自动切换到静压注水。煤层各注水钻孔的注入水量由安装在注水钻孔前的高压水表进行计量。煤层脉冲式高压注水系统的组成如图 4-11 所示。

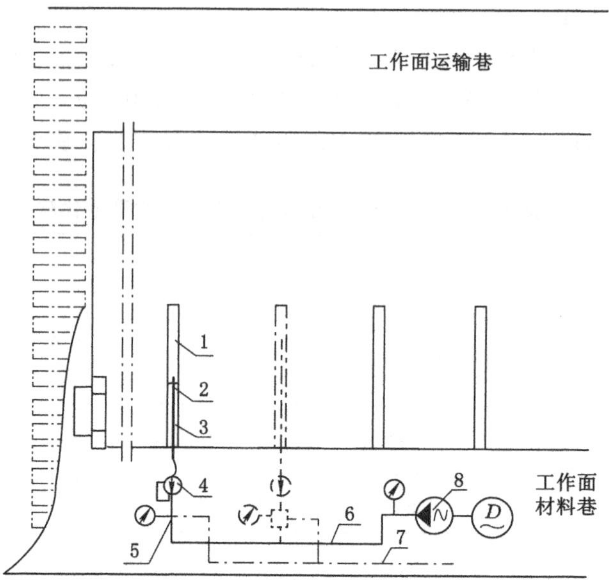

1—注水钻孔；2—注水管；3—封孔段；4—高压水表；
5—注水集成块；6—脉冲式高压水管；7—静压水管；8—脉冲式煤层注水泵。

图 4-11　煤层脉冲式高压注水系统示意图

(2) 注水参数

单孔注水量 Q 按下式确定：

$$Q = K \cdot L \cdot B \cdot h \cdot \gamma \cdot \delta \tag{4-10}$$

式中　Q——单孔注水量，m^3；

K——注水系数，取 1.1；

L——钻孔长度，m；

B——钻孔间距，m；

h——煤层厚度，m；

γ——煤密度，t/m^3；

δ——吨煤注水量，m^3/t，取 0.025 m^3/t。

注水压力 p_z 按下式确定：

$$(1.2 \sim 1.5) p_w \leqslant p_z \leqslant 0.75 p_r \tag{4-11}$$

式中　p_z——煤层注水压力，MPa；

p_w——煤层瓦斯压力，MPa；

p_r——上覆岩层压力及煤层剪切强度之和，MPa。

注水压力反映钻孔的注水阻力，鉴于兖州煤田开采煤层强度较大，在不超过 0.75p_r 及泵的额定压力(动压注水时)条件下，注水压力以能满足钻孔注水流量为宜。静压水水压在 3.0～4.0 MPa 之间时，能满足上述要求。

日注水时间 T_r 按 24 h 连续注水计，总注水时间 T 按下式确定：

$$T = (D - d)/i \tag{4-12}$$

式中　T——总注水时间，d；

D——开始注水时钻孔到工作面的距离，按前文确定的 30～40 m，可取 35 m；

d——结束注水时钻孔距工作面的距离，取 5 m；

i——工作面日推进度，m/d。

单孔注水流量 q 按下式计算：

$$q = 1\ 000Q/(T \times T_r \times 60) \tag{4-13}$$

式中　q——单孔注水流量，L/min；

T_r——日注水时间，min。

4.1.5.5　湿润剂对提高煤层注水效果的作用

为提高注水效果，可在煤层注水的水中添加湿润剂，即在水中添加 0.8%～1.0%的湿润剂，效果最佳。

在煤层注水中添加湿润剂，其作用表现在两个方面：一是能降低水的表面张力，使煤体的湿润角减小，提高煤的湿润效果；二是能提高煤中毛细管吸水性能，从而使溶液克服更大阻力（如瓦斯压力等），进入煤中一些难以进入的孔隙，使煤的吸液量增加。经试验测定，当R1-89湿润剂的浓度为 0.8%～1.0%时，溶液的毛细管力最大，约是水的毛细管力的 3 倍。按此溶液进行配液，可大大提高注水效果。

4.1.5.6　煤层注水实例

下面以南屯矿 7322 工作面为例，考察"工作面超前动压区长钻孔双巷注水"的注水效果。7322 工作面位于该矿七采区西部，工作面走向长度 1 096 m，倾向 287 m，煤层平均厚度 3.29 m，煤层倾角 1°～9°，煤的普氏硬度系数 2～3，孔隙率为 4.52%，自然含水率 3.0%，为综采开采。

采用 TXU-75 型钻机，钻孔直径为 56 mm，在垂直煤层走向进行钻孔。钻孔位置距底板 1.6～2.0 m，钻孔间距为 15～20 m，钻孔深度 40～50 m。采用封孔器进行封孔，封孔深度大于 4 m。水表采用 GB778-84 型双功能高压水表，观测注水量及注水压力，每组接 2 个钻孔。在距工作面 15～50 m 处采用动压注水，距工作面 50～300 m 采用静压注水。具体注水施工参数见表 4-4。

表 4-4　南屯矿 7322 工作面煤层注水钻孔施工参数

孔　号	正常段孔径/mm	封孔段孔径/mm	煤层角度/(°)	钻孔倾角/(°)	钻孔深度/m	封孔长度/m	封孔方式
动压区 38#	56	56	4	4	50	4	封孔器
动压区 39#	56	56	5	3	50	4	封孔器
动压区 40#	56	56	4	0	12	4	封孔器
动压区 41#	56	56	4	0	50	4	封孔器
静压区 42#	56	56	5	3	50	4	封孔器
静压区 43#	56	56	5	3	50	4	封孔器
静压区 45#	56	56	5	4	50	4	封孔器
静压区 46#	56	56	5	4	50	4	封孔器

表 4-4(续)

孔　号	正常段孔径/mm	封孔段孔径/mm	煤层角度/(°)	钻孔倾角/(°)	钻孔深度/m	封孔长度/m	封孔方式
静压区 47#	56	56	5	4	50	4	封孔器
静压区 48#	56	56	5	3	50	4	封孔器
静压区 49#	56	56	5	3	50	4	封孔器
静压区 50#	56	56	4	3	50	4	封孔器
静压区 51#	56	56	4	3	50	4	封孔器
静压区 52#	56	56	4	3	50	4	封孔器
静压区 53#	56	56	4	3	50	4	封孔器

根据工作面矿山压力的规律，确定工作面注水范围为超前工作面 6～35 m。该工作面的实际单孔注水时间为 4～10 d，注水压力一般在 3.0～4.0 MPa，注水流量为 1.5 m^3/h，即吨煤注水量可达 0.020～0.025 m^3。表 4-5 是该工作面 2017 年 4—6 月煤层注水水分增加情况。

表 4-5　南屯矿 7322 工作面煤层注水效果

钻孔数/个	注水量/m^3	可采煤量/t	吨煤注水量/L	原始水分/%	注水后水分/%
53	10 193	494 802	20.6	3.00	4.85

为了考察煤层注水的降尘效果，分别对注水前和注水后的粉尘浓度进行了测定，其降尘率详见表 4-6。

表 4-6　南屯矿 7322 工作面煤层注水前后粉尘测定结果对照表

测尘点	生产工序	注水前粉尘浓度/(mg/m^3)	注水后		
			全尘/(mg/m^3)	呼吸性粉尘/(mg/m^3)	降尘率/%
司机处	司机点	545.2	109.6	8.0	79.90
机组后 10 m	落煤	883.3	277.0	8.1	68.64
移架后 3 m	移架	601.7	160.0	1.2	73.41
转载点后 3 m	运输转载	406.6	98.0	0.9	75.90

4.2　喷雾降尘机理与影响因素

由于煤矿井下生产条件的特殊性，除煤层注水预湿润煤体技术外，湿式降尘是目前国内外采煤工作面普遍采用的一种有效措施。水能湿润矿尘，增加尘粒重力，并将细散尘粒聚结为较大的颗粒，使浮沉加速沉降、落尘不易飞扬。按湿式除尘的作用，一般将其分为两种：① 用水湿润、冲洗初生或沉积的矿尘；② 用水捕捉悬浮于空气中的矿尘。目前煤矿井下主要采用喷雾洒水降尘。

声波雾化降尘技术、磁化水降尘技术、预荷电喷雾降尘技术、泡沫降尘技术和高压喷雾降尘技术等应用于煤矿井下的降尘,可使其作业处的总粉尘和呼吸性粉尘得到有效沉降。声、磁、电降尘法的研究正不断取得进展,但距广泛应用还有一段距离。高压喷雾降尘技术已在国内外的许多煤矿中使用,降尘效果十分显著。但由于喷雾压力、喷嘴选型、喷雾布置方式等喷雾系统参数不合理,影响了煤矿井下喷雾降尘的效果。

4.2.1　喷雾形成机理

具有一定压力的水在喷嘴内部喷芯作用下使水流运动方向发生改变,喷芯搅动水流,使之运动方向呈发散状态,经过喷嘴出水孔,水流保持发散状态,在流出喷口后发散的水流与空气相作用,较大的相对速度使水流液滴不断破裂,形成微细水滴。水滴细微,粒数很多,液滴密集分布,形成水雾。

从能量角度来看,具有较大压能的水,经过管路和喷嘴时,在喷嘴(有喷芯或无喷芯)的作用下,水流形成发散的雾流喷射而出,水流的压能转化为水雾的动能,使雾流具有较大的速度。

水雾从喷嘴出口后分为两个区:① 有效作用区,在该区内雾粒以很大的速度喷出,不受重力影响;② 衰减区,雾粒的运动速度开始减慢并发生沉降。

低压喷雾时,最初的雾流较为紧密,之后由于空气阻力分散成雾粒。这些雾粒沿着平行于射流轴的方向运动。当雾粒离开喷嘴一定距离而处于衰减区时,运动速度减慢,并开始缓慢降落(图 4-12)。较高压力喷雾时,高速水流由喷嘴中喷出,短距离内分散成雾粒,在雾粒后形成一股气流,在水压和气流的作用下,射流中的雾粒继续运动。压力达 6 MPa 时,就有较强的含尘气流被卷入雾区;压力超过 10 MPa 时,由于水流速度的增加,周围空气被大量带走,水雾与边界层负压值增高,附近空气加剧补充形成强烈的卷吸作用,雾流在射流全长上的运动速度均超过沉降速度,不会出现低压时明显的衰减区(图 4-13)。

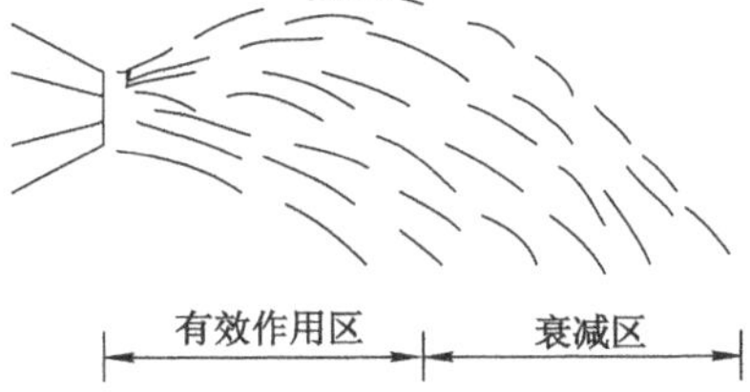

图 4-12　低压喷雾除尘雾化形态

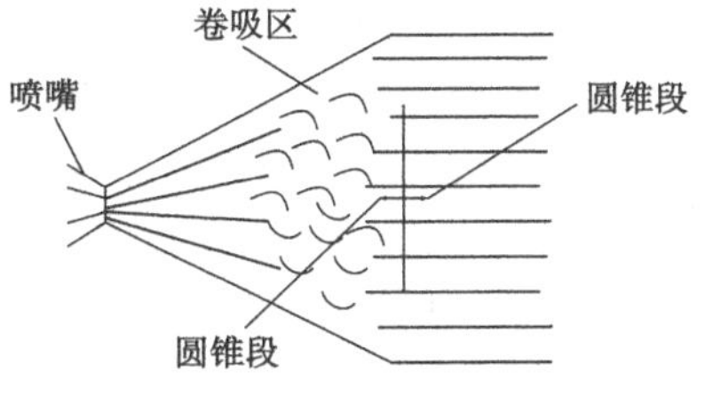

图 4-13　高压喷雾除尘雾化形态

水流变成雾粒的长度由水的压力决定:水压较低时,初射水流比较密集,当达到一定的距离时由于水压不足,速度衰减或逐渐降落,称为还没有达到有效射程的射流衰减区。衰减区的水雾捕尘效率较低,此时雾粒处于自重下沉状态,没有足够的能量与粉尘碰撞凝结。水压越大,密集水流段的长度越小,涡流段的长度越长,全部射流长度上发生沉降水的地点也会延长。

4.2.2　喷雾降尘机理

喷雾降尘是多种机理联合作用的结果,根据不同粒径粉尘在流体中运动的特征可知,喷雾降尘机理涉及惯性碰撞、重力、拦截、静电、扩散、凝结等多种作用,雾滴捕集粉尘的机理如图 4-14 所示。

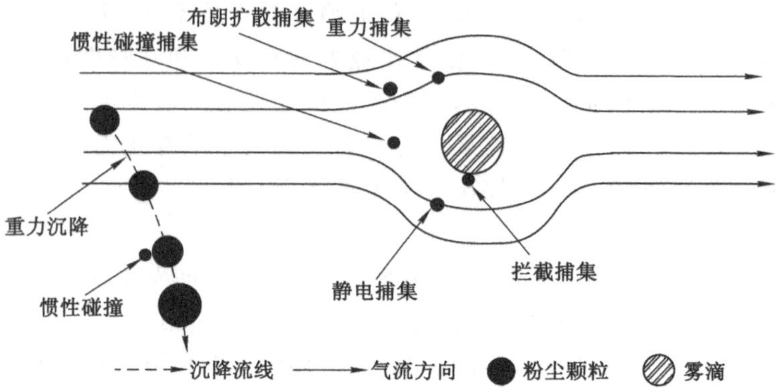

图 4-14　喷雾降尘机理示意图

4.2.2.1　惯性碰撞捕集

较大尘粒在运动过程中遇到液滴时，自身的惯性作用使其仍保持原来的方向运动而碰撞到液滴，从而被液滴捕集，其捕集效率取决于气体速度、尘粒的运动轨迹和液滴对尘粒的附着能力。孤立液滴的捕集效率是斯托克斯数 K_P 和雷诺数 Re 的函数，对于势流和 $K_P>0.2$的流动，Wong 和 Johnstone 提出捕集效率为：

$$\eta_P = \left(\frac{K_P}{K_P + 0.7}\right)^2 \tag{4-14}$$

式中　η_P——孤立液滴惯性碰撞捕集效率；

K_P——无因次惯性参数，称为斯托克斯数，$K_P = \dfrac{Cd_P^2\rho_P\nu_0}{9\mu D}$；

C——无量纲常数；

d_P——尘粒半径，m；

ρ_P——尘粒与液滴的相对密度，kg/m^3；

ν_0——尘粒与液滴的相对速度，m/s；

D——液滴定性尺寸（对于球形液滴为其直径），m；

μ——气体动力黏度，Pa·s，标准状态下空气动力黏度为 1.8×10^{-5} Pa·s。

4.2.2.2　重力捕集

含尘气流在运动时，粒径和密度大的尘粒可能因重力作用自然沉降被液滴捕集。重力作用取决于尘粒的大小、密度和气体流速。只有尘粒较大、密度大、空气流速小时重力作用才比较明显，其捕集效率通常用无因次沉降参数 K_G表示：

$$\eta_G = K_G = \frac{Cd_P^2 g}{18\mu_g\mu_0} \tag{4-15}$$

式中　μ_g——粉尘粒子的重力黏度，Pa·s；

μ_0——流体相对黏度，Pa·s。

4.2.2.3　拦截捕集

风流载携粉尘粒子向水雾沿程运移时，粉尘粒子距离水雾较近时，尘粒质量较大、颗粒较粗的会在重力作用下脱离流线向着雾滴方向继续做沿程运移。若不考虑尘粒的质量，则尘粒将和风流同步，尘粒质心所在流线与水雾粒的距离小于尘粒半径（$d_P/2$）时，尘粒便会与雾滴接触从而被拦截下来，使尘粒附着于水雾上，即拦截捕集作用。分析拦截作用机理时假定尘粒只有一定尺寸而无质量，表征拦截作用的是无量纲截留参数 K_R：

$$K_R = \frac{d_P}{D} \tag{4-16}$$

尘粒很小时，拦截捕集效率增高，势流中球形液滴捕集效率可用下式计算：

$$\eta_R = (1 + K_R)^2 - \frac{1}{1 + K_R} \approx 3K_R \quad (K_R < 0.1) \tag{4-17}$$

对于黏性流，有：

$$\eta_R = (1 + K_R)^2 - \frac{3}{2}(1 + K_R) + \frac{1}{2(1 + K_R)} \tag{4-18}$$

4.2.2.4　布朗扩散捕集

布朗扩散作用随流速的降低、粉尘直径的减小而增强，微细尘粒随气流运动时，由于布朗扩散作用而沉积在液滴上。对于小于 1 μm 的尘粒，这些颗粒在随气流运动时不再沿气体流线绕流捕集，此时需要考虑布朗扩散作用。布朗扩散作用所起的捕集时间非常短暂，所以布朗扩散作用捕尘发生在流线附近且紧贴于粉尘颗粒附近处。其捕集效率取决于捕集体的皮克莱数 P_e和雷诺数 Re。

皮克莱数是捕集过程中扩散沉降相对重要性的量度，P_e定义为：

$$P_e = \frac{D_P \mu_0}{D} \tag{4-19}$$

式中　D_P——尘粒扩散系数，m^2/s，可由爱因斯坦公式计算。

Crawford 导出布朗扩散捕集效率的计算公式如下：

$$\eta_D = 4.18\, Re^{\frac{1}{6}} P_e^{-\frac{2}{3}} \tag{4-20}$$

4.2.2.5　静电捕集

静电捕集利用电荷之间的库仑力来有效捕捉微细粉尘。静电作用主要与粉尘介电常数、雾粒和粉尘上的电荷量有关。研究表明高压喷雾可使液滴荷电，对粉尘的捕集作用大大增强。

4.2.2.6　涡流凝结

由于高压喷雾造成的涡旋气流，粉尘运动的波动速度和幅度增加，与液滴的碰撞次数也增加，形成涡流凝结，显著提高了喷雾降尘的捕尘效率。

将水雾化成微细液滴，喷射于空气中与浮尘碰撞接触，尘粒被水捕捉而附于水滴上或湿润的尘粒互相凝集成大颗粒从而加速其沉降变为落尘。影响水滴捕尘效果的主要因素是水滴粒度，水滴越小，在空气中分布密度越大，与矿尘接触机会越多，捕尘效果越好。但水滴太小对降尘效果会有所影响，因为过小的水滴湿润尘粒后，质量增加较小，难以在空气中沉降下来，同时水分也易被风流带走和蒸发，不利于捕尘，并恶化环境。其次是水滴与尘粒的相对速度，它决定着粉尘与水滴的接触效果，水滴速度高则动能大，与尘粒碰撞时有利于克服水的表面张力，将尘粒湿润捕捉。此外，矿尘浓度、粒径、带电性也对捕尘效果存在影响。

4.2.3　高压喷雾降尘机理

喷雾降尘实际上是水雾粒与尘粒凝结而沉降的过程，水雾粒与尘粒的凝结效率决定了喷雾降尘效果。水雾粒是通过惯性碰撞机理、拦截机理、布朗扩散机理、荷电捕尘机理和声凝聚机理等综合作用来降尘的。当水雾粒不荷电时，其捕尘效率如图 4-15 所示。

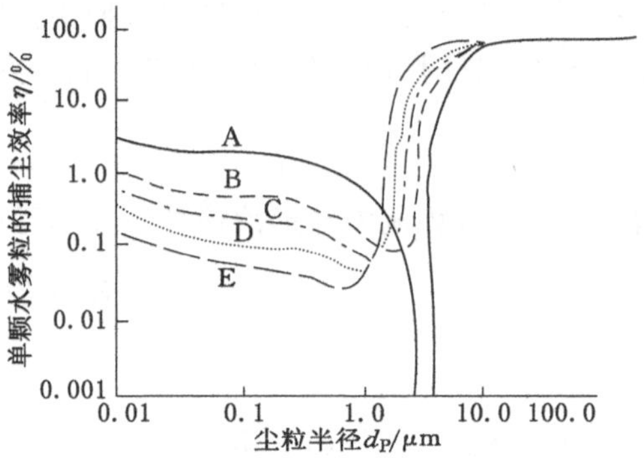

水雾粒直径：A—84 μm；B—144 μm；C—212 μm；D—346 μm；E—620 μm。

图 4-15 单颗水雾粒(不荷电时)的捕尘效率

从图 4-15 可以看出，不荷电水雾粒对直径为 10 μm 以下的粉尘的捕集效率较低(特别是对 0.1～2 μm 的尘粒具有很低的捕集效率)，而对直径 10 μm 以上的粉尘具有较高的捕集效率。水雾粒不荷电时，对非呼吸性粉尘有较高的降尘效率，对呼吸性粉尘的降尘效率很低。

水雾粒荷电后，水雾粒对尘粒的静电引力作用使水雾粒的捕尘效率提高，图 4-16 为水雾粒荷电后，单颗水雾粒捕尘效率的理论计算结果。荷电后的水雾粒对微细粉尘的捕集效率显著提高，且随着荷电量的提高而上升。

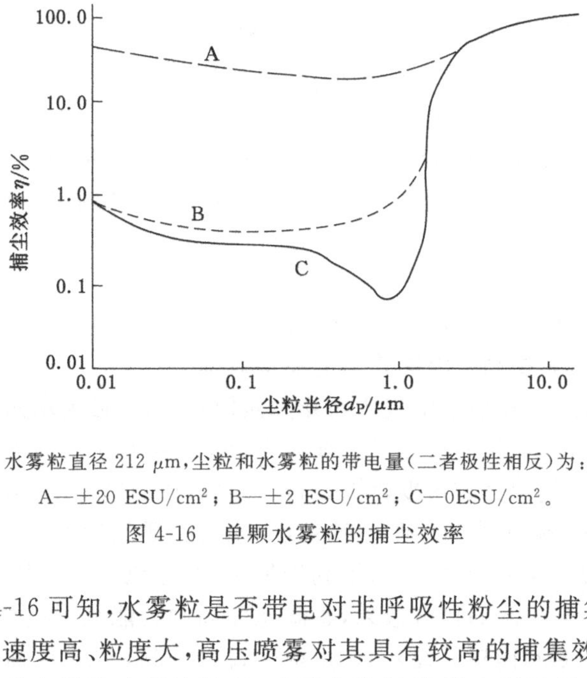

水雾粒直径 212 μm，尘粒和水雾粒的带电量(二者极性相反)为：

A—±20 ESU/cm^2；B—±2 ESU/cm^2；C—0ESU/cm^2。

图 4-16 单颗水雾粒的捕尘效率

从图 4-15 和图 4-16 可知，水雾粒是否带电对非呼吸性粉尘的捕集效率影响不大。由于非呼吸性粉尘雾粒速度高、粒度大，高压喷雾对其具有较高的捕集效率。研究表明，非呼吸性粉尘捕集效率随着水雾粒速度的提高、喷雾水流量的增大以及雾粒直径的减小而单调上升。若令

$$R = Qv/D \tag{4-21}$$

式中 Q——喷雾水流量，m^3/s；

v ——水雾粒速度，m/s；

D ——水雾粒直径，m。

则捕尘效率随着 R 的提高而单调上升。

4.2.4　喷雾降尘主要影响因素

4.2.4.1　水雾粒粒度

影响降尘效果的主要因素是水雾粒粒度及分散性。水雾粒直径越小，分散的均匀度越好，水雾粒的捕尘效率越高，但粒径过小容易汽化，失去捕尘的作用。若水雾粒直径过大，水雾粒的分散性变差，水雾粒数量变少，与粉尘碰撞的概率也随之下降。

根据粉尘粒与水雾粒间轨迹方程的计算式，粉尘的最小粒径 $d_{\min}$ 为：

$$d_{\min} = \sqrt{\frac{18\mu_1 DK}{\rho v}} \tag{4-22}$$

式中　μ_1 ——空气黏度系数，Pa・s；

D ——水雾粒直径，μm；

K ——比例系数；

ρ ——粉尘的密度，kg/m^3；

v ——气流的速度，m/s。

即在相同的气流速度下，尘粒的最小粒径 $d_{\min}$ 的平方与水雾粒直径 D 成正比。事实上，过小粒径的水雾粒极易汽化，它在空气中存在的时间 t 为：

$$t = \frac{D}{8K(p_0 - p)} \tag{4-23}$$

式中　p_0 ——水雾粒蒸汽的压力，MPa；

p ——湿空气的压力，MPa。

在相对湿度为 80%，温度为 20 ℃时的空气中，粒径为 30 μm 的水滴仅保持 7.1 s，粒径小于 30 μm 的水雾粒在与粉尘碰撞之前发生汽化。因此，过小粒径的水雾粒无法起到捕尘的作用。

水压越高，水雾粒的直径越小，分散的均匀性越好。喷雾流量能够反映一定体积内包含的雾粒个数，随着喷雾流量的增加，粉尘与水雾粒碰撞的概率增大，水雾粒的捕尘效率也相应提高，降尘效果也越好。但是喷雾流量的增加将会增加煤的水分，影响煤质，在有泥岩等的工作面还会造成巷道的底鼓和变形。因此，应根据现场实际情况确定合理的喷雾流量。

4.2.4.2　喷雾洒水降尘方式选取原则

高压喷雾降尘有着很大的优势，但是较高的水压需要大量能量来实现，同时对各相应管路及其他设备都有较高的要求；而低压大流量的喷雾洒水降尘能够有效湿润煤体，增加煤的水分和尘粒间的黏着力，减少煤炭破碎过程中的产尘，从源头上抑制粉尘的产生。

粉尘的粒径及质量分布对喷雾系统的降尘效率有着重要影响，不同粒径的粉尘颗粒，需要相应的最佳水雾粒才能达到最好的降尘效果。根据粉尘的粒径及质量分布，可以确定最佳的水雾粒直径范围，从而确定最佳的喷雾降尘压力等参数。

在使用喷雾降尘方式时，应根据实际的产尘特点进行选取：用低压大流量喷雾湿润尘源体，有效降低粉尘的产生，对扩散在空气中的小颗粒粉尘采取高压喷雾捕尘、降尘。

4.3 通风除尘

4.3.1 综掘工作面通风除尘

从目前我国综掘工作面正在应用的防尘技术来看，主要包括以下三类：单一的通风除尘技术、通风除尘技术结合净化风流水幕降尘技术、通风除尘技术结合喷雾降尘技术。

4.3.1.1 单一的通风除尘技术

从理论上来说，防尘工作主要通过通风计算配风稀释、用水降尘灭尘，或用各种机械设备捕集粉尘，最终达到除尘的目的。所以通风设计和实施是控制粉尘的基本措施之一。用于控制粉尘的通风技术可分为三类：常规的工作面通风、二次压入式通风和二次抽出式通风。主辅通风系统都是通过风量(风速)来稀释和控制矿井空气中的粉尘浓度。

目前我国在掘进迎头上的局部通风机布置有两种分类法：

(1) 以风机台数划分：单台单列压入或抽出式；双台双列混合式；独立式负压除尘系统。

(2) 以抽压方式划分：单台单列长压或抽出式；长抽长压混合式；长抽为主、短压为辅混合式；长压为主、短抽为辅混合式等。

进一步细分又可分为如下 5 大类、8 小类布置方式，如表 4-7 所列。

表 4-7　部分通风方式优缺点

<table>
<tr><th colspan="2">通风方式</th><th>优点</th><th>缺点</th></tr>
<tr><td colspan="2">单台单列长压式通风</td><td>送风距离长，有效射程远；作业面上排尘能力强，便于管理</td><td>粉尘沿巷道沉积和飞扬，使巷道污染严重，影响工人身心健康</td></tr>
<tr><td colspan="2">单台单列长抽式通风</td><td>就地消灭粉尘，不污染巷道；工人在进风巷中工作，劳动卫生条件较好</td><td>送风距离短，有效吸距短；要配备除尘风机或除尘器，要使用可伸缩式风筒，投资费用较高；排尘范围小</td></tr>
<tr><td rowspan="2">长压为主、短抽为辅的混合式通风</td><td>长压短抽的前抽后压式通风</td><td>需要的伸缩式风筒短，投资费用低，就地除尘，可把巷道内的污染控制在最小范围内，排尘效果好；机组司机可在新鲜风流中操作；在综掘工作面上，除尘风机可安装在综掘机的胶带架上，便于管理</td><td>必须加强对除尘风机的管理，提高除尘效率；否则会污染除尘风机后部的空气</td></tr>
<tr><td>长压短抽的前压后抽式通风</td><td>使用的伸缩式风筒短，投资低；可就地除尘，效果较好，巷道污染轻</td><td>作业面上粉尘污染范围较大，司机操作地点的粉尘浓度高；除尘风机和伸缩式风筒要经常向前移动，管理复杂</td></tr>
<tr><td rowspan="2">长抽为主、短压为辅的混合式通风</td><td>长抽短压的前压后抽式通风</td><td>作业面上排尘排烟速度快；巷道处于新鲜风流而无污染；压风风筒为软质风筒，移动方便</td><td>作业面上污染范围大，伸缩式风筒长，并要经常延长，管理不便且投资费用高</td></tr>
<tr><td>长抽短压的前抽后压式通风</td><td>作业面上污染范围小；巷道处于新鲜风流而无污染；压风风筒为软质风筒，便于移动</td><td>伸缩式风筒长，并要经常延长，管理不便且投资高</td></tr>
<tr><td rowspan="2">长抽长压混合式通风</td><td>长抽长压的前抽后压式通风</td><td>作业面上污染范围小；巷道处于新鲜风流中而无污染；风机不必经常移动</td><td>抽风和压风风筒都较长而投资大；风筒要经常延长，用工多且不便于管理</td></tr>
<tr><td>长抽长压的前压后抽式通风</td><td>巷道处于新鲜风流而无污染；风机不必经常移动</td><td>作业面上污染范围大；抽风和压风风筒都较长而投资大，且不便于管理</td></tr>
</table>

国内外实践表明:对机掘工作面采用以控尘装置控尘、除尘设备抽尘净化为主的长压短抽通风除尘系统,是降低机掘面粉尘浓度的最有效的措施之一。良好的除尘系统应同时具备高效控尘和高效除尘。

抽尘净化是利用除尘器运行中产生的负压,通过吸尘风筒与靠近尘源的吸尘罩,在尘源处造成一个负压区,使含尘空气由吸尘罩经吸尘风筒进入除尘器中净化处理。

控尘则是通过改变压入式供风方式改变掘进工作面的风流流场,达到抑制粉尘扩散的目的,为除尘器抽尘净化创造条件。常规的压入式供风方式会造成巷道断面风速的很不均匀,巷道中部风速很高,而靠近巷道周围的风速越来越小,这样就会在巷道的各个断面产生流体的剪切,形成旋涡。由于旋涡的加速,流体内部发生破裂与旋转,使风流携带着粉尘以很高的速度向外扩散,致使很大部分含尘气流不能被收入除尘器,严重影响了机掘工作面的降尘效果。因此,要取得良好的降尘效果,既要有高效除尘设备除尘,又要有控尘措施保证高效收尘,避免粉尘的无序扩散,二者的有机结合才能达到理想的降尘效果。

4.3.1.2　通风除尘技术结合净化风流水幕降尘技术

随着掘进机械的广泛推广应用,掘进工作面的粉尘浓度急剧增加,单纯依靠通风方式消除或大幅度降低工作面现场的粉尘浓度的方法已无法满足现场的要求,且压入式或抽出式的通风除尘方式极易污染巷道中的空气。因此,为消除因通风带入巷道中的粉尘,在距掘进迎头一定距离处安设风流净化水幕,从而降低因通风带入巷道中的粉尘。净化风流水幕处理的粉尘主要是未被沉降处理而进入回风流的粉尘。

4.3.1.3　通风除尘技术结合喷雾降尘技术

由于上述两种除尘技术捕捉的粉尘均是风流中的粉尘,未直接捕捉、抑制尘源处的粉尘,因此工作面现场的工人受粉尘的影响比较大。为了保障现场工人的身心健康,在采取通风除尘技术的基础上,煤矿企业又采用了综掘机内外喷雾降尘技术直接控制和减少尘源处的粉尘产生。

4.3.2　采煤工作面通风除尘

通风排尘是采煤工作面综合防尘措施中的一个重要方面。它是通过选择工作面的通风系统和最佳通风参数以及安装简易的通风设施来实现的。

4.3.2.1　通风参数选择

各国甚至各矿的最佳排尘风速值受开采煤体的水分、采煤机的能力和采取的其他防尘措施等因素的影响不尽相同,而且不可能是一个恒定值。如俄罗斯规定采煤工作面风速为 1.53 m/s;美国矿业局实测表明,当工作面平均风速为 2.3～2.5 m/s 时,采煤机司机处的粉尘浓度最低,而风速超过 2.5 m/s 时,粉尘浓度又呈增高趋势;德国的实测也表明,当煤的湿度为 3%～4%(按质量百分比)、平均风速为 2.3～2.5 m/s 时,工作面的粉尘浓度最低,当风速大于 4.5 m/s 时,粉尘浓度增大,但当煤的水分增加至 5%～8%时,影响略小;我国一般认为采煤工作面最佳排尘风速为 1.4～1.6 m/s。

为了适应高速通风的现状,必须加强防尘措施,以使最佳排尘风速与实际通风风速相一致。

4.3.2.2　通风隔尘设施

通风隔尘设施主要包括采空区风帘和人行道风帘、采煤机隔尘帘幕、切口风帘三大隔尘设施。

(1) 采空区风帘和人行道风帘

为保证工作面有足够风量和合理的风速,必须杜绝工作面的漏风,方法如下:

① 设置采空区风帘,减少工作面运输巷进入工作面的风流向采空区的泄漏量,使新鲜风流在风帘处拐 90°弯,由支架靠工作面的一侧通过,从而提高工作面的有效风量,如图 4-17 所示。

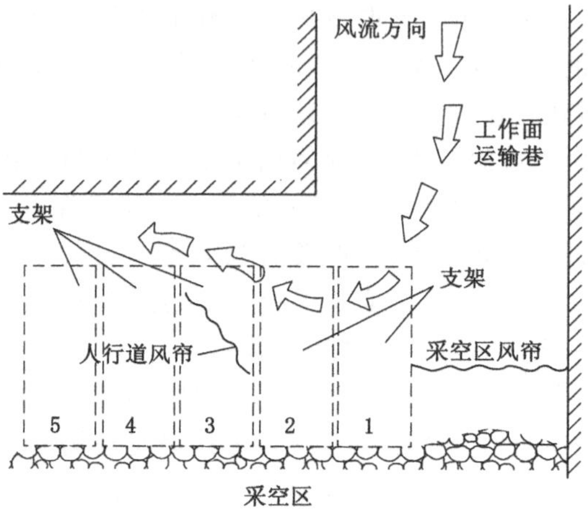

图 4-17 设置采空区风帘和人行通道风帘

② 设置人行道风帘,迫使风流从支架立柱流向需要供风的工作面,以增加工作面风量,可降低采煤机司机的接尘量,如图 4-17 所示。

(2) 采煤机隔尘帘幕

采煤机在工作面移动特别是处于割煤行程时,采煤机周围由于过风断面缩小,形成高速风流,个别地方浮游粉尘量会明显增加,在极薄煤层开采中此问题尤为突出。为有效控制采煤机产尘扩散,在尽量保证采煤机周围风流稳定的同时,可沿采煤机机身纵向设置隔尘帘幕,如图 4-18 所示。这种帘幕可用废输送带按采煤机实际高度制作而成,简易可行,防尘效果较好。

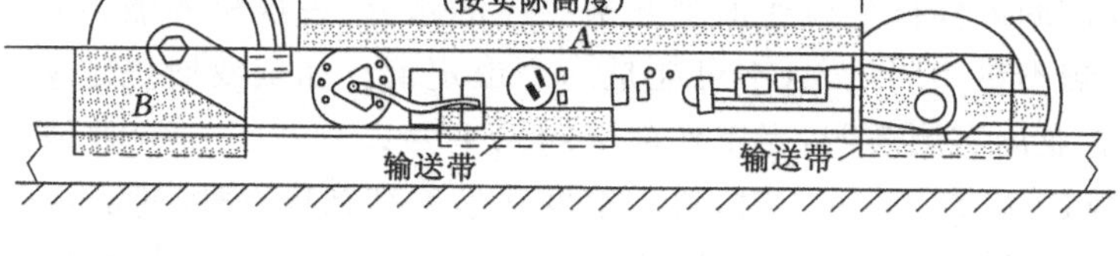

图 4-18 安装在采煤机上的隔尘输送带

(3) 切口风帘

当采煤机割煤至工作面运输巷时,高速进风风流将流经切割滚筒携带大量粉尘波及采煤机司机位置。尽管这一作用时间较短,但其产尘强度大,且对一个生产班多循环作业的综采工作面来说,是一个不容忽视的问题。通常可采用在工作面运输巷转载机与沿工作面侧煤壁推进方向 1.2～1.8 m 处悬挂切口风帘的办法解决,如图 4-19 所示。这一风帘将引导风流绕过切割滚筒。随着工作面沿走向推进,采煤机每割两刀,风帘再重新安设一次即可。

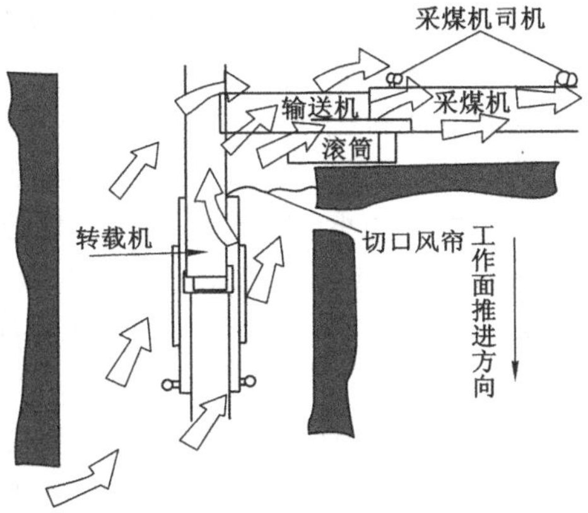

图4-19 采煤机进入工作面运输巷瞬间粉尘弥散示意图

4.3.2.3 改变工作面通风系统或风流方向

我国现行的长壁工作面通风系统一般为U型、Y型、W型、E型、Z型等，其中U型应用最为普遍。从排尘效果来看，以W型和E型3条巷道的“两进一排”通风系统为佳。

在尘源分布相近的条件下，工作面的风流方向与粉尘浓度关系极为密切。通常，工作面风流方向与运煤方向相反，风流和运煤的相对速度较高。当煤由工作面输送机运出并在转载点卸载时，粉尘特别是干燥的煤尘将被重新扬起，致使工作面粉尘浓度普遍增加，在这种情况下，可以考虑改变工作面的风流方向，采用顺煤流方向通风(或称下行通风)，即由工作面回风巷经工作面向工作面运输巷通风，实践证明，该方法能极大地减小工作面区域的粉尘浓度，有时可减小90%。我国在煤层倾角小于12°或大于12°但能满足《煤矿安全规程》要求的采煤工作面，可采用下行通风，即顺煤流方向通风。

俄罗斯一些煤矿改用下行通风后，基本上排除了采煤机司机和副司机患尘肺病的可能性，采区的其他工作人员患尘肺病的危险性也减小了50%～60%。

4.4 其他降尘技术

4.4.1 磁化水降尘

磁化水是指经过磁水器处理过的水，它使水的物理化学性质发生了暂时性的变化。这种暂时改变水性质的过程叫作磁化。磁化程度的好坏与磁化器的结构、磁化器磁场强度及特性、水中含有杂质性质、水的温度及水在磁化器内流动速度等因素有关。

磁化水所出现的变化是电磁感应导致的。液态水中存在着以氢键相连且带有极性的水分子链(团)及水合离子，它们总在不断进行无规则、受限制的热运动。当水流以切割磁力线的方向经过磁体后，产生了两方面的结果：一方面，促使水分子中水合离子的正负电荷产生方向相反的回旋运动，不同电荷回旋半径不同，使水分子极性加强；另一方面，在水分子极性不断加强及水合正、负离子做相反方向旋转运动作用下，水分子间的氢键发生畸变，甚至断裂，从而使水分子得到活化，水的黏性下降，表面张力降低。同时，水中存在的杂质在流经磁场时也要被磁化，其中含电解质的离子磁化后产生的附加磁场的方向与外磁场方向相同，这些磁力作用最终促使水分子的内聚力下降，黏滞力减弱，从而改变了水的基本结构。

磁化水的除尘机理如下：第一，经磁化且由活性水分子组成的水体作为捕尘体，具有很强的极性，容易与其他物质形成物理键而发生吸附，这种吸附由范德瓦尔斯力、色散力、偶极子力等作用而形成，因此不易解脱。粉尘在磁场作用下同样可能导致极性加强，导致水体与粉尘更容易发生相互吸附，从而除去粉尘。第二，水分子链（团）的氢键发生畸变、断裂，使液体分子间的平衡距离变大，引力常数变小，表面张力降低，导致喷出的雾滴更细小。而普通水表面张力较大，喷雾时不易破碎，雾滴粒径就较大。另外，磁化后水的黏度有所下降，这也使喷出的雾滴小，雾滴的总表面积增大，大大增加了与粉尘接触的概率，而且雾化效果好，雾滴分布均匀。

磁化水不但吸附能力增加，黏性、表面张力降低，而且硬度变软，溶解能力、渗透能力都有所增加，这些都有利于增强对粉尘的捕集效果。磁化水防尘技术在我国煤矿应用实践证明，用磁化水喷雾降尘能有效地捕捉呼吸性粉尘，降尘率可成倍提高。

磁化水降尘具有以下优越性：

（1）磁化水降尘设备简单，安装容易，安全防爆，性能可靠。

（2）成本低，易实施，一次投入后长期有效。

（3）降尘率高。

因此，磁化水除尘技术成效显著，有着广阔的发展前景，随着此项技术的推广应用，必将产生良好的社会效益和经济效益。

4.4.2 泡沫除尘

泡沫剂和水一起按一定比例混合，通过发泡器产生大量高倍数泡沫喷洒到尘源或空气中。当泡沫液喷洒到岩矿或料堆上时，便形成无空隙的泡沫体覆盖在尘源上，使粉尘得以湿润和抑制。当泡沫液喷射到含尘空气中时，则形成大量泡沫粒子群（也可称为泡沫雾），其总体积和总表面积很大，从而大大增加雾液与尘粒的接触面积和附着力，因此有利于提高水雾的降尘效果，尤其是对呼吸性粉尘的捕集，而且耗水量少得多。例如泡沫除尘与其他湿式除尘相比，用水量可减少35%～80%，除尘效率却比喷雾洒水高2～5倍。在急倾斜采煤工作面用泡沫除尘，其除尘效率比喷雾提高1～1.5倍。美国在采煤机上用泡沫除尘，除尘效率高达90%～99%；日本应用泡沫除尘法使沉积煤尘减少40%～50%，使浮游煤尘降低50%～70%。

但泡沫除尘影响视线，不利于司机操作掘进机、采煤机，因而不易推广。

第 5 章　采煤工作面粉尘智能防控技术

5.1　采煤工作面粉尘

5.1.1　采煤工作面产尘特点

采煤工作面是煤矿井下作业人员和电气机械设备高度集中的工作场所，也是连续产尘强度较大的作业场所，其产尘量占矿井总产尘量的 45%～80%。随着机械化程度的不断增加，采煤工作面综合机械化开采技术已成为主导性的工艺方法，具有高产、高效、低耗、劳动强度小和技术经济效益好等优点，但随之出现的现场高浓度粉尘对作业人员身体健康和煤矿安全生产造成的威胁问题也愈发突出，严重制约了矿井的安全发展。综合机械化采煤工作面是煤矿井下的主要产尘源，采煤的各项工序都会产生大量的煤尘和岩尘(夹矸)。因此，必须采取有效防尘措施，研发采煤工作面综合防尘关键技术及装备，降低工作面的粉尘浓度，改善作业环境，提高工作面的安全水平。

根据生产工艺特点及现场观测情况，采煤工作面的粉尘来源主要为采煤机滚筒割煤时的产尘、移架产生的粉尘、放煤产生的粉尘、通风带入的粉尘、煤炭运输转载点的产尘，如图 5-1 所示。

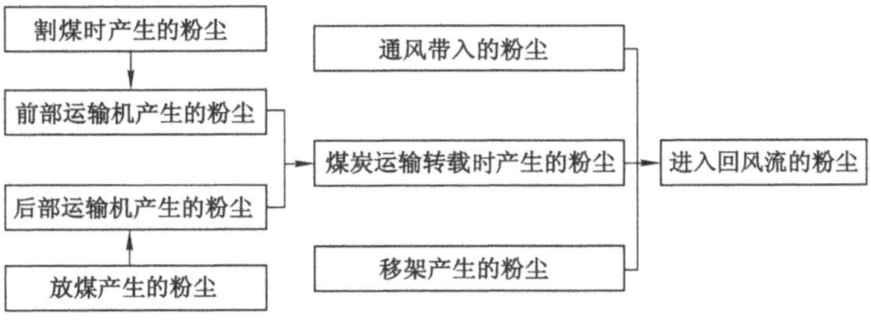

图 5-1　采煤工作面粉尘来源

其中，采煤机截割、移架、放煤时产生的粉尘为一次粉尘，其产生量主要取决于矿井的地质构造、煤质、生产工艺、环境湿度等。通风携带的粉尘及运输扬尘为二次粉尘，在生产过程中可通过喷雾净化、负压二次降尘、尘源密闭(如转载点密闭罩)等形式减少二次粉尘随空气传播的量。

(1) 炮采工作面产尘

炮采工作面产尘主要工序是打眼和炸药爆破落煤，产尘量占整个采煤工作面总产尘量的60%～75%。相比打眼产尘，爆破瞬间粉尘浓度高达几十甚至几百倍，但由于爆破作业工作面及时撤人，爆破产尘对人体危害很小，只会对机械设备性能及生产环境造成消极影响。对人体有直接危害的是打眼和运输装载工序，特别是干式钻进打眼、悬煤捣落等，不但产尘量大，而且扬尘量也较大。

(2) 综放工作面产尘

在综放工作面，采煤机割煤作业时间长、产尘量最大，其次是移架或回柱放顶煤产生的粉尘。其中，由液压支架移架产生的呼吸性粉尘约占采煤机司机处粉尘的31%。采煤机滚筒割煤及由螺旋叶片或涡形管破碎煤体时，会产生大量煤尘。

采煤机割煤时产尘的过程如下：

① 割煤时，截齿刀尖前的煤被压实，当采煤机滚筒齿尖与煤体接触应力增至极限值时，煤体被压碎并产生煤尘；

② 大块煤采落后，紧跟在后面的截齿切割厚度减小，增加了产尘量；

③ 被割下和滚筒抛出的煤，在弹性恢复时沿裂缝继续分离成更小煤块，同时产生煤尘；

④ 截齿磨钝后，各刃面变为弧面，与煤碾压和摩擦产生粉尘；

⑤ 截齿对煤体的冲击以及截割的煤体与滚筒螺旋叶片相互碰撞，二次破碎产生煤尘。

5.1.2 采煤工作面粉尘浓度分布及影响因素

5.1.2.1 采煤工作面粉尘浓度分布

(1) 综放开采时粉尘浓度分布

采煤机滚筒截割煤体、移架与放煤的动态过程决定了采煤工作面粉尘浓度分布的不均匀性，工作面任一位置的粉尘浓度随采煤机的位置变化在时间和空间上发生变化。采煤机产尘强度及其在工作面的分布规律与采煤机本身的机械参数和运行状况有关，如采煤机滚筒截齿结构和数目、截深、切割滚筒的转速、采煤机的牵引速度、割煤机上安置喷雾装置的降尘效率、采煤机作业和工作面通风方式等，而采煤机附近粉尘浓度的高低取决于含尘风流中煤尘浓度、风速及浮游煤尘的粒径和质量比率。

(2) 移架时粉尘浓度分布

移架时粉尘浓度的大小受多种因素的影响，但最主要的因素是煤层直接顶板的条件。移架时粉尘浓度大小与顶板强度成反比，与工作面上覆岩层顶板厚度成正比。

5.1.2.2 影响因素

一般情况下，采煤工作面粉尘浓度的高低与煤尘产生量的大小密切相关，但并不一定成正比。影响粉尘浓度的因素如下：

(1) 煤体破碎程度

在采煤工作面，能够在风流里飞扬的是粒径非常小的细微粉尘，颗粒较大的粉尘一般情况下不飞扬。生产强度越大，破碎的煤体越多，产生粉尘越多。采煤机截齿类型的选择和安装方向对煤体破碎程度和产尘量也有明显影响。

(2) 煤体含水量

在煤体含水量较高，且煤壁明显潮湿的采煤工作面回采过程中，风流里粉尘浓度普遍较低。煤层水分的升高与煤尘浓度的下降相对应，煤层水分增高，割煤时粉尘浓度降低。

(3) 环境湿度

相对湿度高的采煤工作面粉尘不易飞扬，回采过程中粉尘浓度相对较低。

（4）通风条件

通风条件对工作面粉尘浓度影响很大，风速偏低，截割产生的粉尘不能被风流迅速冲淡排除，并且随着新粉尘的不断产生，造成作业区域粉尘浓度的非定量叠加，导致粉尘浓度持续上升。风速过高，又会吹扬起巷道内和液压支架上的积尘，同样会造成粉尘浓度升高。

5.1.3　采煤工作面粉尘运移规律

5.1.3.1　采煤机割煤粉尘运移规律

采煤机连续割煤会产生粉尘，产尘强度及粉尘在工作面的分布规律与采煤机机械参数和工作状况有关，如采煤机运行速度、滚筒截齿性能、截割强度、风速及煤本身特性等。另外，采煤机不同切割方向的浮游粉尘浓度及扩散规律也有差别。

采煤机割煤过程中主要产尘点为工作面煤壁垮落和割煤，其中工作面煤壁垮落产尘可分为落煤扬尘和冲击产尘。采煤机割煤作业过程中，煤炭受到滚筒截齿不断挤压、破碎，产生大量煤尘，煤炭下落过程中受风流影响使粉尘飞扬，形成的粉尘称为割煤产尘。采煤机割煤作业过程中，位于采煤机前方的支架工负责把位于滚筒前方3～5架的支架前探梁收回，以方便前滚筒割顶煤和避免滚筒截割到支架前探梁产生安全隐患。在前探梁升起和收回过程中对顶煤挤压、摩擦使顶煤破碎，煤在下落过程中被经过工作面的风吹扬而起，形成的粉尘称为工作面落煤扬尘。采煤机割煤作业过程中大量来自顶板和煤壁的块状煤炭垮落到刮板输送机上，煤块受到冲击、破碎、反弹而产生并且扩散到工作面风流中，形成的粉尘称为落煤冲击扬尘。

逆风割煤时落煤扬尘和落煤冲击扬尘在高速风流作用下迅速扩散，并向下风流运动，含尘气流受截割电机、摇臂及电缆槽阻挡，含尘气流运动方向被分成以下几个部分：第一部分是通过采煤机摇臂后的通道，靠煤壁一侧运动；第二部分是翻过截割电机，通过采煤机机面，向下风流运动；第三部分是翻过电缆槽，进入人行道，通过司机作业区域向下风流运动，是司机位置粉尘的主要来源，也是粉尘治理的难点。逆风时前滚筒割煤产生的粉尘随风流的扩散方向如图5-2所示，后滚筒处于下风侧、割底煤，煤炭垮落冲入刮板输送机溜槽中，由于落煤距离近，垮落产生的煤尘含量相对较小，下风流无正面阻挡，含尘风流向下风流运动和扩散，增加了采煤机下风流的粉尘污染。

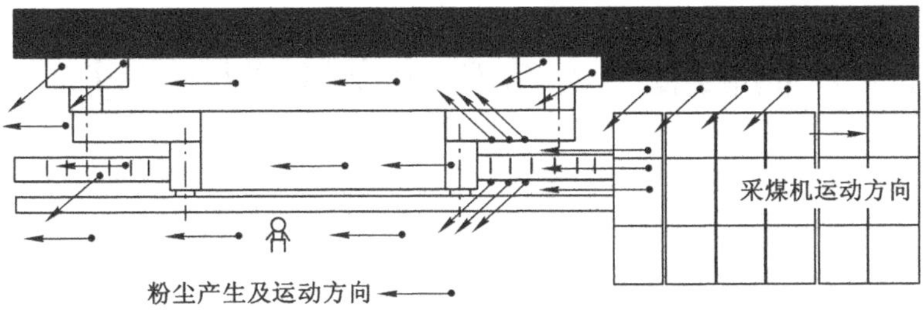

图5-2　逆风割煤时煤炭垮落产尘及含尘气流运动方向示意图

顺风割煤时，收回前探梁及前、后滚筒割煤时煤炭垮落过程中均产生大量落煤扬尘。如图5-3所示，顺风割煤时，前滚筒处于下风侧割顶煤，后滚筒处于上风侧割底煤，收回前探梁及前滚筒割顶煤产生大量的垮落冲击煤尘，由于下风流无直接阻挡，粉尘随高速风流沿煤壁向下风流运动，不易扩散到人行道造成粉尘污染。而上风侧后滚筒割底煤产生的垮落冲击煤尘相对较小，受煤机机身、摇臂及电缆槽阻挡。因此，顺风割煤较逆风割煤，对工作面有人作业场所污染小，仅部分煤尘翻过电缆槽扩散至人行道。

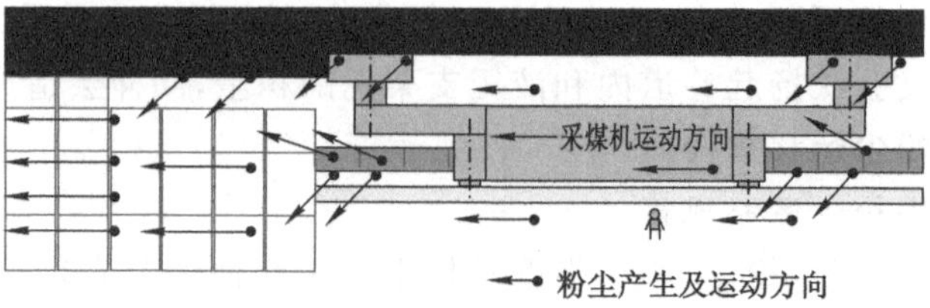

图 5-3　顺风割煤时煤炭垮落产尘及含尘气流运动方向示意图

无论是顺风割煤还是逆风割煤，前、后滚筒割煤产尘量相当，其随风流的运动以沿煤壁一侧为主，并向人行道扩散。扩散量的大小取决于割煤产尘强度、风速及滚筒方位，割煤产尘强度及风速越大，向人行道扩散的粉尘越多。因此，下风侧粉尘向人行道的扩散较上风侧严重，对司机的危害也最大。

5.1.3.2　液压支架移架粉尘运移规律

移架产生的粉尘量大小受多种因素的影响，但主要受顶板（顶煤）完整性的影响。顶板顶煤破碎，移架时易漏矸（煤），产生扬尘就多。移架产生的粉尘在工作面的浓度分布受风流影响，回风流中距移架位置越近，粉尘浓度越高；随距离增大呈曲线下降，距产尘点越近粉尘浓度下降幅度越大，反之粉尘浓度下降幅度越小，距产尘点 30 m 以上时，粉尘浓度变化不大，分布较均匀。

5.1.3.3　液压支架放煤粉尘运移规律

放煤产尘有以下特点：① 放煤产尘主要在放煤作业时产生，打开放煤口初始阶段产尘量大；② 产尘部位在支架后部刮板输送机处；③ 支架后部风速小，放煤时产生的粉尘除少部分向支架人行道扩散外，大部分随风流向下风侧邻架扩散。放煤时的产尘量大小与顶煤、直接顶强度和顶煤厚度有关。顶煤、直接顶强度越大，产尘量越小；顶煤越厚、越松散，产尘量越大。煤尘分布规律受支架后方空间影响，一般在支架放煤口的周围，其空间越大，回风流距放煤口的位置越近，煤尘浓度越高，随距离增大呈曲线下降。

5.2　采煤工作面供液中心全自动反冲式回液过滤系统

5.2.1　喷雾降尘自动循环供液与动力枢纽

采煤工作面供液中心全自动反冲式回液过滤系统型号为 FCHZ2000/3 型，产品设计执行《煤矿用乳化液泵站 过滤器技术条件》（MT/T 188.4—2000）煤炭行业标准。

采煤工作面供液中心全自动反冲式回液过滤系统（图 5-4），具有过液流量大（2 000 L/min），稳态工作压力（0.1～3.0 MPa），过滤精度高（可达 60～300 μm）的特点。装备主要是对进入箱体的水体通过水质过滤器进行一次过滤后，经高压清水泵加压传输至工作面各喷雾点；工作面喷雾降尘污水经过反冲式回液过滤器，除污、反冲后回液至高压清水泵加压，实现工作面喷雾降尘水质循环过滤和喷雾动力的持续供应。

5.2.2　系统技术参数与工作原理

该产品为机械化采煤的大流量的乳化液泵站，由于井下环境不可避免地污染乳化液，在

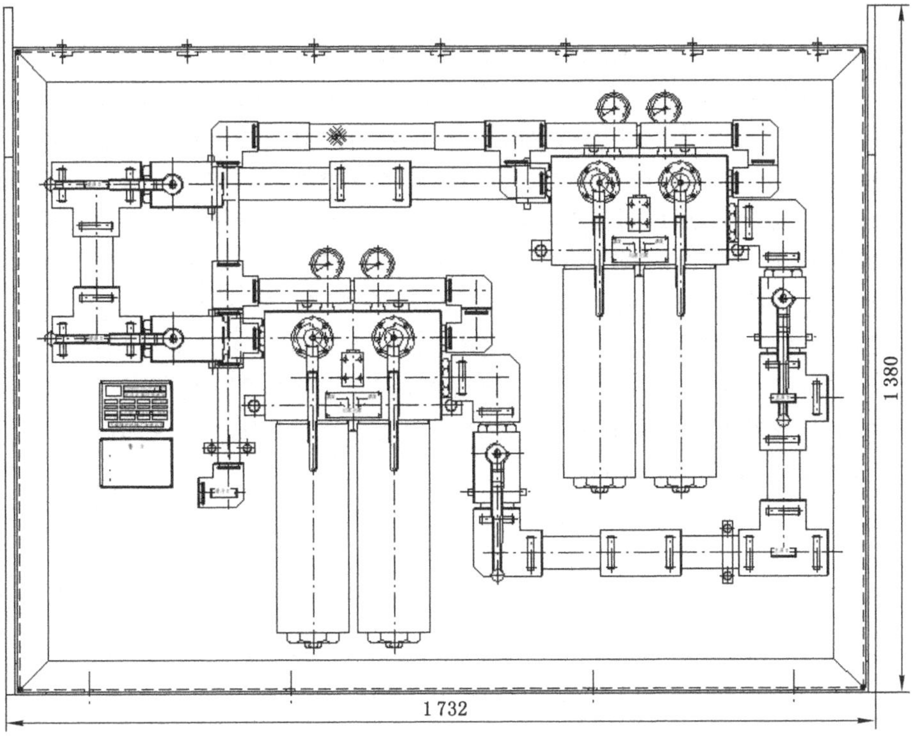

图 5-4　采煤工作面供液中心全自动反冲式回液过滤系统示意图

乳化液中存在粒度不一的机械杂质，虽经泵站系统的多道过滤，但仍不能满足支架液压阀的使用精度要求。为此在液箱的出液口后面增加本套过滤系统，用以进一步滤除杂质，满足支架液压阀对乳化液过滤精度的要求。本过滤系统具有流量大、过滤精度高、可进行反冲清洗等特点。当过滤器滤芯堵塞到一定程度时，位于过滤器上的发讯器就会自动打开，此时只需按步骤扳动手把，即可实现清洗滤芯的功能。

5.2.2.1　系统主要技术参数

表 5-1 为矿用采煤工作面供液中心全自动反冲式回液过滤系统主要技术参数。

表 5-1　矿用采煤工作面供液中心全自动反冲式回液过滤系统主要技术参数

型号	FCGZ2000/31.5×25
公称压力	31.5 MPa
公称流量	2 000 L/min
过滤精度	25 μm,40 μm,60 μm,80 μm
进液接头	GN51(MT/T 986—2006)
出液接头	GN51(MT/T 986—2006)
排污接头	KJ31.5(MT/T 986—2006)
工作液	含 3%～5%乳化油的乳化液
外形尺寸(长×宽×高)	1 732 mm×598 mm×1 380 mm
总质量	～1 000 kg

5.2.2.2 系统工作原理

如图 5-5 所示，系统正常工作时，打开进、出口蝶阀及 α、β 两个截止阀，关闭各排污口，污水进入后，分成两路，又各经 T 型三通共分为 4 路同时进行过滤，经过过滤中心的清水将通过高压泵引流至采掘工作面、喷浆、运输转载等地点，为高压喷雾降尘供液和提供动力源。当一次喷雾降尘后，系统自动将含尘污水流引至反冲式过滤装置内部，在过滤过程中滤网逐渐累积水中的脏物、杂质，形成过滤杂质层，由于杂质层堆积在滤网的内侧。因此，在滤网的内、外两侧就形成了一个压差，此时需要对滤网进行反冲，主要实现形式有：一种是部分反冲：例如对滤芯①反冲时，将三通 A 扳至打开位置，关闭截止阀 α，打开滤芯①处的排污口，即可用经滤芯②过滤后的清洁水对滤芯①进行反冲，此时③、④两个滤芯仍能正常工作。另一种是全部反冲：打开 4 个排污口，关闭进液蝶阀，打开 α、β 两个截止阀，将干净水源从出液口接入，即可对过滤器进行反冲清洗。反冲式过滤装置经过高压泵二次加压，实现采掘工作面等防尘点的循环供液和动力源供应。

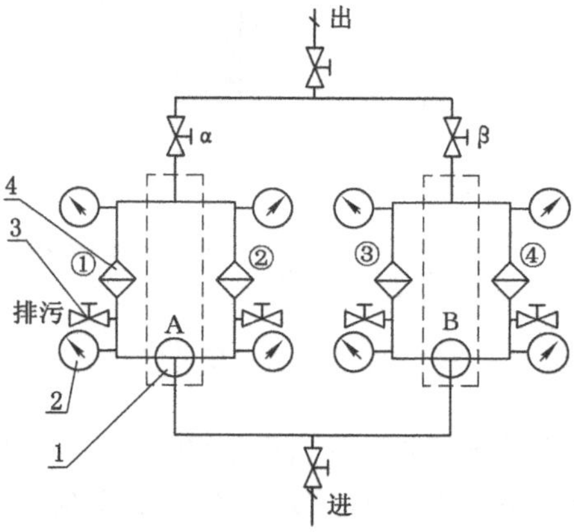

1—T 型三通；2—压力表；3—截止阀；4—过滤器。

图 5-5 全自动反冲式回液过滤系统工作原理图

5.2.3 系统集成与功能

如图 5-6 所示，采煤工作面供液中心全自动反冲式回液过滤系统主要由进液接头块、进

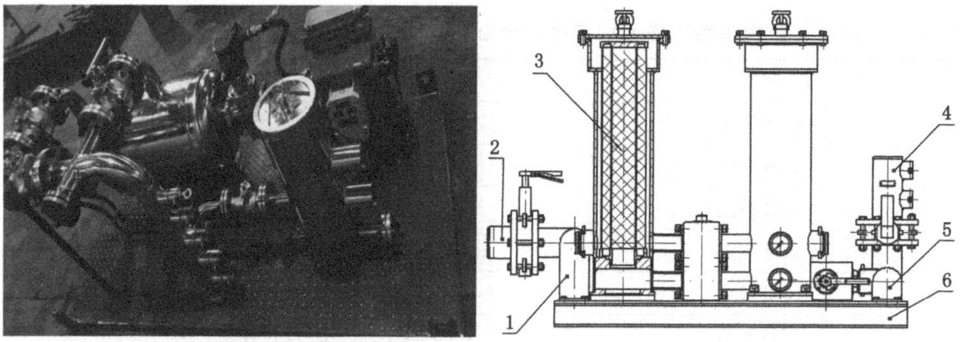

(a) 实物图　　(b) 结构图

1—进液接头块；2—进液接头组件；3—过滤器；4—出液接头组件；5—出液接头块；6—底托。

图 5-6 系统主要组成结构示意图

液接头组件、过滤器、阀体组件、球形截止阀、出液接头组件、出液接头块、底托等组成。

5.2.3.1　进液系统

进液系统由并联的两组 GN51 管路和 QJ51 球形截止阀组成。正常工作时球形截止阀处于打开状态，手把方向为顺管路方向。在更换滤芯或其他任何开放过滤站液路时，两组球形截止阀均关闭。

5.2.3.2　反冲过滤器组件

反冲过滤器组件为过滤系统的核心部件，每套系统设有两组。反冲过滤器组件主要由阀体、筒体、滤芯组件、发讯器、清洗手把、接头(座)以及内部各路转换元件组成。手把直立时为正常工作状态，此时高压乳化液从滤芯外表面经过滤网过滤后输出，工作压力由进阀体上的两只压力表读出；阀体上设有污染物堵塞发讯器，正常状态下位于发讯器上端的红色按钮收缩在发讯器内部，当污染物堵塞滤芯，使得滤芯内外压差达 0.35 MPa 时，红色按钮回伸表示报警，此时需要进行反冲清洗操作。在阀体内部设有一大流量的旁通阀，当发讯器报警后，因故未能及时进行反冲清洗操作时，会导致滤芯堵塞程度加剧，使得滤芯内外压差进一步加大，当内外压差达 0.4 MPa 时，旁通阀自动开始工作，保护滤芯及系统正常工作。

5.2.3.3　出液系统

出液系统由并联的两组 GN51 管路和 QJ51 球形截止阀组成。手把方向为顺管路方向时球形截止阀处于打开状态，正常工作。在反冲清洗、更换滤芯，或其他任何开放过滤站液路时，两组球形截止阀关闭。

5.2.3.4　排污系统

排污系统由并联的两组 KJ31.5 管路组成，反冲清洗时排出受污染的乳化液。排污口可以直接排空，也可以接回收箱，减少乳化液对井下的污染。

5.2.3.5　底托组件

底托组件为整套设备的固定装置，设备使用、移动、运输过程中均须固定好底托组件的地脚螺栓，以防倾覆伤人或损坏设备。

5.3　采煤机喷雾降尘技术

5.3.1　喷嘴降尘雾化粒度与性能

采用高压喷雾的方式治理粉尘必须选择合适的喷嘴，使其在适当压力下产生的雾滴能够对粉尘进行捕捉，以达到降尘的目的。喷嘴产生的雾滴粒径要适当，如果雾粒过小，小雾粒易被风流带走和蒸发，同时尘粒被润湿后增重不明显，不能从空气中沉降下来。

5.3.1.1　喷嘴雾化场粒度

图 5-7 为喷雾系统布置示意图，加压设备将自来水加压到设定的压力后输送到喷嘴形成喷雾。

由于采用的是线测试系统，试验系统无法一次性获得全流场的粒径分布。为获得喷嘴雾化整个流场的雾粒分布情况，在测试系统固定的情况下，通过移动喷嘴位置来测定喷嘴形成的雾化场在不同位置的雾粒粒径分布情况。水雾粒径测点布置如图 5-8 所示。

5.3.1.2　喷嘴喷雾性能

采集兖矿集团各生产矿井中不同材质、直径、雾流形状、类型的几十种喷嘴进行测试，从

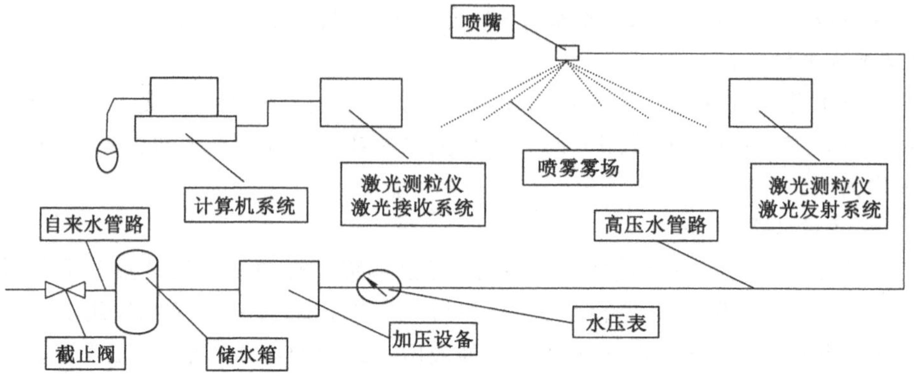

图 5-7　系统布置示意图

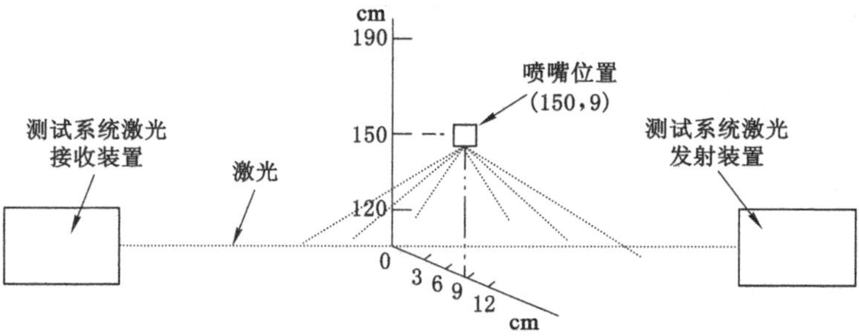

图 5-8　水雾粒径测点布置示意图

中优选出 5 种喷嘴进行 5 个压力(2 MPa、4 MPa、6 MPa、8 MPa、10 MPa)下喷嘴喷雾效果的测定。

(1) 喷雾雾化角

各喷嘴在不同压力下的雾化角情况见表 5-2,随着供水压力的升高,喷嘴的喷雾雾化角逐步升高,达到一定的喷雾压力后趋于稳定。

表 5-2　不同压力下喷嘴雾化角情况　　单位:(°)

编号	孔径/mm	试验压力					材质
		2 MPa	4 MPa	6 MPa	8 MPa	10 MPa	
喷嘴 1	2.5	103	122	123	121	117	不锈钢
喷嘴 2	2.0	103	110	110	109	113	铜
喷嘴 3	0.5	105	101	106	—	—	合金
喷嘴 4	1.0	108	110	117	—	—	铁
喷嘴 5	1.5	122	118	118	121	122	陶瓷

(2) 不同喷嘴在不同压力下的雾场粒径分布

对喷嘴在不同位置的雾粒情况进行了测试,以喷嘴位置坐标(190,0),即距喷嘴 1.9 m 处的雾粒情况为例进行对比分析。

① 2 MPa 压力下喷嘴喷雾

由图 5-9 可知，在 2 MPa 压力下，喷嘴 3、喷嘴 4 和喷嘴 5 所成喷雾粒径明显小于喷嘴 1 和喷嘴 2，并且喷嘴 3、喷嘴 4 和喷嘴 5 喷雾的 D90 均在 200 μm 左右，这三者的喷雾粒径在 150 μm 左右，粒径相对较小。由图 5-10 可知，在 2 MPa 压力下，喷嘴 3 和喷嘴 4 的粒径分布曲线比较光滑，适合用于现场喷雾降尘；喷嘴 5 在小于 100 μm 时所成雾的粒径大致呈线性分布。喷嘴 1 和喷嘴 2 所成喷雾粒径小于 150 μm 的雾滴仅占全部雾滴的 10%左右，累积百分比明显低于其他三类喷嘴（$D[i,j]$代表喷嘴喷雾直径大小，下同）。

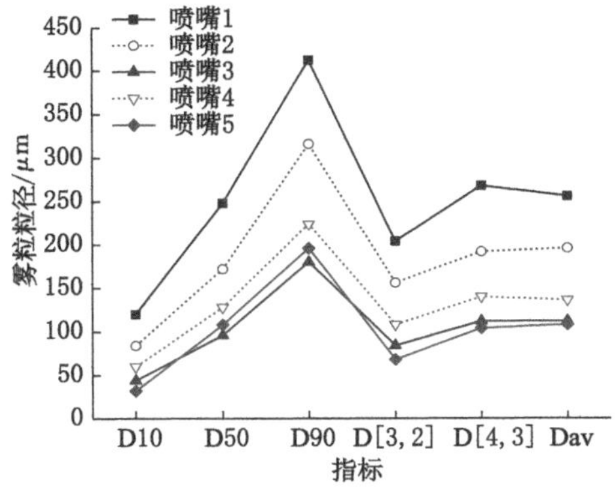

图 5-9 2 MPa 压力下喷嘴喷雾指标参数示意图

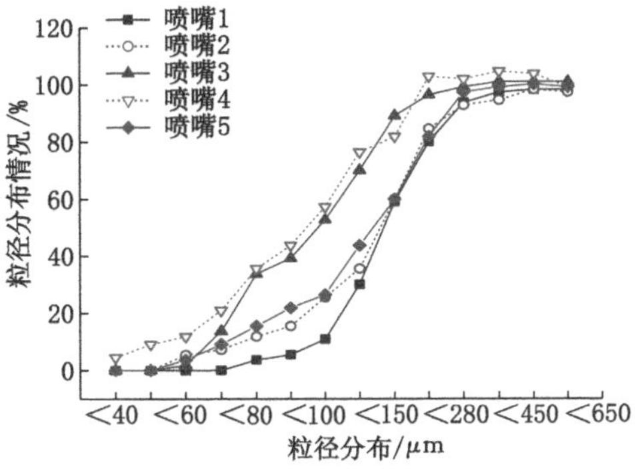

图 5-10 2 MPa 压力下喷嘴喷雾的粒径分布情况

② 4 MPa 压力下喷嘴喷雾

由图 5-11 可知，在 4 MPa 压力下，喷嘴 3、喷嘴 4 和喷嘴 5 喷雾的粒径分布曲线大致相当，喷嘴 3 喷雾的粒径分布曲线在喷嘴 4 和喷嘴 5 喷雾的粒径分布曲线之下，也明显低于喷嘴 1 和喷嘴 2 喷雾的粒径分布曲线。由图 5-12 可知，在 4 MPa 压力下，喷嘴 3 喷雾的粒径分布曲线比较光滑，并且其小粒径的雾滴所占比例较大，适用于喷雾降尘。喷嘴 4 和喷嘴 5 喷雾的粒径在同等累积百分比下，小粒径分布低于喷嘴 3，喷嘴 1 和喷嘴 2 所成的小雾滴的粒径所占累积百分比明显低于其他三类喷嘴。

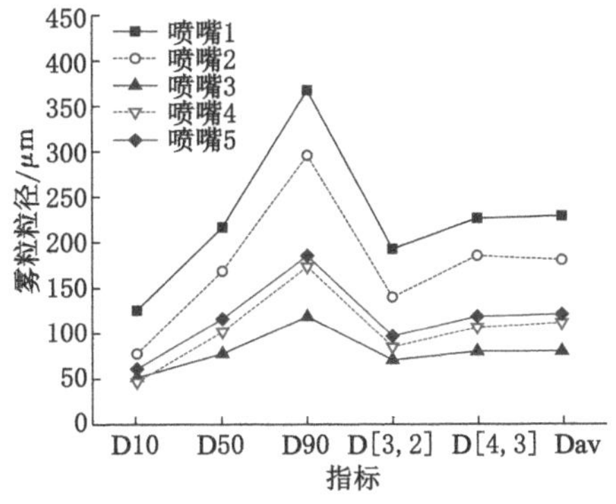

图 5-11 4 MPa 压力下喷嘴喷雾指标参数示意图

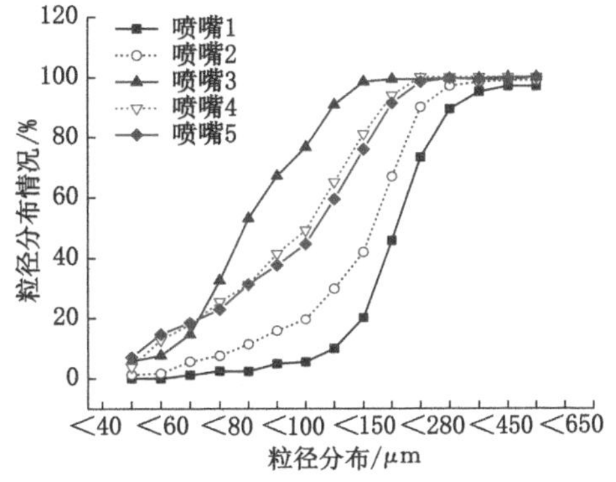

图 5-12 4 MPa 压力下喷嘴喷雾的粒径分布情况

③ 6 MPa 压力下喷嘴喷雾

由图 5-13 可知，在 6 MPa 压力下，喷嘴 2、喷嘴 3 和喷嘴 4 喷雾的粒径分布曲线大致相当,其 D90 均在 150 μm 左右。喷嘴 5 喷雾的 D90 在 100 μm 以下。喷嘴 1 喷雾的粒径分布曲线明显高于其他四类喷嘴喷雾的粒径分布曲线。由图 5-14 可知,在 6 MPa 压力下,喷嘴 5 喷雾的粒径分布曲线比较光滑,其小粒径的雾滴所占比例较大,较适合用于喷雾降尘。

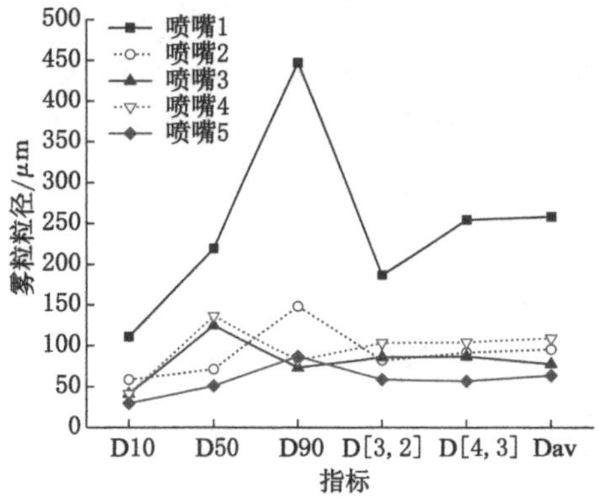

图 5-13 6 MPa 压力下喷嘴喷雾指标参数示意图

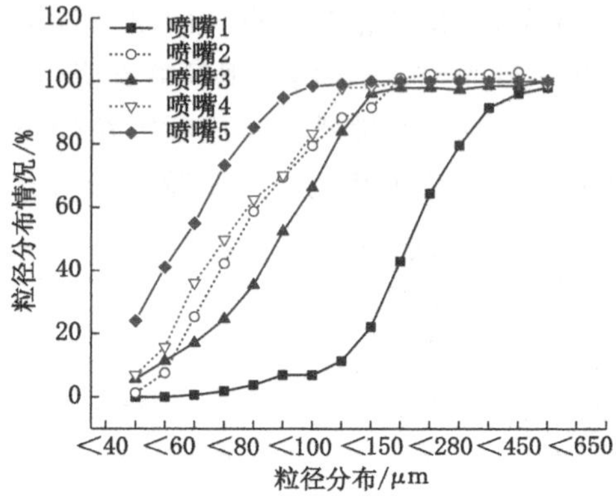

图 5-14 6 MPa 压力下喷嘴喷雾的粒径分布情况

④ 8 MPa 压力下喷嘴喷雾

由图 5-15 可知,在 8 MPa 压力下,喷嘴 5 喷雾的粒径分布曲线略低于喷嘴 2 喷雾的粒径分布曲线,二者的曲线远低于喷嘴 1 喷雾的粒径分布曲线。其中,喷嘴 2 喷雾的 D90 为 150 μm 左右,喷嘴 5 喷雾的 D90 为 100 μm 左右,喷嘴 1 喷雾的 D90 为 310 μm 左右。由图 5-16 可知,喷嘴 5 喷雾的粒径分布曲线比较光滑,其粒径小于 150 μm 的雾滴所占总雾滴的比例几乎接近 100%,喷嘴 2 和喷嘴 1 喷雾形成粒径小于 150 μm 的雾滴占比低于喷嘴 5。

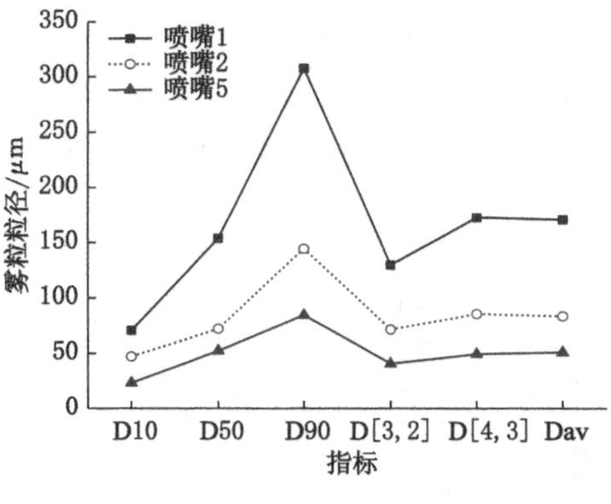

图 5-15 8 MPa 压力下喷嘴喷雾指标参数示意图

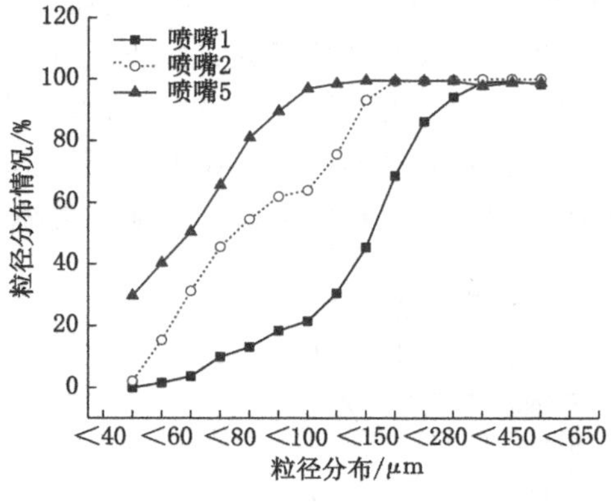

图 5-16 8 MPa 压力下喷嘴喷雾的粒径分布情况

⑤ 10 MPa 压力下喷嘴喷雾

由图 5-17 可知,在 10 MPa 压力下,喷嘴 5 喷雾的粒径分布曲线低于喷嘴 1 和喷嘴 2 喷雾的粒径分布曲线,其中喷嘴 5 喷雾的 D90 在 50 μm 左右,喷嘴 2 喷雾的 D90 在 120 μm 左右,喷嘴 1 喷雾的 D90 达到 350 μm。由图 5-18 可知,喷嘴 5 喷雾的粒径分布曲线光滑性稍差,但其小粒径雾滴所占的比例较其他两类喷嘴较大。喷嘴 2 喷雾的粒径分布曲线略优于喷嘴 5,但其小粒径的雾滴所占比例要略低于喷嘴 5。喷嘴 1 的小粒径雾滴所占比例则远远低于其他两类喷嘴。

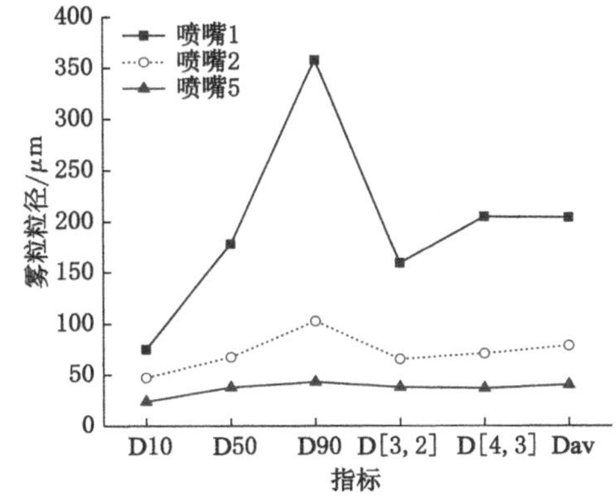

图 5-17　10 MPa 压力下喷嘴喷雾指标参数示意图

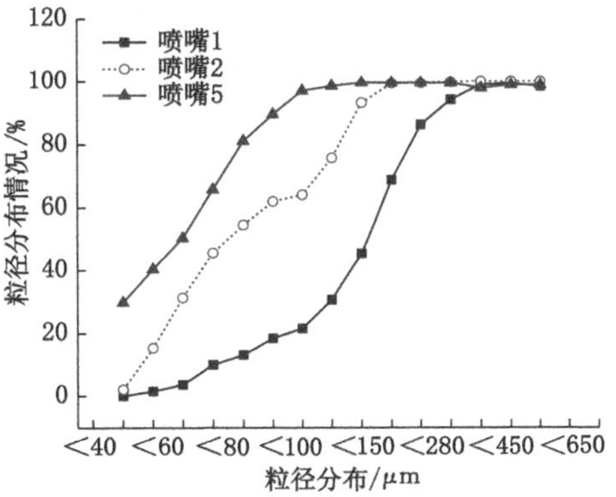

图 5-18　10 MPa 压力下喷嘴喷雾的粒径分布情况

通过以上分析并结合测试结果，喷嘴 1(孔径 2.5 mm)适用于较大粉尘粒径喷雾除尘的胶带运输机防尘/防灭火自动喷雾、主要胶带巷各转载点喷雾、主要胶带巷各卸载点喷雾、胶带巷机械触控喷雾、工作面转载喷雾等情况；喷嘴 2(孔径 2.0 mm)适用于井下喷雾降(捕)尘的水幕、采煤机内外喷雾、综采机自动联锁喷雾、综掘机内外喷雾等情况；喷嘴 3(孔径 0.5 mm)适用于细微粉尘粒径喷雾捕尘的入风流净化；喷嘴 4(孔径 1.0 mm)适用于较小粉尘粒径喷雾除尘的采煤机除尘器、除尘风机(器)、锚喷与支护等情况；喷嘴 5(孔径 1.5 mm)适用于井下综采支架喷雾、炮采工作面爆破声控自动喷雾、综掘迎头声控自动喷雾、矿井爆破全自动喷雾机械式控制装置、雾流喷射器等情况。

5.3.1.3　喷嘴 5 在不同压力下的喷雾

在喷雾供水压力大于 6 MPa 时，喷嘴 5 所成雾滴粒径较小，并且喷嘴 5 喷雾的粒径分布曲线比较光滑，下面针对喷嘴 5 优化选择其喷雾供水压力。

由图 5-19 可知，喷嘴 5 在 6 MPa 和 8 MPa 压力下喷雾的粒径分布曲线非常相近，并且远低于喷嘴 5 在 2 MPa 和 4 MPa 压力下喷雾的指标比较参数曲线。10 MPa 压力下，喷嘴 5 喷雾的 D90 在 50 μm 左右，并且其比较参数曲线远低于其他压力下的比较参数曲线；而 6 MPa 和 8 MPa 压力下喷嘴 5 喷雾的 D90 在 100 μm 左右。由图 5-20 可知，喷嘴 5 在 10 MPa 压力下的小粒径雾滴所占比例大，但在 6 MPa 和 8 MPa 压力下，喷嘴 5 喷雾的粒径

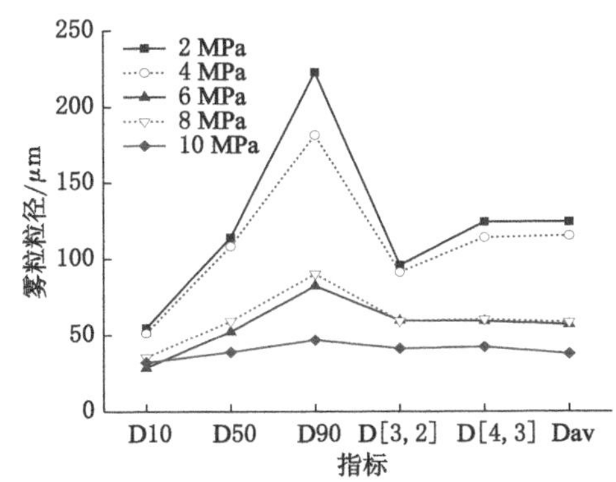

图 5-19　喷嘴 5 喷雾指标比较参数示意图

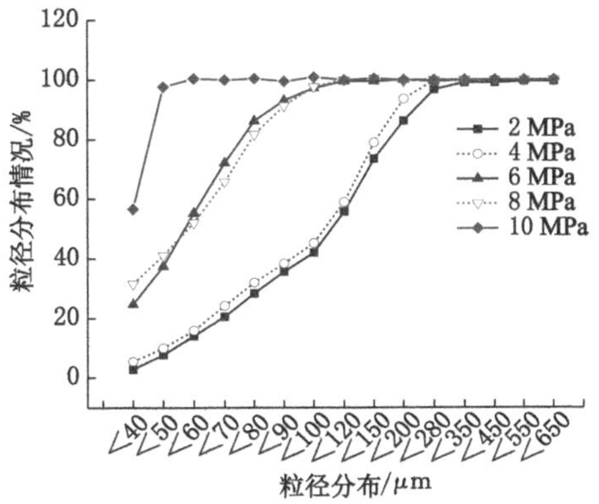

图 5-20　喷嘴 5 喷雾的粒径分布情况

分布曲线低于 10 MPa 压力下的粒径分布曲线，喷嘴 5 在 2 MPa 和 4 MPa 压力下喷雾中小粒径雾滴所占比例则远远低于在其他压力下的粒径分布。

其中，当孔径为 1.5 mm 时，喷嘴 5 喷雾的粒径分布如图 5-21 所示。

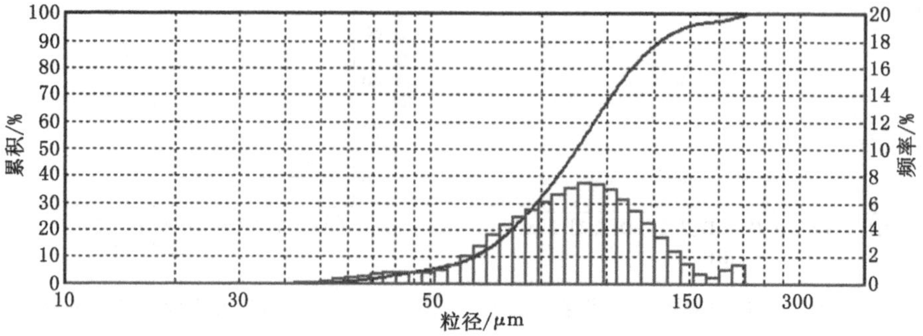

图 5-21　孔径 1.5 mm 喷嘴 5 喷雾的粒径分布情况

从图 5-21 可以看出，孔径 1.5 mm 的喷嘴 5 在 10 MPa 压力下，雾场粒径为 142.04 μm 时的累积已经达到 90.642%，即小于 142.04 μm 的颗粒占到整个雾场粒径分布的 90.642%，十分有利于捕集粉尘。

5.3.2　湿润降尘剂及无动力自动添加系统

传统的降尘方法主要有喷雾降尘、煤层注水等，但对亲水性较差煤尘的降尘效果不太理想。因此，为了提高湿式降尘效率，在防尘水中添加湿润降尘剂，可有效降低水的表面张力，提高煤尘亲水性，增加降尘效率。

5.3.2.1　湿润降尘剂试验

通过正交复配、交叉复配、等比例复配等试验最终确定了 SAS、BS-12 按等比复配的方法进行复配剂的制备，即将同浓度的单体湿润降尘剂各取 50%，按 1∶1 比例进行混合复配，其沉降试验结果如表 5-3 所列。

表 5-3　SAS 与 BS-12 的复配试验结果

浓度/%	湿润降尘剂 SAS 沉降时间/s	湿润降尘剂 BS-12 沉降时间/s	复配剂沉降时间/s
0.05	75.3	93.7	64.6
0.10	52.5	58.9	44.2
0.20	24.9	44.0	27.4
0.30	19.6	36.4	23.0

由表 5-3 可以看出，当单因素湿润降尘剂浓度小于 0.20%时，复配后的试剂湿润性能明显提高，大于 0.20%时，复配剂的湿润性能较 SAS 略有降低，但同湿润降尘剂 BS-12 相比仍有明显提高。

复配剂与单因素湿润降尘剂性能对比见图 5-22，在小于 0.17%时，复配剂的湿润性能明显好于单因素湿润降尘剂，湿润性能大小依次为：复配剂＞SAS＞BS-12。在浓度为 0.10%时，煤尘在复配剂溶液中完全沉降的时间为 44.2 s，比 SAS、BS-12 分别减少了 8.3 s

和 14.7 s，比清水条件下所需的沉降时间低，降低幅度超 95%。

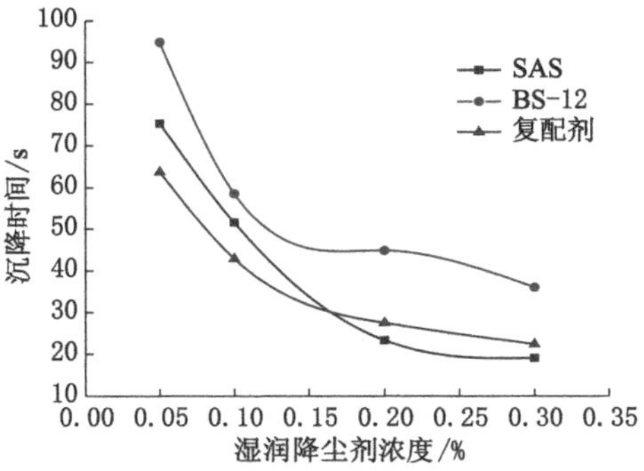

图 5-22　复配剂与各单体湿润降尘剂性能对比

选取了共 41 块较为方正均一的煤块进行吸水率测定，通过煤块吸液前后质量的变化确定出煤样吸液率。试验中选用性能较好的湿润降尘剂 SAS 溶液，浓度分别设定为 0.05%、0.10%、0.15%、0.20%、0.30%并与清水中浸泡的煤块进行比较。

表 5-4 为不同湿润条件下 1～96 h 后的煤样吸水率。随着浸润时间的增加，煤块的吸水率逐渐增大。在浸泡初期 4 h 内，煤样吸水率增加迅速；当浸泡时间大于 19 h 后，煤块吸水率增幅逐渐放缓，个别煤样出现下降的原因主要是吸液后煤样存在一定的挥发，称量过程暴露于空气中的时间过长，使其吸水率出现了一定程度的下降。不同浓度湿润降尘剂下煤样吸水情况对比如图 5-23 所示。

表 5-4　煤样吸水率测定结果对照表

浓度/%	1 h 后吸水率/%	2 h 后吸水率/%	4 h 后吸水率/%	7 h 后吸水率/%	19 h 后吸水率/%	48 h 后吸水率/%	72 h 后吸水率/%	96 h 后吸水率/%
0.00	0.750	0.978	1.153	1.170	1.462	1.658	1.702	1.705
0.05	1.200	1.426	1.618	1.668	1.931	2.138	2.166	2.217
0.10	1.309	1.579	1.613	1.725	1.897	2.016	2.035	2.062
0.15	1.398	1.449	1.600	1.618	1.962	2.066	2.077	2.107
0.20	1.635	1.826	2.029	2.100	2.360	2.661	2.683	2.733
0.30	1.420	1.448	1.618	1.681	1.982	2.147	2.188	2.258

由图 5-23 所示，添加湿润降尘剂后的煤块吸水量明显增大，湿润降尘剂浓度的不同，各煤块的吸水量也不尽相同。整体上看，浓度在 0.2%时湿润性能最佳，1 h 后是清水中吸水率的 2.18 倍，48 h 后是清水条件下吸水率的 1.87 倍，而其他各浓度下煤块的吸水率差别并不明显，均明显高于清水条件下的吸水率。由此，添加湿润降尘剂后煤块的吸液量较清水得到明显增加，湿润效果显著。

5.3.2.2　*表面张力*

(1) 单因素表面张力测试

通常水的表面张力值为 72.8 mN/m，煤尘可湿润的临界张力值为 45.0 mN/m。在添加湿润降尘剂后，水的表面张力值能降低到 45.0 mN/m 以下，能够对煤尘进行较好的浸

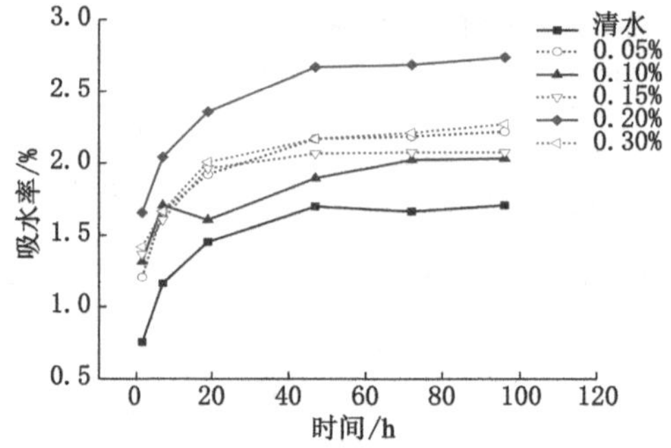

图 5-23　不同浓度湿润降尘剂下煤样吸水对比图

润，这也是判定湿润降尘剂活性大小的手段之一。

采用 Jzhy1-180 型表面张力仪对湿润能力较好的 SAS、AES、BS-12 三种湿润降尘剂溶液进行了表面张力的测定。结果表明湿润降尘剂的表面张力值均低于湿润的临界张力值 45 mN/m，随着湿润降尘剂溶液浓度的增加，表面张力值逐渐降低，对煤尘的湿润能力逐渐变强。当湿润降尘剂溶液浓度增大到 0.25%左右后表面张力趋于平缓，其对煤尘湿润能力的增加也趋于缓慢。表面张力对比如图 5-24 所示。

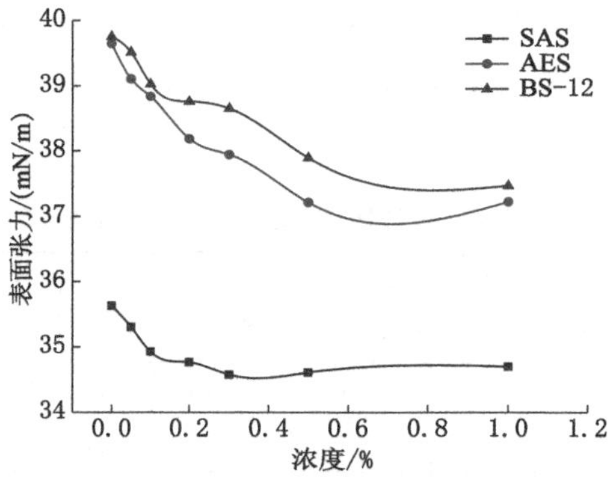

图 5-24　不同浓度湿润降尘剂的表面张力

由图 5-24 可知，随着活性剂溶液浓度的增加，表面张力值逐渐降低，对煤尘的湿润能力逐渐增强，当浓度增大到一定值后而趋于平缓，三种单体湿润降尘剂中以 SAS 的表面张力最小介于 34～36 mN/m，AES 和 BS-12 表面张力均介于 37～40 mN/m 之间，表面张力大小依次为 SAS＞AES＞BS-12，与三种活性剂表现出来的湿润能力基本吻合。因此，微观的表面张力值可以作为反映表面活性剂宏观湿润性能大小的参考依据。

(2) 单因素表面张力与复配剂表面张力比较

对单体湿润降尘剂和 1∶1 复配的湿润降尘剂进行表面张力测定，结果如图 5-25 所示。

由图 5-25 可知，三种湿润降尘剂的表面张力均随着浓度的增加而降低，之后略有增加，这与沉降试验结果变化趋势基本类似。复配以后的湿润降尘剂表面张力较单体湿润降尘剂进一步减小，浓度 0.2%时为 33.5 mN/m，测试中的各浓度条件下表面张力均小于 40 mN/m，则单体湿润降尘剂复配后改善了溶液表面张力，为复配剂性能的提升提供了充分依据。

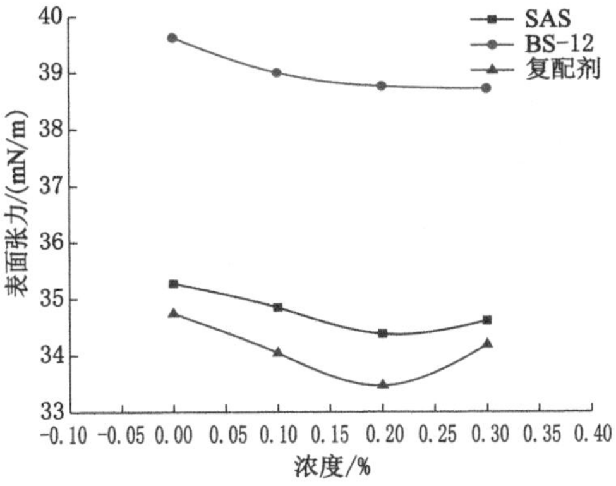

图 5-25　湿润降尘剂表面张力对比

5.3.2.3　湿润降尘剂降尘扩大试验

考虑到湿润降尘剂用于喷雾降尘的现场环境条件，采用了长 12 m、直径 1 m 的风筒进行了喷雾降尘测试。选取浓度为 0.1%和 0.2%的 SAS 作为喷雾降尘添加剂，以疏水性较强的东滩矿煤样作为测试煤尘，在风速为 1 m/s、喷雾压力 6 MPa 的作用下进行降尘测试，结果如表 5-5 所列。

表 5-5　降尘试验结果

添加浓度/%	发尘浓度/(mg/m^3)	采样点粉尘浓度/(mg/m^3)	降尘率/%
无喷雾	325.8	118.1	63.8
0	390.0	44.1	88.7
0.1	346.1	15.9	95.4
0.2	352.6	7.73	97.8

试验中，粉尘浓度采用滤膜法进行测量。由于初始粉尘浓度存在差异，故在考虑系统自然沉降率基础上对降尘效率进行修正后得到更为接近真实情况的相对降尘率。由表 5-5 可以看出，在粉尘自然沉降条件下采样点的降尘率为 63.8%。在喷细水雾不含润湿降尘剂条件下，清水喷雾的降尘率可达 88.7%；在分别加入 0.1%和 0.2%SAS 后其降尘效率明显得到提高，比单独使用清水时分别提高 18.5 个百分点和 25.1 个百分点，说明湿润降尘剂溶液对煤尘具有良好的湿润效果，使得降尘效率显著提高。同时，随着湿润降尘剂浓度的增加，降尘效率也进一步提升。

5.3.2.4　湿润降尘剂自动添加装置

煤层注水或喷雾降尘时，湿润剂与清水按照一定的比例混合使用。若采取人工添加配比，费时费力，且容易由于操作不当而造成配比失误，造成材料浪费或影响使用效果。为此研究开发了无动力自动添加装置。

自动添加装置的主体结构如图 5-26 所示，主要由上下壳体、活塞缸体组合、上下阀芯、上下支撑板、扭转部件、旋钮、柱塞杆及柱塞组件等组成。

当活塞处于最下端时，活塞上端的 4 个阀芯处于关闭状态，下端的两个阀芯处于开启状态，当压力水进入添加装置进水端后，由于活塞上腔与下腔间的压差，活塞向上运动。活塞

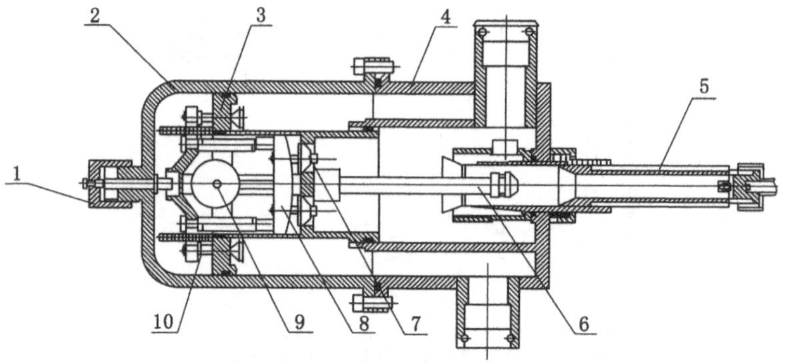

1—旋钮；2—上壳体；3—活塞缸体组合；4—下壳体；5—柱塞组件；
6—柱塞杆；7—下阀芯；8—下支撑板；9—扭转部件；10—上阀芯。

图 5-26　自动添加装置的主体结构

上的齿条推动齿轮旋转，齿轮轴推动扭簧运动并存储能量，同时柱塞在柱塞套内向上运动，打开单向阀抽吸添加液。当活塞运行到上末端时，转动机构释放扭簧的限位装置，扭簧拉动活塞上端的 4 个阀芯打开，同时也带动下端两个阀芯关闭进行换向。换向后水通过活塞上端的 4 个阀孔流入活塞上腔，由于活塞上腔的工作面积大于下腔，推动活塞往下运行，在下行的过程中推动旋转机构中的扭簧扭转，同时柱塞向下运动进入柱塞套内，在压力情况下单向阀关闭，添加液被压入活塞下腔排水系统中，当活塞运行到下末端时转动机构释放扭簧的限位装置，扭簧的回复力拉动活塞上的上下阀芯进行换向，上阀芯关闭，下阀芯打开。活塞又重新开始上行，上腔的水通过下阀芯孔从排水口流出，从而保证系统的连续添加。需要关闭添加时，顺时针旋动旋钮，打开上阀芯，平衡活塞上下压力，即可停止运动。通过旋转柱塞组件上的螺母调整柱塞杆在柱塞管内有效行程，得到不同添加比例的湿润降尘剂。

5.3.3　负压二次降尘及含尘气流引射系统

5.3.3.1　负压二次降尘及含尘气流引射系统的作用机理

采煤机负压二次降尘基本原理为水雾活塞技术，主要针对采煤机滚筒割煤时产生的涡旋风流，即尘源点。利用负压降尘装置产生两倍于采煤机滚筒的涡旋风流，将其吸收并净化，从而达到预期效果。图 5-27 为采煤机负压二次降尘装置结构示意图。

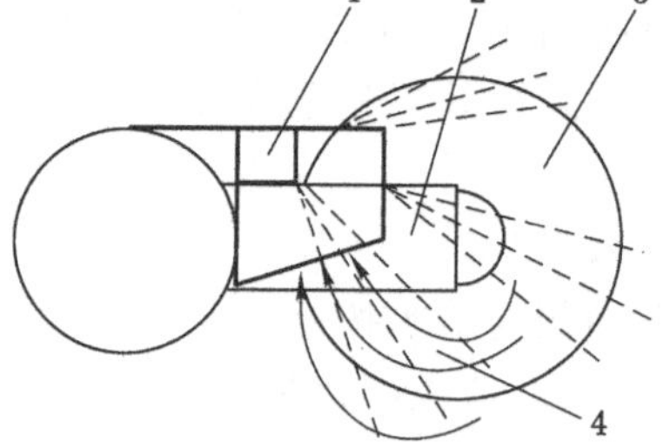

1—负压降尘装置；2—摇臂；3—滚筒；4—抽吸风流。

图 5-27　采煤机负压二次降尘装置结构示意图

采煤机高压喷雾及负压二次降尘系统由水箱向高压水泵供水，水泵通过喷雾控制阀、喷雾装置，实现高压喷雾。另外，由于压力较高，产生的雾气流速快、动能大，加之高速雾气流把负压筒全密闭充满，在所有负压筒的后部及整个降尘装置周围产生了很强的负压空间。因而，可以把采煤机滚筒及附近含尘浓度高的空气吸入降尘装置内，起到负压降尘的作用。

高压水雾从降尘装置的前端喷出时，由于水雾的活塞作用原理，降尘装置周围产生很强的负压场，可将采煤机端部及滚筒附近含尘浓度高的空气吸入并彻底净化。即在降尘装置前端喷出的高速水雾气流从滚筒的断面切过，形成较强的涡旋风力场，使含尘浓度高的空气吸入高速水雾气流中，大部分粉尘可与雾粒结合、沉降，使得空气得到净化。

从降尘装置前端喷出的高速水雾气流净化滚筒附近空气后，受空气阻力作用影响，逐渐减速失去动能，还会有粉尘混入。其中，一部分在降尘装置的负压作用下，重新被吸入除尘装置，受到彻底净化后又被高速喷出，进而净化滚筒周围的空气，局部循环风流的形成使整个工作面空气受到净化。此外，与采煤机摇臂相平行的位置处，装设一长条形外喷雾器，上面装有可调节方向的喷嘴，通过合理布置喷嘴的位置、角度及选择其流量等参数，而迫使采煤机割煤时产生的含尘气流沿煤壁流动，并在引射喷雾和跟踪喷雾的作用下进行有效降尘，减少煤尘中呼吸性粉尘对司机的危害。

5.3.3.2　负压二次降尘和可调式外喷雾装置

采煤机负压二次降尘及含尘气流引射系统主要由喷雾泵、水质过滤器、供水箱、喷雾降尘装置、高压胶管等组成。供水箱水流经过过滤器净化后输入喷雾泵，经喷雾泵加压输出高压水，高压水通过高压胶管输送给高压喷雾降尘装置，实现高压喷雾。高压水泵和水箱组成的泵站固定在平板车上，与平巷内变压器或乳化液泵站安放在一起。高压胶管安装在工作面电缆夹内直至采煤机，送至喷雾降尘装置。

图 5-28 为采煤机负压二次降尘装置及含尘气流引射装置(可调式外喷雾装置)示意图。

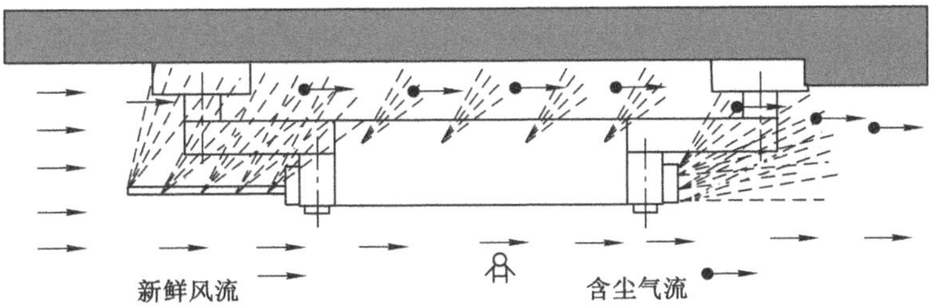

(a) 采煤机负压二次降尘装置

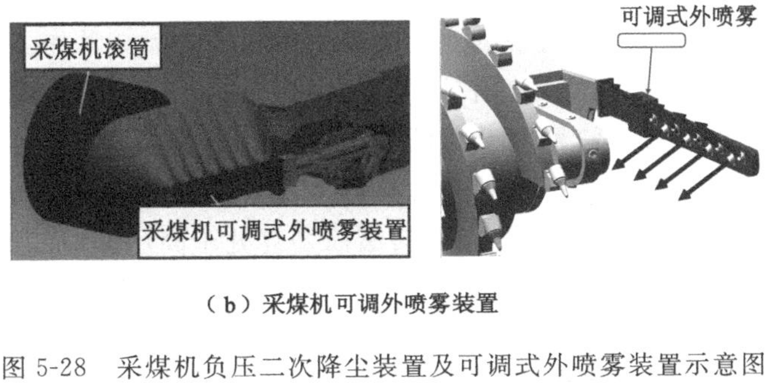

(b) 采煤机可调外喷雾装置

图 5-28　采煤机负压二次降尘装置及可调式外喷雾装置示意图

为了降低采煤机割煤时的产尘量，在采煤机两滚筒附近设置了低压大流量的外喷雾装置(图 5-29)，加强对滚筒附近煤体和刚截割下来的煤块的湿润，主动抑尘以减少煤尘飞扬。

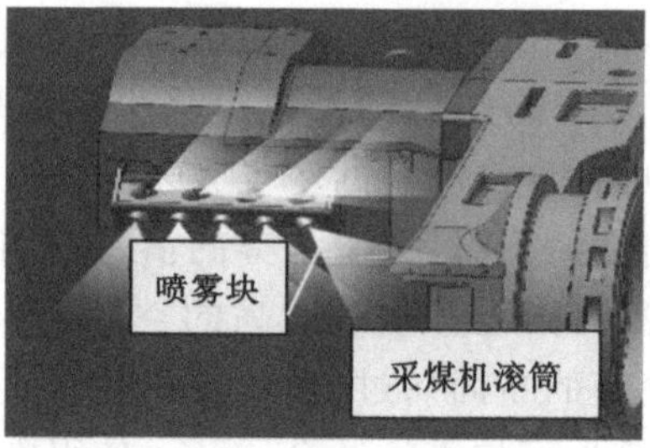

图 5-29　采煤机外喷雾装置示意图

5.4　采煤工作面支架高效喷雾降尘技术

5.4.1　采煤机尘源跟机喷雾降尘

5.4.1.1　系统设计

采煤机前、后滚筒割煤产尘是采煤机割煤过程中的主要产尘方式和产尘点，采煤机尘源跟机高压外喷雾降尘在平面上对滚筒形成水雾包围圈，对滚筒形成三维立体式交叉喷雾，并借助液压支架自上而下喷雾。液压支架在支护作业过程中也会在工作面产生大量煤尘，液压支架在收、放侧护板，降、移支架时都会产生煤尘，这一环节产生的煤尘中呼吸性粉尘占采煤机司机位置处的 31%，采煤工作面多点喷雾防尘系统基于此要求研发的。如图 5-30 所示，在每组支架上安装 4 组喷雾装置，喷雾装置由安装在液压支架上的电磁阀来控制，根据液压支架的收、放侧护板，降架、移架、放煤动作信号及自动跟踪采煤机位置，实现割煤时工作面多点喷雾降尘。

5.4.1.2　系统组成及工作原理

采煤机喷雾降尘系统设备由喷雾控制调度主站（简称主站）、支架喷雾分站（简称支架分站）、移架无线传感器、放煤无线传感器、外置防爆电动阀以及配套喷头等组成。支架分站采集采煤工作面支架附近的采煤机发出的红外信号，以确定采煤机当前位置。在支架分站内的支架上安设传感器接收放煤动作信号，并通过信号互馈控制支架的升降动作。

主站采集各个支架分站的放煤、降架、升架完成传感器信息，采煤机位置信息与支架分站的 4 个电磁阀工作状态信息。主站依据用户在人机界面中设置和保存多种控制参数，自动运算和调度相应的支架分站及所带的四周喷雾点做相应的喷雾动作。各支架分站的相关喷雾点的喷雾时间是依据现场的降架信号、升架信号、放煤信号、采煤机运行位置信号变化情况，以及用户所设置的相关信号发出时的喷雾动作时间参数，动态地生成各喷雾控制命令，快速地送到相关分站，使相关分站的相关喷雾点在适当的时间进行喷雾。

采煤机喷雾降尘系统工作时，采煤机前后滚筒始终处于高压雾流的覆盖中，从而形成采煤机尘源示踪喷雾降尘系统。当与整个工作面液压支架喷雾系统形成整体时，将构成采煤工作面多点喷雾智能降尘系统，见图 5-31。

5.4.2　液压支架全断面跟机喷雾降尘

降柱移架及放顶煤也是最大的尘源之一，国内外对该环节粉尘的治理主要采取喷雾、两支架间隙安装挡帘等措施。其中，喷雾主要在支架周边包括顶部及侧板安装大量的喷嘴，通

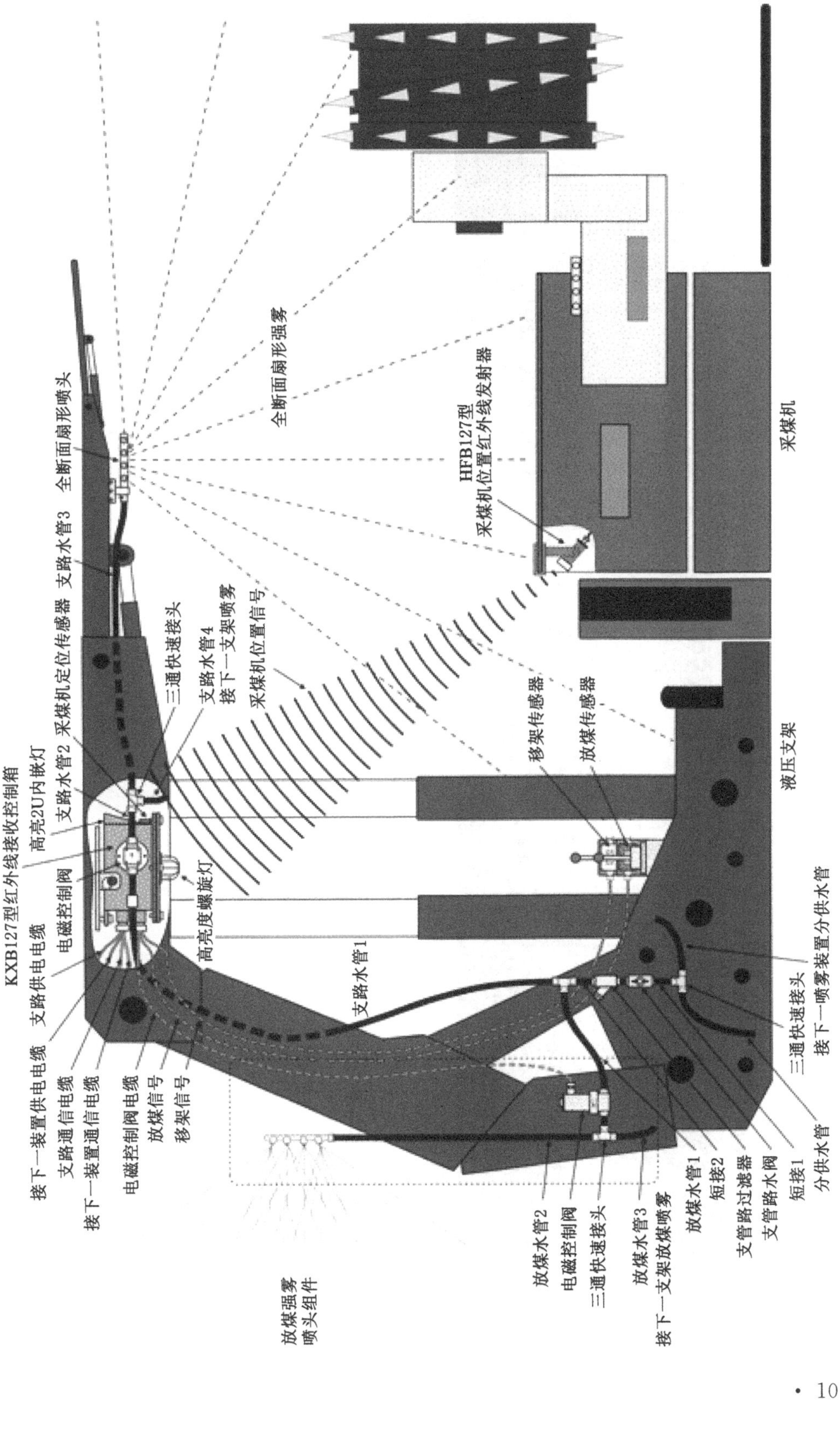

图5-30　支架防尘点设计示意图

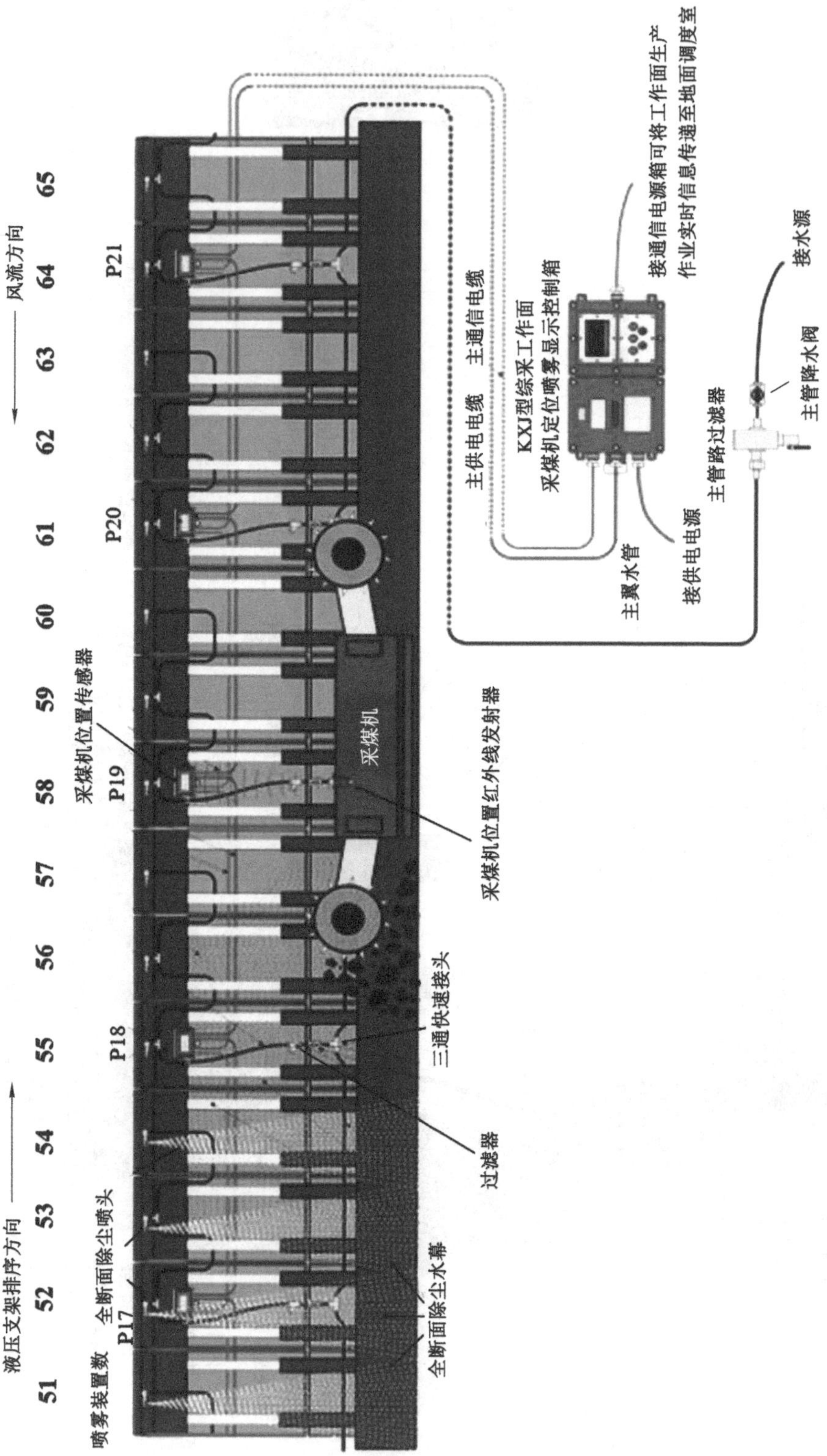

图5-31　综采工作面多点喷雾智能降尘系统

过与乳化液管路并联实现降柱移架和放顶煤自动喷雾，可很好湿润煤体达到减少产尘的目的。

5.4.2.1　采煤工作面产尘喷雾前后的粉尘浓度场

矿井内风流流动属于紊流运动状态，遵循非压缩性流体紊流运动的基本规律。空气中含有粉尘颗粒，属多组分的流动。因此，采用数值模拟解算的方法反映采煤工作面喷雾降尘前后风流中煤尘浓度的分布规律。如图 5-32 所示，采煤工作面风流流场中有采煤机和液压支架，从便于计算及模型建立的角度考虑，将采煤机简化为一个实体，支架简化为两组支柱形式。由于流体与固体的相互耦合作用，流场分析主要是分析采煤机截割煤体时产生的粉尘和支架放煤产生的粉尘，在喷雾前后于风流流场中的宏观迁移规律。

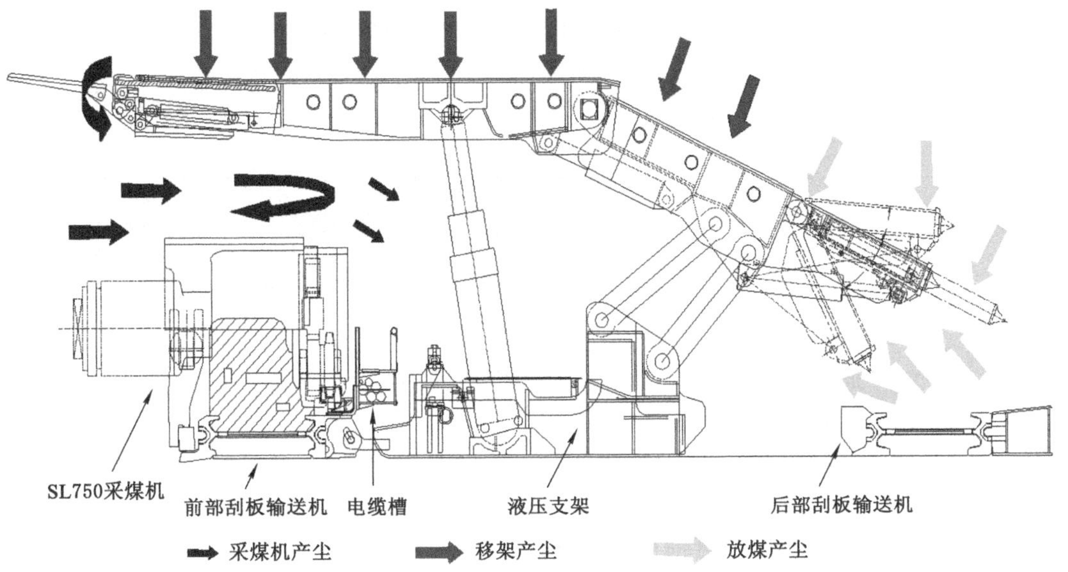

图 5-32　两柱式液压支架尘源分布图

(1) 采煤机产生的粉尘在喷雾前后的迁移规律

① 采煤机产尘迁移规律

通过建模分析可得采煤机处的粉尘在喷雾前的迁移如图 5-33 所示，根据建立的流场分析模型，采煤机产生的粉尘在上下滚筒、机体处最为集中。

由图 5-33 可以看出，在未采取支架前探梁喷雾时，由于工作面前部风速较大，采煤机上下滚筒产生的粉尘在工作面流场中大部分向采煤机下风侧漂移，一部分沿风流向下扩散，一部分向支架人行道扩散，整个工作面空间飘散着粉尘颗粒。采煤机司机、放煤工、移架工等作业人员处于采煤机截面处，接触粉尘的概率是很大的。

② 采煤机产生的粉尘在喷雾后的迁移规律

由图 5-34 可以看出，在开启支架前探梁喷雾动作时，由于雾化作用，采煤机产生的粉尘在工作面流场中被引导吹向煤壁或者是向采煤机的下风侧运移并沉降。喷雾使采煤机产生的粉尘大部分沉降聚集下来，仅少部分能够接近采煤机司机和支架人行道处，明显降低了工作面采煤机割煤时所产生的粉尘浓度。

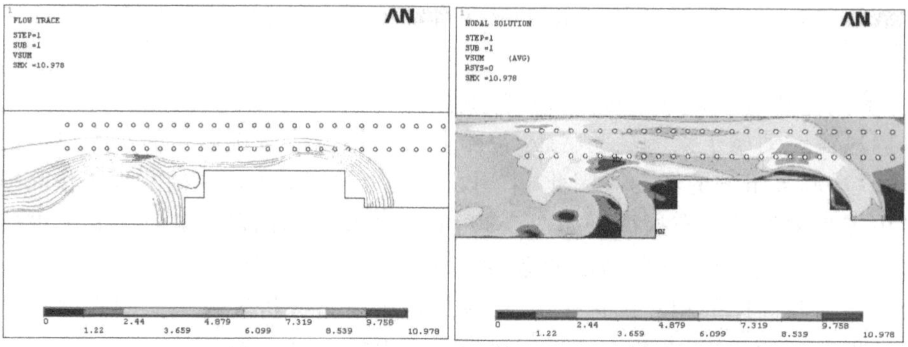

(a) (b)

图 5-33　采煤机产生的粉尘在喷雾前的迁移图

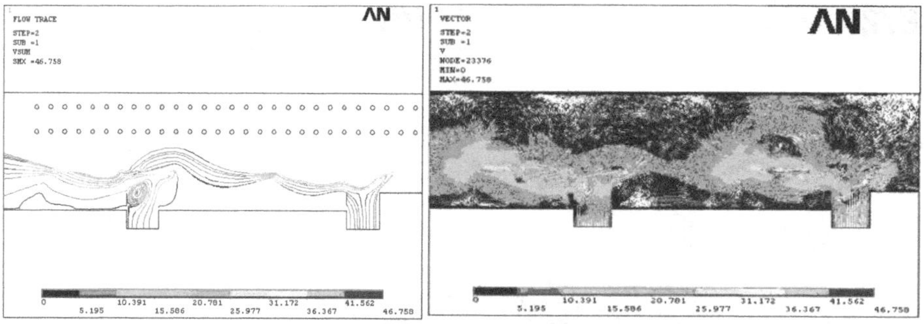

(a) (b)

图 5-34　采煤机产生的粉尘在喷雾后的迁移图

(2) 放煤产生的粉尘在喷雾前后的迁移规律

① 放煤产生的粉尘在喷雾前迁移规律

放煤产生的粉尘在放煤喷雾装置喷雾前的迁移规律如图 5-35 所示，可以看出放煤产生的粉尘量较大，粉尘在空气动力作用下向放煤口下风侧和支架前部扩散，整个工作面断面几乎被粉尘包围，粉尘浓度远高于粉尘防治标准的规定，危害放煤工等现场作业人员的人身安全。

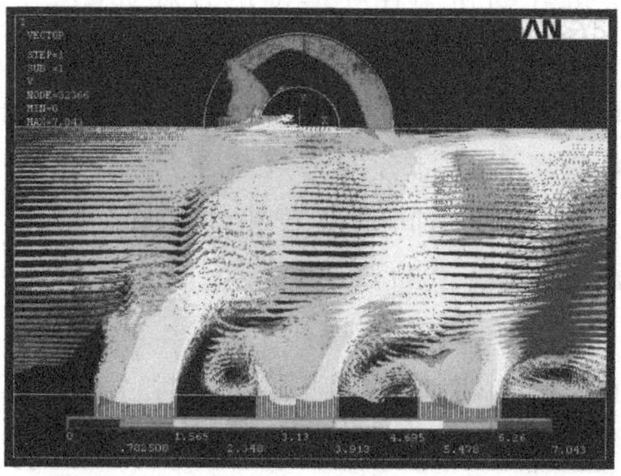

图 5-35　放煤产生的粉尘在放煤喷雾装置喷雾前的迁移规律

② 放煤产生的粉尘在喷雾后的迁移规律

放煤产生的粉尘在放煤喷雾装置喷雾后的迁移规律如图 5-36 所示，在开启放煤口的喷雾装置时，在高速喷雾雾流的作用下，粉尘被引导吹向支架后部，大部分粉尘被水雾捕集沉降，有小部分粉尘继续向支架前部运动，在支架喷雾潮化的作用以及支架后部千斤顶、尾梁等障碍物的阻拦下，这部分粉尘会在到达支架的人行道前沉降到支架底部。从降低支架前部空间、立柱与掩护梁之间区域、放煤口处粉尘浓度和潮化支架积尘分析，两柱式支架需要设置三组喷雾装置：前探梁喷雾、架间喷雾及放煤口喷雾。其中，架间喷雾在捕获粉尘的同时，也会对下风侧各支架上的积尘起到潮化作用。

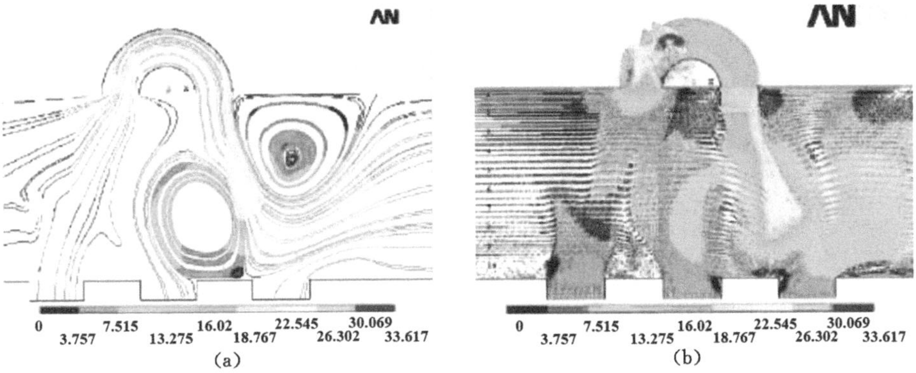

图 5-36　放煤产生的粉尘在放煤喷雾装置喷雾后的迁移规律

5.4.2.2　采煤工作面支架喷雾降尘系统设计

采煤工作面支架喷雾降尘系统主要由防尘供水管路、水箱、喷雾泵、高压供水管路、水质过滤器、控制系统、喷雾系统等组成。采煤工作面支架喷雾流程如图 5-37 所示。

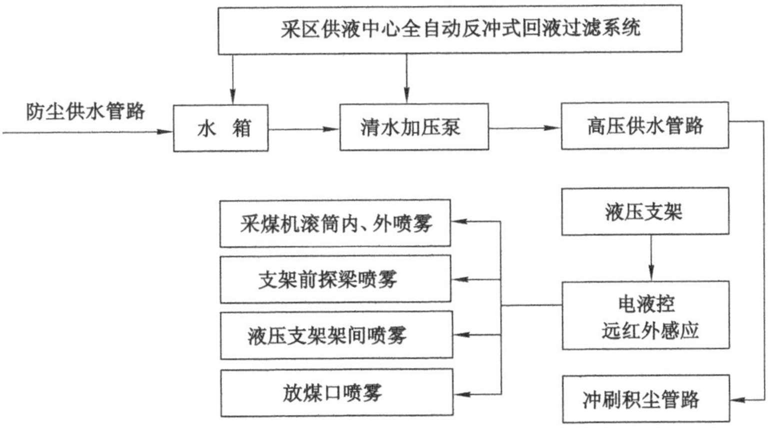

图 5-37　采煤工作面支架喷雾流程示意图

5.4.2.3　采煤工作面液压支架喷雾优化布置

根据支架的实际情况及参考相关经验、理论分析、数值模拟结果，借鉴美国采煤工作面的液压支架喷雾布置方式，确定在液压支架上布置 4 组喷雾装置：前探梁喷雾（即采煤机尘源跟踪喷雾降尘），支架左、右侧护板降、移架喷雾以及放煤口喷雾。其中，前探梁喷雾在捕集采煤机下风侧粉尘、移架时产生的落尘的同时，还起着润湿煤壁的作用。支架左、右侧护板降、移架喷雾则是捕集因移架时产生的粉尘，同时，还起引导风流以及润湿下风侧相邻支架上的积尘的作用。放煤口喷雾则是捕集因移架或放顶煤时产生的粉尘，同时还起引导风流的作用。

（1）支架前探梁割煤、移架除尘喷雾点

图 5-38 为支架前探梁割煤、移架除尘喷雾点安装位置，喷雾时间、喷雾相邻架数、与采煤机间隔架数均可由软件设置。在支架前探梁中部左侧安装一组 4 嘴喷头（采用 5# 高压喷嘴，孔径 1.5 mm，压力 8～10 MPa，流量 6～8 L/min，有效射程 2.5 m，喷射扩散角 70°～80°，向支架外侧喷雾除尘），在移架和割煤时对相邻两支架之间间隙中的落煤及粉尘进行有效的喷雾除尘。

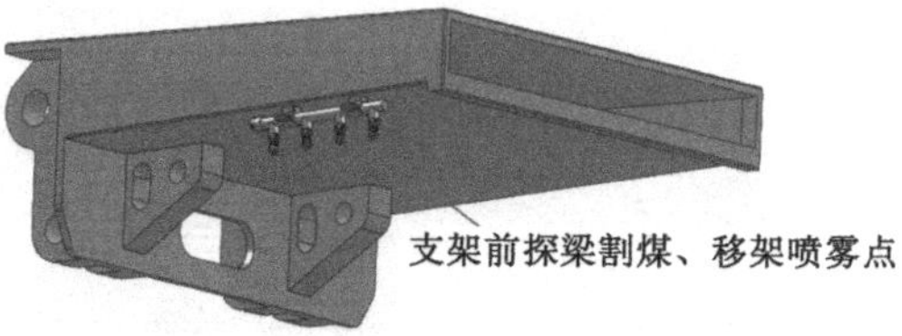

图 5-38　支架前探梁割煤、移架除尘喷雾点安装位置

（2）支架左、右侧护板降、移架除尘喷雾点

图 5-39 为支架左、右侧护板降、移架除尘喷雾点安装位置，在支架顶梁左右两侧的侧护板背面各安装一组 6 嘴喷头（用锥形广角旋口 X 铜芯喷嘴，孔径 1.2 mm，压力 8～10 MPa，流量 6～8 L/min，有效射程 1 m，喷射扩散角 60°～70°）对降、移架时相邻两支架的侧护板空隙中的落煤及粉尘进行有效的加湿除尘。

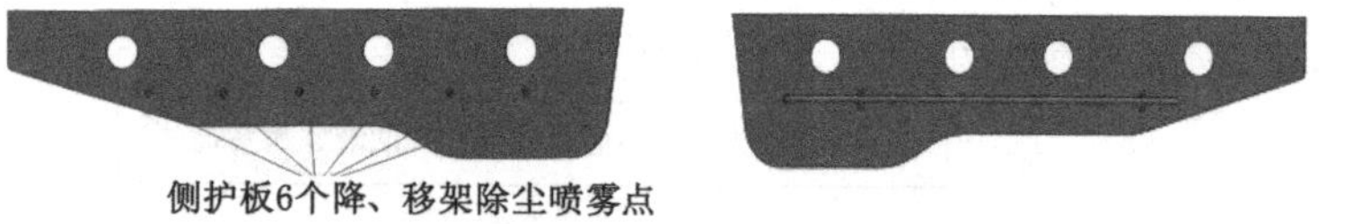

（a）支架侧护板降、移架除尘喷雾点　　（b）喷雾点背面水管安装位置

图 5-39　支架侧护板降、移架除尘喷雾点安装位置

（3）支架连杆放煤除尘喷雾点

图 5-40 为支架连杆放煤除尘喷雾点安装位置，在支架控制放煤除尘喷雾点及左右两架的放煤点喷雾，用于控制放煤时产生的粉尘。在支架尾梁左侧安装一组 2 嘴喷头（扇形广角旋口陶瓷芯喷嘴，顺风流方向与垂直面呈 15°～20°，孔径 1.6 mm，压力 8～10 MPa，流量8～10 L/min，有效射程 1.4 m，最大射程 2.9 m，喷射扩散角 80°～90°）。

图 5-40　支架连杆放煤除尘喷雾点安装位置

5.5　采煤工作面其他地点粉尘防治技术

5.5.1　刮板输送机转载点喷雾

刮板输送机转载点喷雾装置安装位置及要求：工作面前、后部刮板输送机转载点喷雾装置应固定在转载机挡煤板上，各安装两组，每组不少于 3 个喷嘴，前后布置，确保始终有一组喷雾能有效覆盖转载处，装置布置如图 5-41 所示。

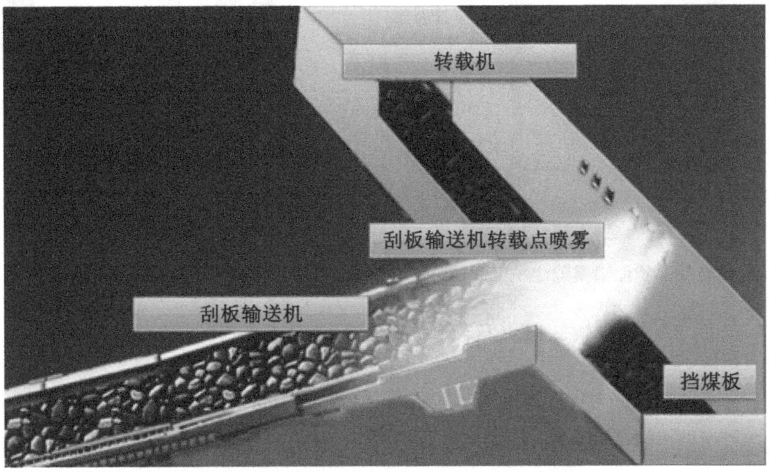

图 5-41　刮板输送机转载点喷雾装置布置示意图

5.5.2　采煤工作面运输转载点及回风流无线智能喷雾

5.5.2.1　系统设计原理及组成

采煤工作面运输转载点自感应喷雾降尘系统由本安型风水双控器、无线信号发射器（具备无线热释电人体感应、触控物料感应、震动感应、粉尘和烟雾感应等功能）和喷雾器组件组成，采煤工作面运输转载点自感应喷雾降尘装置，借助超声波将液态水滴雾化成粒径为 1～10 μm 的细密气态干雾，喷雾能够凝聚粉尘，使粉尘粒径增大，凝聚后的粉尘重量增加会沉降下来，实现就地降尘。自感应接收信号，喷雾器启动后，电控系统依序开启电磁阀，使水、气经过多功能流量控制系统调节其流量和压力，进入喷雾器组件，在喷雾器的共振室内气流反射产生强震波，小水珠颗粒随气流进入强烈的震荡波中，震荡波的能量将水珠分为成千上万个 1～10 μm 大小的水雾颗粒，喷射在巷道内或封闭抑尘罩内形成雾池，粉尘颗粒随气流运动时会与水雾颗粒碰撞、接触而黏结在一起坠落，使大量飞扬的细粉尘被抑制。

5.5.2.2　系统主要功能

采煤工作面刮板输送机转载点自感应喷雾降尘及回风流无线智能喷雾降尘装置，提高刮板输送机转载点与采煤工作面回风流粉尘防治效率。如图 5-42(a)所示，工作面前、后部刮板输送机转载点喷雾装置应固定在转载机挡煤板上，各安装两组，每组 5 个喷嘴，前后布置，确保始终有一组喷雾能有效覆盖转载处。当运输胶带启动，顶部挂设自感知传感器探测链条与煤体接触，碰撞产生声波与振动波被传感器感知，启动控制箱电磁阀向采煤工作面供液中心反冲式回液过滤系统信号，信号以高压喷雾形式反馈给巷道顶部及运输胶带周边喷雾组，自动喷雾，从而达到捕尘和降尘的目的。如图 5-42(b)所示，采煤工作面回风流无线智能喷雾降尘装置主要是在工作面回风流巷道顶部布置喷雾探头和光敏性粉尘浓度传感器，通过传感器对粉尘浓度的智能检测，粉尘浓度传感器反馈检测信息至设定喷雾参数阈值的主控箱，主控箱自主识别后由电磁阀控制喷雾探头喷雾，单次喷雾时间为 60 s，实现采煤工作面回风流粉尘的高效防治。

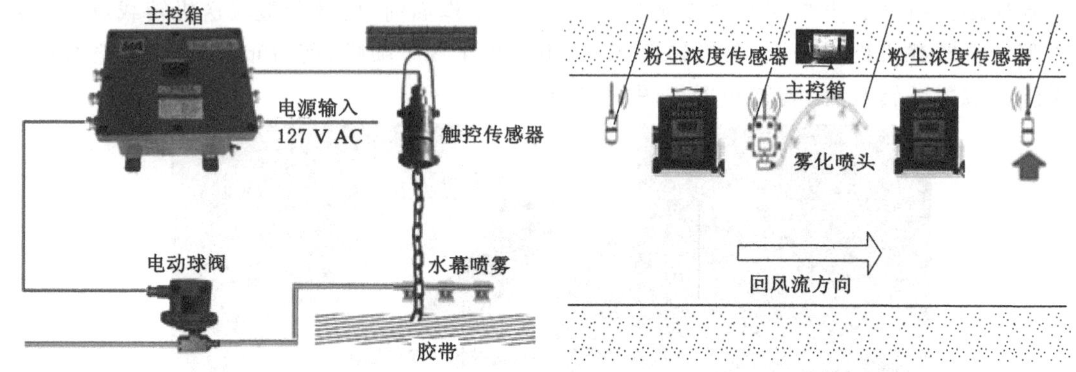

(a) 运输转载点智能喷雾除尘　　(b) 工作面回风流无线智能喷雾降尘

图 5-42　运输转载点及回风流自感应智能喷雾降尘装置示意图

(1) 采煤工作面自感应喷雾降尘装置安装在运输巷道中，喷雾处于常喷状态，喷雾前后范围内各配备一个红外热释电发射器，用于感应人体信号，实现人过停喷等功能。

(2) 采煤工作面运输巷道无线感应喷雾降尘装置雾化器组件安装在大巷易产尘的尘源点巷道顶板处，当工作面采掘活动时，煤流触控上方的无线传感器，喷雾器同步启动，喷雾开启；无煤流时，无线传感器感应后，延迟数秒喷雾关闭。

通过开发采煤工作面粉尘智能防控关键技术及工艺装备，实现了采煤工作面割煤、移架、放煤及运输转载等过程中粉尘智能化高效防控。

5.5.3　破碎机封闭抽尘及转载点喷雾降尘

破碎机工作时刀齿频繁锤击破碎煤体，破碎轴旋转引起空气的快速流动，产生大量煤尘。为防止破碎机及转载点处产生的粉尘扩散到巷道中，造成无序扩散，污染环境，在破碎机前后及转载点处加设密闭罩，将粉尘控制在一定的空间内，然后采用喷雾降尘及除尘器净化措施进行综合治理。图 5-43 为破碎机密闭、自动喷雾降尘布置示意图。

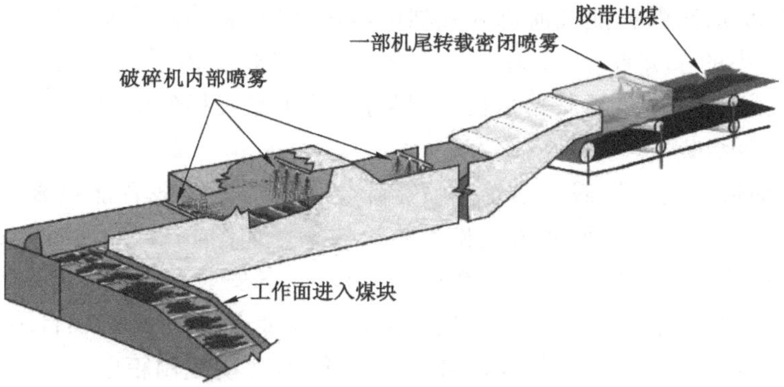

图 5-43　破碎机密闭、自动喷雾降尘布置示意图

破碎机除尘净化系统如图 5-44 所示，除尘器布置在破碎机出料口一侧。除尘器通过吸尘口将破碎机工作过程中产生的粉尘吸入除尘器，经过一系列的净化过程，对含尘气流进行净化，然后再通过与密闭罩连通的出口，将干净空气排入巷道回风流中。除尘器产生的污泥通过排污管道排至破碎机后部的刮板输送机上，形成完整的除尘净化体系。

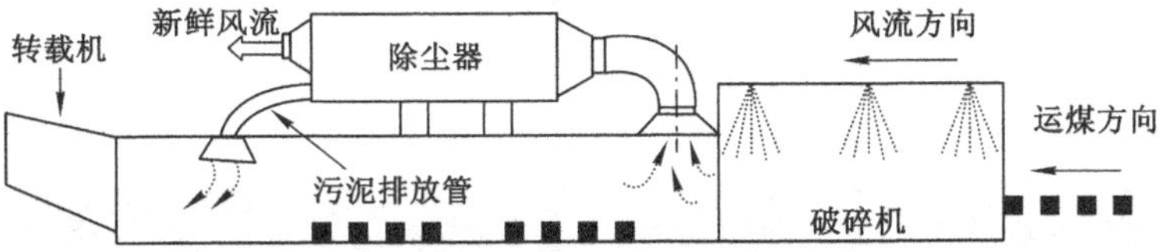

图 5-44　破碎机除尘净化系统

5.6　采煤工作面粉尘防治工程示范

5.6.1　工作面概况

采煤工作面喷雾降尘技术工程示范，选定在东滩矿 3303 综放工作面开展。东滩矿 3303 综放工作面为三采煤工作面 3 号煤层首采工作面，采用走向长壁顶板垮落综采放顶煤一次采全高综采法，工作面轨顺侧走向回采长 1 297.6 m，运顺侧走向回采长 1 182.2 m。受 FS46-1 和 FS46 断层的影响，工作面共 2 个开切眼，相距 370 m，开切眼 1 长 211 m，受边界煤柱的影响，开切眼 1 轨顺滞后运顺 82 m，工作面倾斜宽 205～233 m，平均 219 m，与开切眼 2 合并后工作面长 265 m。3303 综放工作面平均日产量为 18 798.7 t，主采 3 号煤层，油脂光泽，内生裂隙发育，参差状断口，条带状结构，以暗煤为主，夹镜煤条带。煤层结构复杂，含两层夹矸：一层夹矸位于 3 号煤层底板之上 5.50～5.80 m 处，厚 0.02～0.03 m，岩性为粉砂岩；另一层夹矸位于 3 号煤层底板之上 2.70～4.20 m 处，厚 0.20～0.40 m，岩性为泥岩或粉砂岩，由东向西逐渐变薄。$3_{下}$煤层平均厚 3.45 m，$3_{上}$与 $3_{下}$煤层的夹矸平均厚 0.3 m，当工作面 $3_{下}$煤层和煤层夹矸厚度之和小于 4.0 m 时，采煤机沿 $3_{下}$煤层底板截割，割掉 $3_{上}$煤层与 $3_{下}$煤层间的夹矸。当工作面 $3_{下}$煤层和煤层夹矸厚度之和大于 4.0 m 时，割掉 $3_{上}$煤层与 $3_{下}$煤层间的夹矸，将采高控制在 4.0 m±0.1 m，特殊区域降采高留夹矸。3303 综放工作面割煤高度为 3.75 m，采放比为 1∶1.25。3303 综放工作面掘进过程中揭露断层 23 条，其中正断层 22 条，逆断层 1 条。经过专业机构鉴定，该工作面产生的煤尘有爆炸危险性，爆炸指数为 35.94%～37.66%。根据 2012 年瓦斯等级鉴定结果为瓦斯矿井，相对瓦斯涌出量 0.09 m^3/t，绝对瓦斯涌出量 1.22 m^3/min。初期采用轨顺进风、运顺回风的 U 型全负压通风方式，回采至开切眼 2 后采用辅助轨顺和轨顺进风、运顺回风的 E 型全负压通风方式。3303 综放工作面合并后，在 6—9 月工作面的供风量为 1 340 m^3/min，其他月份供风量为 1 190 m^3/min。该工作面选用支架为 ZF12000/22/42 型掩护式低位放顶煤支架，两端头选用 ZFG12000/22/42 型支撑掩护式低位放顶煤排头支架，采煤机为 SL750 电牵引式采煤机，前后刮板输送机均为 SGZ1000/1400 型刮板输送机，破碎机为 PLM3500 型轮式破碎机。

5.6.2　防尘系统布置

东滩煤矿 3303 综放工作面通过采煤机负压二次降尘及含尘气流引射降尘技术，工作面多点智能喷雾降尘、转载点封闭喷雾、破碎机密闭抽尘净化及粉尘浓度超限自动喷雾系统等多种措施相结合的综合防尘技术后，工作面生产时的粉尘浓度达到了《煤矿安全规程》的规定，作业环境得到了极大的改观，有效解决了工作面生产时的粉尘污染问题。

基于以上分析，3303 综放工作面采煤机负压二次降尘及含尘气流控制系统按照图 5-45 所示进行布置，该系统的布置主要是实现对采煤机司机处粉尘的全面控制，通过负压二次降尘，有效地消除采煤机截割区域以及司机处的粉尘，降低了整个采煤工作面粉尘浓度，避免了工作面煤尘对采煤机司机和采煤设备的影响。

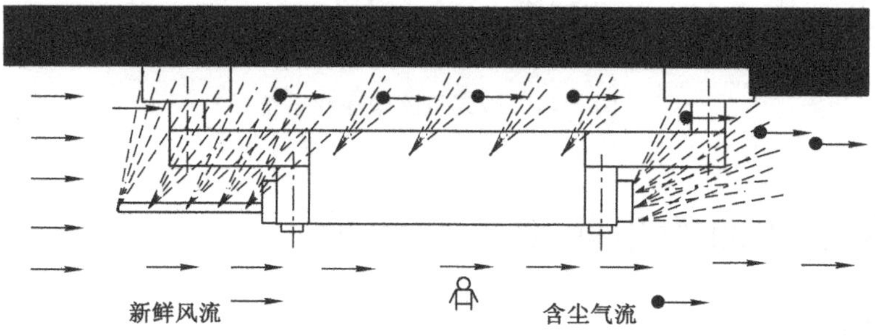

图 5-45 采煤机负压二次降尘及含尘气流控制系统

图 5-46 为东滩矿 3303 综放工作面采煤机负压二次降尘装置在工作面布置示意图。采煤机两侧滚筒在截割煤体时，采煤机上安设的尘源示踪系统中光敏性粉尘传感器自动识别工作面粉尘浓度，以电信号的形式传递至粉尘浓度检测支架处的接收器，信号经过发射器处理并反馈给支架顶端负压二次降尘的高压喷雾装置，喷雾装置自动开启，持续喷雾(图 5-47)，对采煤机滚筒附近及司机处的粉尘进行水雾包围，有效防治采煤机附近煤尘的扬起，抑制呼吸性粉尘对采煤机司机的健康影响。

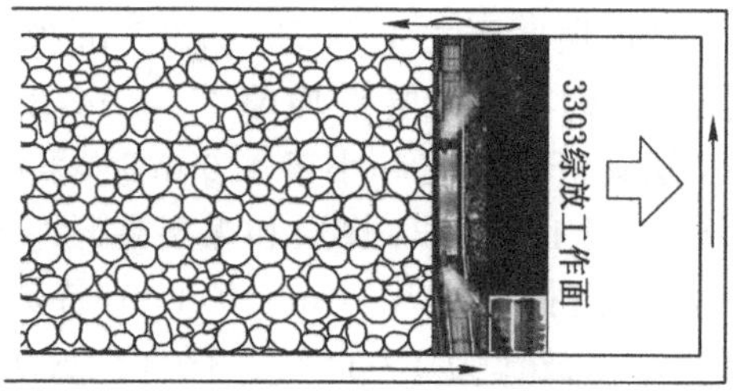

图 5-46 采煤机负压二次降尘装置在工作面布置示意图

5.6.3 防尘效果

在东滩矿 3303 综放工作面，安排专职测尘人员采用滤膜测尘法跟班测试原始粉尘浓度及采取综合除尘措施后的粉尘浓度。综采工作面原始粉尘浓度与采取综合防尘措施后粉尘浓度测量记录见表 5-6，对工作面采煤机截割煤体过程中未采取措施和使用负压二次降尘措施后粉尘浓度分析如图 5-48 和图 5-49 所示。

由表 5-6、图 5-48、图 5-49 可以看出，只采用原有的降尘措施正常割煤时采煤机下风侧 15 m 处总粉尘浓度和呼吸性粉尘浓度分别为 603.2 mg/m^3 和 198.3 mg/m^3，司机处分别为 201.2 mg/m^3 和 65.3 mg/m^3，采取以上综合防尘措施后，采煤机下风侧 15 m 处总粉尘浓度和呼吸性粉尘浓度分别降低到 7.7 mg/m^3 和 2.5 mg/m^3，司机处降低到 6.7 mg/m^3 和

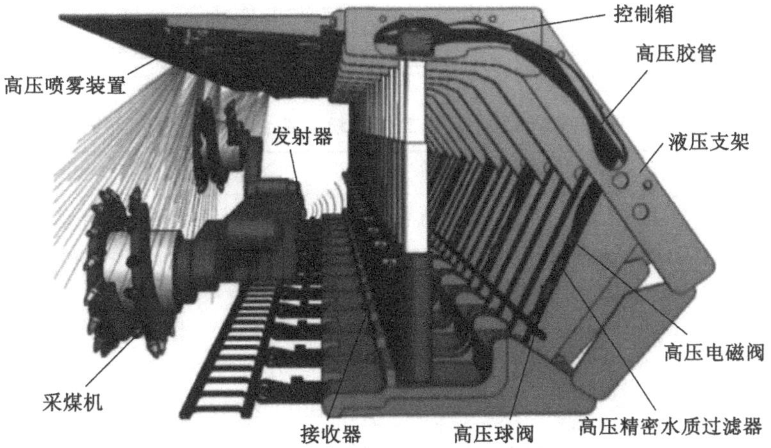

图 5-47　采煤机尘源跟踪喷雾降尘示意图

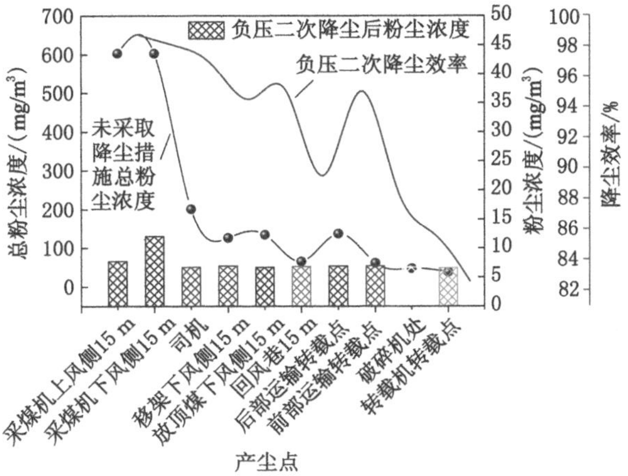

图 5-48　采取负压二次降尘措施前后总粉尘浓度变化

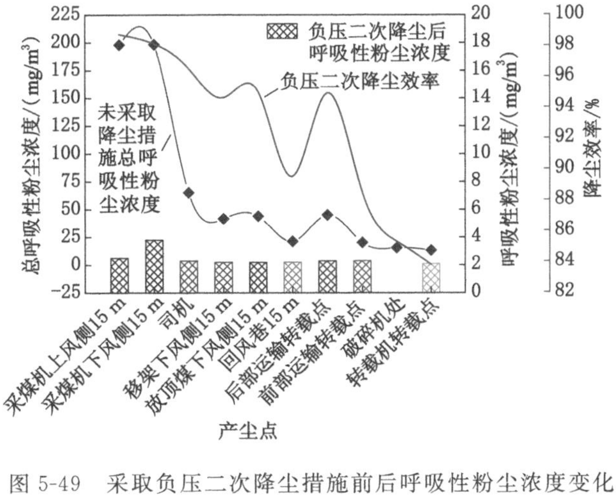

图 5-49　采取负压二次降尘措施前后呼吸性粉尘浓度变化

2.3 mg/m³,降尘效率都达到了 96%以上。通过综放工作面综合防尘措施的实施,有效地控制了综放工作面粉尘污染严重的现状,工人工作环境得到了很大的改善。

表 5-6　东滩煤矿 3303 综放工作面粉尘综合防治效果测定记录

生产工序	测定部位	尘性	不使用除尘设施			使用除尘设施			降尘效率/%	
			防尘设施使用状况	测定结果/(mg/m³)		防尘设施使用状况	测定结果/(mg/m³)			
				呼吸性粉尘	总粉尘		呼吸性粉尘	总粉尘	呼吸性粉尘	总粉尘
割煤	采煤机下风侧 15 m	煤尘	不使用内、外喷雾	198.3	603.2	使用内、外喷雾	2.5	7.7	98.7	98.7
割煤	采煤机上风侧 15 m	煤尘	不使用内、外喷雾	198.1	603.0	使用外喷雾	3.8	12.0	98.1	98.0
司机处	司机处	煤尘	不使用内、外喷雾	65.3	201.2	使用内、外喷雾	2.3	6.7	96.5	96.7
移架	移架下风侧 5 m	煤尘	不使用架间喷雾	41.6	126.0	使用架间喷雾	2.2	6.9	94.7	94.5
放顶煤	放煤下风侧 5 m	煤尘	不使用架后喷雾	44.0	134.3	使用架后喷雾	2.2	6.7	95.0	95.0
回风巷	距工作面 15 m	煤尘	不使用架后喷雾	21.2	65.3	使用内、外喷雾以及架间喷雾	2.2	6.8	89.6	89.6
后部运输机转载	转载点下风侧	煤尘	不使用转载喷雾	45.0	137.1	使用转载喷雾	2.3	6.9	94.9	95.0
前部运输机转载	转载点下风侧	煤尘	不使用转载喷雾	20.1	61.2	使用转载喷雾	2.3	6.9	88.6	88.7
破碎机处	破碎机出风口	煤尘	不使用除尘风机	15.4	47.3	使用除尘风机	2.2	6.7	85.7	85.8
转载机转载	转载点下风侧	煤尘	不使用转载喷雾	13.2	38.0	使用转载喷雾	2.1	6.6	84.1	82.6

第 6 章　掘进工作面智能防控技术及应用

6.1　掘进工作面产尘来源及特点

6.1.1　掘进工作面产尘来源

6.1.1.1　掘进工作面粉尘来源

(1) 岩巷掘进工作面

掘进工作面分为岩巷掘进工作面和煤层掘进工作面。目前岩巷掘进多采用钻爆法施工，按掘进工序划分，其粉尘来源主要有打眼作业、爆破作业、装岩与运输作业和锚喷作业等。

① 打眼作业

炮采、炮掘工作面的打眼工序是高产尘工序，在整个作业过程中，打眼工序时间最长，粉尘浓度最高。打眼粉尘浓度主要与生产强度以及煤(岩)理化性质有关。一般干式打眼产尘量可占掘进产尘量的 80%～90%，湿式打眼产尘量可占掘进产尘量的 40%～60%。

② 爆破作业

爆破作业是产生有毒有害气体最集中的生产工序，干式作业爆破工序产尘量可占掘进总产尘量的 15%～25%，湿式作业爆破工序产尘量占掘进总产尘量的 20%～25%。

③ 装岩与运输作业

机械装岩和矿车运输也是掘进工作面产尘主要因素之一。装岩有机械装岩和人工装岩两种方式，我国煤矿大多采用机械装岩方式，装岩时使风流中的粉尘浓度相对增加，静态的沉积粉尘转化为浮游粉尘。

④ 锚喷作业

锚喷作业是岩巷掘进过程中的主要辅助工序，主要有打锚杆(索)眼、安装铺杆(索)、混合料转运、拌料和上料、喷射混凝土等工序。其中，喷射混凝土工序是主要产尘来源。

(2) 煤层掘进工作面粉尘来源

① 炮掘工作面

炮掘工作面工艺流程与岩巷掘进工作面工艺流程相同，但产生的尘粒为煤尘。

② 机掘工作面

机掘工作面是指采用掘进机、小型隧道掘进机(TBM)或连续采煤机掘进的工作面。掘进过程中煤岩破碎产生的粉尘(原生粉尘)占掘进工作面粉尘量的 80%以上，工作面沉积的粉尘在掘进或通风过程中被吹扬卷起产生次生粉尘。

6.1.1.2 掘进工作面粉尘浓度分布特点

(1) 司机处全尘浓度最大

司机处设有负压吸尘风机的入口，同时掘进机机头产生的粉尘也最先达到该处，导致粉尘聚集，浓度最高。

(2) 工作面距离与粉尘浓度分布呈负相关

在风压促流作用下，掘进工作面粉尘沿着巷道断面不断运移、沉降和被捕集，未排出、沉降或未被捕集的粉尘颗粒随风流运动的同时随机扩散，弥散到整个巷道，使巷道能见度降低。

(3) 弥散到一定程度粉尘浓度趋于稳定

全尘浓度随距离增加而降低，后趋于稳定。大部分大颗粒粉尘沉降后，微细粉尘弥散至整个巷道，巷道内粉尘浓度趋于稳定。

6.1.2 掘进工作面粉尘粒径分布

6.1.2.1 粉尘粒径分布

将所有粉尘颗粒按粒径大小划分为若干组，每组粉尘颗粒数占粉尘总颗粒数的比例称为粒径分布。常见粒径分布函数有正态分布、高登-安德列耶夫-舒曼分布和罗逊-拉姆勒分布。

(1) 正态分布

$$f(D_p)=\frac{1}{\sqrt{2\pi}\sigma}\exp\left[-\frac{(D_p-\overline{D_p})^2}{2\sigma^2}\right] \tag{6-1}$$

式中 $\overline{D_p}$——粉尘平均粒径，m；

D_p——单个粉尘的粒径，m；

σ——标准差，m。

$$\sigma^2=\frac{\sum(D_p-\overline{D_p})}{N-1} \tag{6-2}$$

式中 N——粉尘粒子的总个数。

$$\overline{D_p}=D_{50}\,,\ \sigma=\frac{1}{2}(D_{p1}-D_{p2}) \tag{6-3}$$

式中 D_{p1}，D_{p2}——过筛后累积达 15.87%和 84.13%时的粉尘粒径，m。

正态分布下的粉尘颗粒大小主要集中在平均粒径附近，由于掘进工作面产生的粉尘较细，分布较为均匀，利用正态分布对工作面粉尘粒径拟合效果不佳。

(2) 高登-安德列耶夫-舒曼分布

$$Y=100\left(\frac{X}{X_{max}}\right)^K \tag{6-4}$$

式中 Y——筛下颗粒负累积产率，%；

X——与产率对应的物料粒度，%；

X_{max}——最大物料粒度，%；

K——与物料性质有关，K 值介于 0.7～1.0 之间。

(3) 罗逊-拉姆勒分布

$$R=100e^{-bX^n}=100\exp\left[-\left(\frac{D_p}{D_e}\right)^n\right] \tag{6-5}$$

式中　R——累积筛余百分数，%；

D_e——累积筛余为 36.8%时的粉尘特征粒径，m；

n——均匀性系数。

6.1.2.2　掘进工作面粉尘粒径测定

由于掘进工作面连续产尘，粉尘颗粒较小，选用罗逊-拉姆勒分布函数，使用 BT-2001 型激光粒度分析仪对从掘进工作面采集的粉尘样品进行分析，利用湿法分析得出粉尘粒径分布，见表 6-1。

表 6-1　粉尘粒径分布表

粒径/μm	区间/%	累积/%	粒径/μm	区间/%	累积/%	粒径/μm	区间/%	累积/%
0.324～0.361	0.01	0.01	3.075～3.422	1.34	11.93	29.12～32.41	3.74	61.13
0.361～0.402	0	0.01	3.422～3.809	1.44	13.37	32.41～36.07	3.79	64.92
0.402～0.447	0.04	0.05	3.809～4.239	1.51	14.88	36.07～40.15	3.81	68.73
0.447～0.498	0.09	0.14	4.239～4.718	1.59	16.47	40.15～44.69	3.77	72.50
0.498～0.554	0.15	0.29	4.718～5.251	1.64	18.11	44.69～49.74	3.70	76.20
0.554～0.617	0.21	0.50	5.251～5.845	1.71	19.82	49.74～55.36	3.56	79.76
0.617～0.686	0.27	0.77	5.845～6.505	1.77	21.59	55.36～61.61	3.36	83.12
0.686～0.764	0.32	1.09	6.505～7.241	1.83	23.42	61.61～68.58	3.05	86.17
0.764～0.850	0.37	1.46	7.241～8.059	1.88	25.30	68.58～76.33	2.77	88.94
0.850～0.947	0.42	1.88	8.059～8.970	1.93	27.23	76.33～84.95	2.46	91.40
0.947～1.054	0.45	2.33	8.970～9.983	2.00	29.23	84.95～94.55	2.13	93.53
1.054～1.173	0.48	2.81	9.983～11.11	2.07	31.30	94.55～105.2	1.78	95.31
1.173～1.305	0.53	3.34	11.11～12.36	2.16	33.46	105.2～117.1	1.47	96.78
1.305～1.453	0.60	3.94	12.36～13.76	2.31	35.77	117.1～130.3	1.15	97.93
1.453～1.617	0.66	4.60	13.76～15.32	2.49	38.26	130.3～145.1	0.86	98.79
1.617～1.800	0.75	5.35	15.32～17.05	2.68	40.94	145.1～161.4	0.59	99.38
1.800～2.003	0.83	6.18	17.05～18.97	2.88	43.82	161.4～179.7	0.34	99.72
2.003～2.230	0.94	7.12	18.97～21.12	3.12	46.94	179.7～200.0	0.18	99.90
2.230～2.482	1.05	8.17	21.12～23.51	3.34	50.28	200.0～222.6	0.08	99.98
2.482～2.762	1.16	9.33	23.51～26.16	3.47	53.75	222.6～247.8	0.02	100
2.762～3.075	1.26	10.59	26.16～29.12	3.64	57.39			

将表 6-1 内各组粉尘粒径的右端点定为该组粉尘的粒径 d，把比粒径 d 大的粉尘质量分数称为 Y_d。

$$Y_d = (e^{-\frac{d}{d_m}})^n \tag{6-6}$$

式中　d_m——中位径，mm；

n——分布指数。

利用上式得出 Y_d 分布见表 6-2。

表 6-2　Y_d分布表

d/μm	Y_d/%	d/μm	Y_d/%	d/μm	Y_d/%	d/μm	Y_d/%
0.361	99.99	2.003	94.74	11.11	72.08	61.61	19.46
0.402	99.99	2.230	93.94	12.36	69.97	68.58	16.20
0.447	99.96	2.482	93.03	13.76	67.69	76.33	13.19
0.498	99.87	2.762	92.03	15.32	65.18	84.95	10.45
0.554	99.74	3.075	90.92	17.05	62.46	94.55	8.02
0.617	99.56	3.422	89.73	18.97	59.50	105.2	5.91
0.686	99.33	3.809	88.44	21.12	56.29	117.1	4.14
0.764	99.05	4.239	87.09	23.51	52.87	130.3	2.71
0.850	98.74	4.718	85.67	26.16	49.33	145.1	1.61
0.947	98.39	5.251	84.19	29.12	45.63	161.4	0.83
1.054	98.00	5.845	82.65	32.41	41.86	179.7	0.37
1.173	97.59	6.505	81.05	36.07	38.04	200.0	0.13
1.305	97.14	7.241	79.40	40.15	34.20	222.6	0.03
1.453	96.63	8.059	77.68	44.69	30.38	247.8	0
1.617	96.07	8.970	75.92	49.74	26.62		
1.800	95.45	9.983	74.05	55.36	22.96		

$Y_d = e^{-1} \times 100\% \approx 36.8\%$所对应的 d 值即 d_m，对上表数据进行拟合，得到曲线如图 6-1 所示。

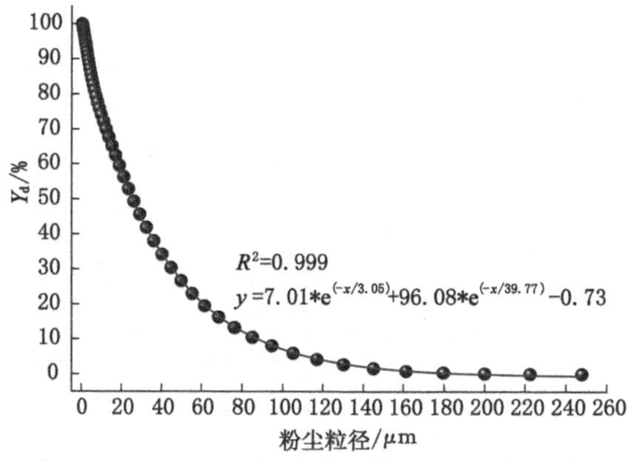

图 6-1　Y_d分布拟合图

由图可得 $d_m = 40$ μm。

变形求得分布指数 n 的表达式：

$$n = \frac{\ln(-\ln Y_d)}{\ln(d/d_m)} \tag{6-7}$$

将 $d_m = 40$ μm 代入上式可得各粒径分布指数表，如表 6-3 所列。

表 6-3　各粒径分布指数表

$d/\mu m$	n	$d/\mu m$	n	$d/\mu m$	n	$d(\mu m)$	n
0.361	1.956 407	2.003	0.974 588	11.11	0.871 634	61.61	1.140 768
0.402	2.002 158	2.230	0.960 334	12.36	0.876 803	68.58	1.110 926
0.447	1.740 924	2.482	0.945 260	13.76	0.881 832	76.33	1.092 441
0.498	1.514 977	2.762	0.930 907	15.32	0.884 207	84.95	1.081 717
0.554	1.390 579	3.075	0.916 706	17.05	0.883 814	94.55	1.075 898
0.617	1.300 156	3.422	0.903 848	18.97	0.878 632	105.2	1.075 256
0.686	1.230 346	3.809	0.891 692	21.12	0.867 424	117.1	1.078 330
0.764	1.175 244	4.239	0.881 624	23.51	0.847 602	130.3	1.086 586
0.850	1.134 062	4.718	0.873 208	26.16	0.817 706	145.1	1.100 482
0.947	1.100 845	5.251	0.866 658	29.12	0.764 126	161.4	1.123 180
1.054	1.073 056	5.845	0.861 966	32.41	0.657 269	179.7	1.146 601
1.173	1.052 151	6.505	0.858 969	36.07	0.329 159	200.0	1.176 761
1.305	1.034 242	7.241	0.858 196	40.15	1.881 032	222.6	1.219 525
1.453	1.017 470	8.059	0.858 914	44.69	1.579 477		
1.617	1.002 570	8.970	0.862 347	49.74	1.286 126		
1.800	0.988 958	9.983	0.866 387	55.36	1.188 467		

对上表中 n 取平均值并保留两位小数得 $n=1.34$。施工产生的粉尘粒径最小为 0.361 μm，最大为 247.8 μm，粉尘粒径划分为 62 组，每组粒径区间相差 0.25 μm，可看作连续分布。

6.2　掘进机高压喷雾降尘

6.2.1　掘进机高压喷雾降尘技术与装备

喷雾降尘是掘进工作面应用最广泛的降尘措施，具有设备简单、维护方便、运行成本低等特点。

6.2.1.1　高压喷雾降尘机理

喷雾降尘是尘粒与雾滴不断发生碰撞、湿润、凝聚、增重而不断沉降的过程。从高压喷嘴喷出的水流速度高，能在短距离上即刻生成具有高分散性的涡流圆柱段射流雾粒，并伴生气流。同时，气流增加了涡流强度和涡流段长度，也增加了雾滴与尘粒的碰撞能量和概率，易于捕捉微细粉尘。高压喷雾增加射流雾滴带电性，加速了尘粒凝聚。在空气阻力的影响下，高速雾流在距喷嘴很短的距离上分散形成雾粒，射程较远，可满足高效降尘的要求。此外，高压喷雾的雾粒带有静电荷，在粉尘静电相吸作用下对难以净化的微细粉尘起到净化作用。

6.2.1.2　掘进机高压喷雾效果影响因素

影响高压喷雾效果的因素主要包括喷雾参数和雾流参数。喷雾参数包括喷雾压力、喷雾流量、雾体结构、水雾粒直径、水雾粒运动速度、水雾粒密度及有效射程等。

(1) 喷雾压力。提高喷雾压力,可提高雾化程度、增加尘粒与水雾粒之间的碰撞机会和碰撞能量,有利于捕捉微细粉尘。同时,高压喷雾使水雾粒荷电量增加,产生静电凝聚。

(2) 喷雾流量。喷雾流量越大,水雾粒密度越大,捕尘效率越高。

(3) 雾体结构。高压喷雾形成水雾粒射流,产生卷吸作用,降尘效果明显。

(4) 水雾粒直径。脉冲喷雾的水雾粒直径比恒压喷雾的水雾粒直径小,降尘效果比恒压喷雾好。

(5) 水雾粒运动速度。水雾粒运动速度大于 20～30 m/s 时降尘效率较高。

(6) 水雾粒密度。水雾粒密度在 10^8 颗/cm^3 以上时降尘效率较高。

(7) 有效射程。有效射程越大,喷嘴喷出的雾流覆盖距离越长,越有利于降尘。一般高压喷雾的有效射程能够达到 9 m 以上,而常规低压喷雾的有效射程一般在 1～3 m。

6.2.1.3 掘进机高压喷雾降尘系统

目前,国内煤矿使用的掘进机配有外喷雾和内喷雾装置。外喷雾多用于捕集空气中悬浮的粉尘,内喷雾通过掘进机截割机构上的喷嘴直接向割落的煤岩喷雾,在粉尘生成的瞬间将其抑制,可使空气中含尘量减少 85%～95%。

掘进机机头喷雾属于一次降尘技术,对于掘进工作面呼吸性粉尘含量高的高浓度粉尘,应采用高压外喷雾措施,通过高压喷嘴形成高密度微细雾粒,包络掘进机截割头,达到强制降低粉尘飞扬、阻止粉尘向巷道后方扩散的目的。高压喷嘴安装在掘进机截割臂上,高压泵的远程控制按钮和喷雾开关均安装在掘进机司机操纵台上。掘进机截割时,开动喷雾装置;掘进机停止工作时,关闭喷雾装置,如图 6-2 所示。

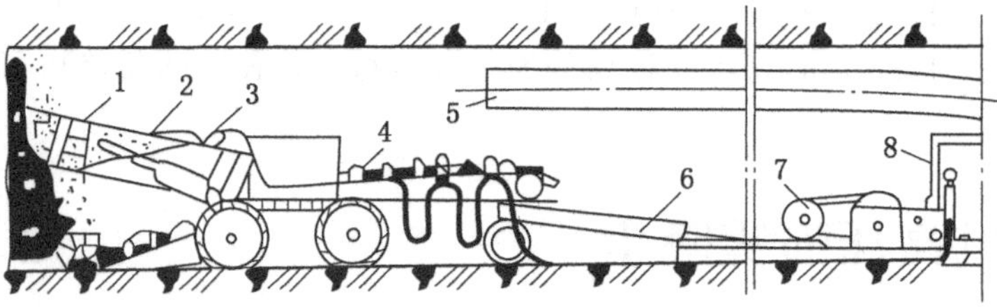

1—截割头;2—喷雾射流;3—喷嘴;4—高压软管;
5—工作面风筒;6—刮板输送机;7—高压泵;8—水管干线。

图 6-2 掘进机高压喷雾示意图

掘进机高压外喷雾降尘系统主要由高压喷雾泵站、高采区供液中心全自动反冲式回液过滤系统、高压管路和高压喷雾降尘装置等组成,其工作原理如图 6-3 所示。

(1) 喷嘴

高压雾化喷嘴产生的水雾流速高,雾粒在射流全长上的运动速度超过沉降速度,射流无明显的衰减区,且射程远,覆盖面积大。水压越高,雾粒的直径越小,分散的均匀性越好。恒压喷雾时,各种条件下喷嘴的喷口直径和压力所产生的雾粒直径关系式为:

$$D_w = \frac{K_b(1.79D_p - 1)}{D_p P_p^{1.26}} \tag{6-8}$$

式中 D_w ——雾粒直径,mm;

D_p ——喷口直径,mm;

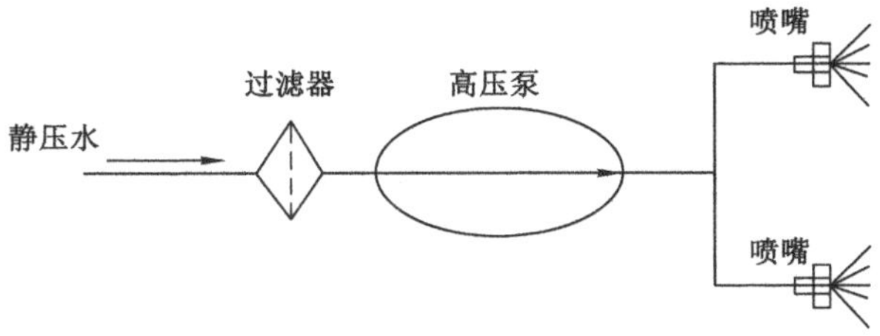

图 6-3 掘进机高压外喷雾系统示意图

P_p ——水压，MPa；

K_b ——比例系数，取 $K_b=34\ 530$。

表 6-4 为不同喷雾压力时，喷口直径分别为 0.8 mm、1 mm 和 1.5 mm 时的雾粒直径。在相同喷雾压力下，喷口直径越小，产生的雾粒直径越小；在相同喷口条件下，水压越高，产生的雾粒越小。恒压喷雾的压力介于 8～14 MPa 时，三种喷口直径的喷嘴产生的雾粒直径介于 37～155 μm。当喷雾压力过高时，雾粒极易汽化，容易被风流吹散，在迎头区域形成气雾，影响掘进机司机视线。

表 6-4 喷雾压力、喷口直径与雾粒直径之间的关系

喷雾压力/MPa	雾粒直径/μm		
	喷口 ϕ0.8 mm	喷口 ϕ1 mm	喷口 ϕ1.5 mm
6	107	157	223
8	75	109	155
10	56	82	117
12	45	65	93
14	37	54	77
16	31	46	65

根据巷道断面、产尘量、喷雾流量等参数对高压喷嘴进行选型，G 型高压雾化喷嘴如图 6-4 所示，G 型高压雾化喷嘴的性能参数如表 6-5 所列。

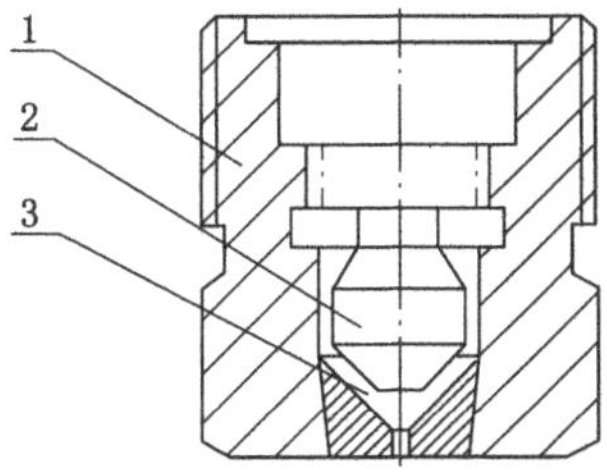

1—喷嘴壳；2—导水芯；3—喷口。

图 6-4 G 型高压喷嘴结构示意图

表 6-5　G 型高压雾化喷嘴的性能参数测量结果

喷口直径/mm	雾化角/(°)	喷雾流量/(L/min)				
		喷雾压力 8 MPa	喷雾压力 10 MPa	喷雾压力 12 MPa	喷雾压力 13 MPa	喷雾压力 15 MPa
0.8	60	3.94	4.27	4.41	6.52	6.90
1.0	60	5.50	6.02	6.21	6.82	7.04
1.5	60	6.56	7.24	7.92	8.63	9.08

(2) 喷雾装置

喷雾装置使产生的雾粒完全包裹截割部，防止掘进机割煤时粉尘扩散，有效减少顶煤垮落冲击产生的扬尘，具体装置如图 6-5 所示。喷雾装置共安设 14 个喷嘴，顶部 8 个喷嘴，两边各 3 个喷嘴。顶部喷嘴间距为 100 mm，最外侧两个喷嘴轴心线朝向巷道两帮顶部；侧边喷雾中，上部喷嘴间距 100 mm，下部喷嘴间距 150 mm，底部的喷嘴轴心线朝向巷道两帮底部。利用喷雾泵产生 8～12 MPa 的高压水，通过高压管路输送至高压喷嘴，喷嘴直径 1.2～1.5 mm，数量不小于 12 个，喷雾覆盖截割区域，每个喷嘴流量为 1.0～3.0 L/min。

(a) 内外喷雾装置

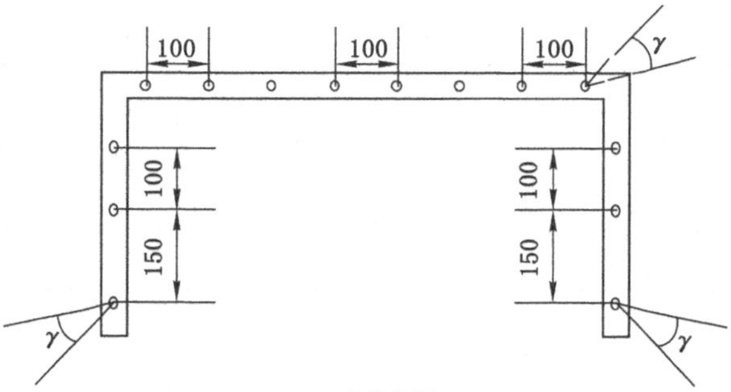

(b) 喷嘴布置

图 6-5　掘进机高效喷雾装置及布置示意图

6.2.2　掘进机高压喷雾降尘工程示范

6.2.2.1　试验工作面概况

东滩矿 1307 轨顺掘进工作面采用 EBZ150 掘进机沿 3 号煤层底板掘进，3 号煤层厚 8.5～9.1 m，普氏系数 f=2～3，直接底板为粉砂岩，相对瓦斯涌出量为 0.09 m^3/t，绝对瓦斯涌出量为 1.22 m^3/min，煤尘爆炸指数为 37.42%，具有爆炸危险性。巷道为倒梯形断面，$S_{荒}$=20.8 m^2，$S_{净}$=19 m^2，净高 H=3.8 m。风机处需风量为 462.26 m^3/min，采用 FBD-№6.3 型局部通风机向工作面供风，风筒直径为 800 mm，工作面实际供风量为 350 m^3/min。

6.2.2.2　喷嘴的选择

在相同喷雾压力时，喷口直径越小，产生的雾粒直径和喷雾流量相对较小。为减少对煤质的影响，应尽量减少喷雾耗水量，采用喷口直径为 0.8 mm 的 G 型高压雾化喷嘴。

6.2.2.3　喷雾压力的选择

采用 MD-1 型粉尘粒度分析仪对东滩矿 1307 轨顺掘进工作面生产时采集的粉尘样品

进行测量，图 6-6 为测量得到的粉尘粒度罗森分布频率累积直方图。由测量结果可知，粒度小于 10 μm 的粉尘占总粉尘的 33.7%，粒度小于 50 μm 的粉尘占总粉尘的 96.9%，为粉尘防治的重点。

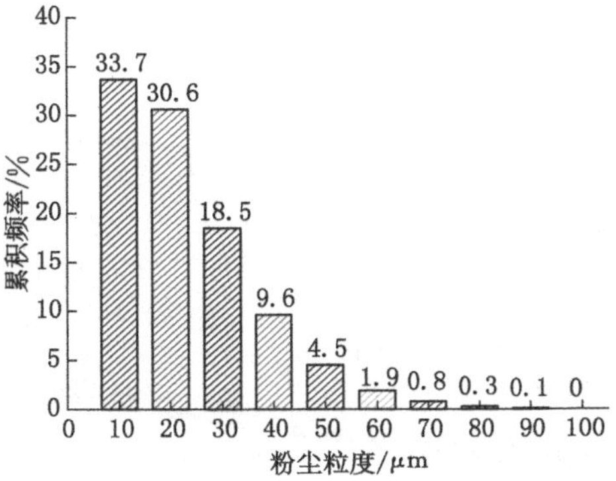

图 6-6　试验工作面粉尘粒度罗森分布频率累积直方图

压力过高导致喷雾泵在较高压力下工作，耗电多，缩短喷雾泵使用寿命；高压管路也易出现破损现象，耗水量增加。喷雾压力为 10～12 MPa 时，G 型高压雾化喷嘴产生的雾粒直径经计算为 45～56 μm(喷口直径 0.8 mm)，接近试验工作面的粉尘粒径，可满足高效喷雾降尘的目的。

按照《煤矿降尘用喷嘴通用技术条件》(MT/T 240—1997)的试验方法，12 MPa 水压下，距 G 型高压雾化喷嘴(喷口直径 0.8 mm)2.5 m 的雾流横截面上雾粒粒度分布如表 6-6 所列。

表 6-6　G 型高压雾化喷嘴在 12 MPa 水压下的雾粒粒度分析

雾粒直径/μm	<20	<41	<61	<82	<102	<123
雾粒数占总雾粒数的百分比/%	80.11	93.78	97.88	99.10	99.82	99.93

利用雾粒粒径分布服从 Rosin-Rammler 分布(即 R-R 分布)的特性，在已知雾粒数目分布的情况下，可推导出：

$$D_{32} = 3X\Gamma(3/k)/[2\Gamma(2/k)] \tag{6-9}$$

式中　D_{32}——雾粒群的面积平均直径，μm；

X——雾粒特征直径，等于从小到大的累积数目占总雾粒数目的 63.2%时的雾粒直径，μm；

k——雾粒粒径分布指数，表示雾粒直径分布集中或分散的程度。

X、k 的值由 R-R 分布函数用回归分析法求出。R-R 分布函数为：

$$D_w = 1 - \exp[-(D/X)^k] \tag{6-10}$$

式中　D_w——G 型高压雾化喷嘴的雾粒群的面积平均直径，μm。

得到 G 型高压雾化喷嘴的雾粒群的面积平均直径为 53.1 μm。

6.2.2.4　喷雾装置的设计

在距喷嘴 2.5 m 处，掘进机截割部顶部和侧边喷雾覆盖宽度分别为 3.4 m 和 3.0 m。

喷雾压力为 12 MPa 时，按照掘进机每循环掘进 1.6 m，掘进用时 20 min，喷雾系统安设 14 个喷嘴，每循环采掘煤量约为 55.44 t，耗水量为 1.23 t，吨煤水分增量为 2.2%。

6.2.2.5　掘进机高压外喷雾降尘系统

掘进机高压外喷雾降尘系统布置如图 6-7 所示。

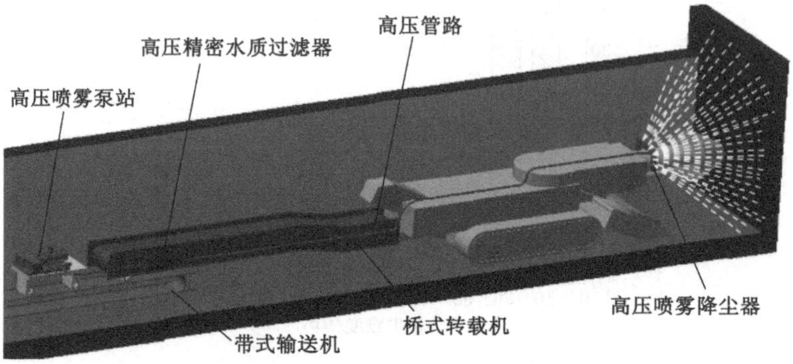

图 6-7　掘进机高压外喷雾降尘系统布置示意图

为防止供水中的杂质堵塞喷嘴，在高压供水管路中增设 GCQ-7 型精密水质过滤器，过滤精度可达 100 μm。将矿用喷雾泵和自控水箱组成的高压泵站用承载滑车装载，安装在掘进机后部的轨道上，承载滑车与掘进机连接，可实现高压泵站随掘进机同步移动。喷雾装置安装在掘进机截割头伸缩部后端位置处，距掘进头 2.5 m 左右，用螺栓将喷雾装置固定。喷雾管路安装过滤装置并定期反向冲洗。喷雾压力为 10.0～12.5 MPa 时，各喷嘴喷出水雾流能够包围截割头，沉降粉尘，同时水雾流喷射至煤壁上湿润煤体，降低煤块垮落时的产尘量。

6.2.2.6　掘进巷降尘效果

采用 AZF-2 型粉尘采样器对系统使用效果进行试验跟踪测定。测试地点为东滩矿 1307 轨顺掘进工作面掘进机司机位置(距迎头约 6 m 处)和距迎头 15 m 处，结果见表 6-7。

表 6-7　高压喷雾降尘测量结果

采样地点	采样条件	使用前粉尘浓度/(mg/m³)				使用后粉尘浓度/(mg/m³)				降尘效率/%
		1	2	3	均值	1	2	3	均值	
司机位置	总粉尘	227.5	214.3	220.1	220.6	24.3	28.1	20.4	24.3	89.0
	呼吸性粉尘	75.1	71.4	72.6	73.0	13.2	12.0	12.9	12.7	82.6
距迎头 15 m	总粉尘	203.1	198.5	199.4	200.3	20.1	22.4	21.6	21.4	89.3
	呼吸性粉尘	65.9	67.4	68.2	67.2	10.3	9.8	9.4	9.8	85.4

采用高效喷雾降尘系统后，掘进工作面的作业环境得到改善，生产时的总粉尘和呼吸性粉尘的降尘效率分别达 89%及 82%以上。

6.3　掘进工作面迎头干式除尘器防尘

湿式除尘器具有体积小、移动方便等特点，但除尘器用水量大，水的排放影响底板环境，维护时需定期将捕尘网抽出清洗。在分析掘进工作面粉尘运移规律和产尘特点的基础上，对工作面掘进头粉尘防治系统进行优化升级，研发了基于 PLC 集中控制的干式除尘器系统，形成了具有自净除尘功能的掘进工作面尘源智能化防控技术体系，可有效降低掘进工作面的粉尘浓度，改善现场作业环境，对保证职工的身心健康具有重要的工程应用价值。

6.3.1 掘进工作面迎头干式除尘器防尘工艺装备

6.3.1.1 矿用干式除尘器结构

矿用干式除尘器的总体结构及内部流场分布如图 6-8 和图 6-9 所示。将含尘气流风道和清洁气流风道布置在除尘器箱体上，根据气流在风道内的运动规律，将气流风道设计成三角形，使气流分布更加均匀的同时减小设备的高度。除尘器采用主动排料方式（刮板输送机＋螺旋运输机），将滤布设计为菱形，自带龙骨结构，减小过滤系统占用的空间体积。

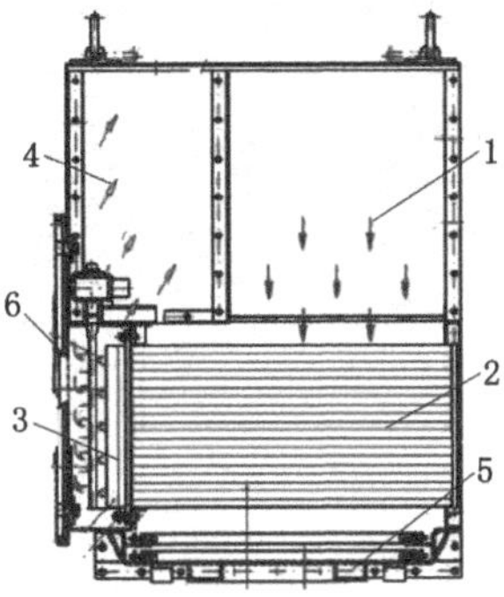

1—含尘风道；2—滤袋；3—清灰装置；4—清洁风道；5—刮板输送机；6—压缩空气装置。

图 6-8 矿用干式除尘器总体结构

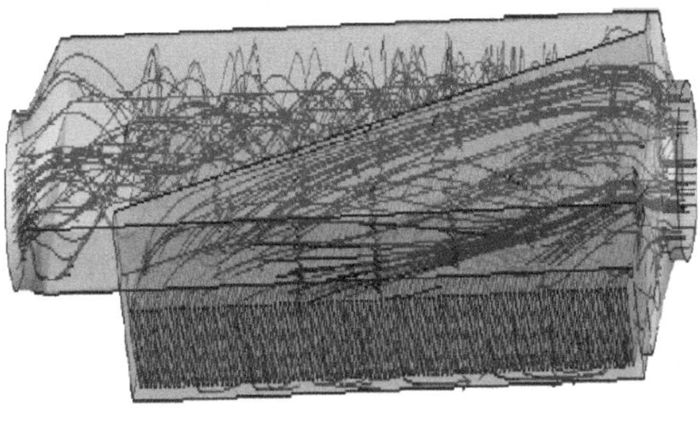

图 6-9 矿用干式除尘器内部流场分布

6.3.1.2 安全和高性能滤芯

为减小除尘器尺寸，滤料采用覆有聚四氟乙烯涂层的聚酯针毡滤布，并采用菱形褶皱平板式结构（图 6-10）。同时为满足煤矿井下要求，滤芯采用抗静电、阻燃材料制作。不同滤料的运行阻力及除尘效率见图 6-11。由图 6-11(a)可知，覆膜滤料的除尘效率高于传统滤料，过滤风速越大优势越明显。由图 6-11(b)可知，当过滤风速恒定时，覆膜滤料除尘过程中的运行阻力低于传统滤料，随着过滤风速逐渐增大，设备运行所需的运行阻力优势更加明显。即覆膜滤料除尘对设备的损耗更小，除尘效率更高。

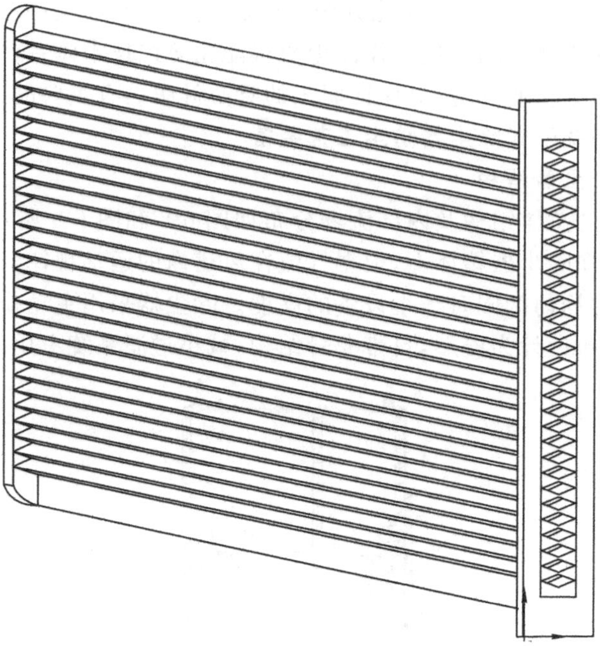

图 6-10　除尘用平板式滤芯结构图

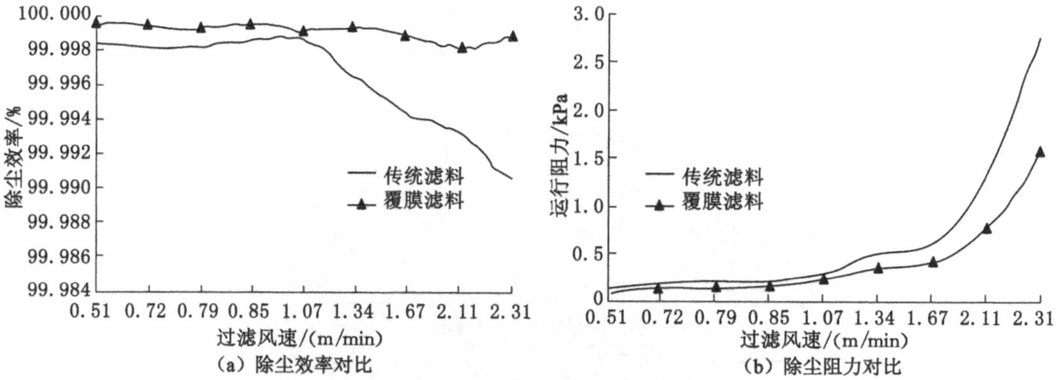

图 6-11　不同滤料的过滤风速与运行阻力及除尘效率的关系

6.3.1.3　除尘箱整体设备

FBD-№6.3 型局部通风机的风量范围为 400～550 m^3/min。图 6-12 为干式除尘箱体，设计干式除尘器额定处理风量为 400 m^3/min，设备型号定位 KCG-400D(K 为矿用，C 为除尘设备，G 为干式)。滤布过滤风速定为 1.7 m/min 左右，既保证了除尘效率同时也降低了运行阻力。箱体需要滤布面积约为 230 m^2，除尘箱体的体积在 5 m^3左右。

6.3.1.4　掘进除尘一体式系统工艺装备

(1) 干式除尘器自除尘与清洁一体式系统

掘进头高效干式除尘与自动清灰装置(图 6-13)，主要由脉冲控制仪、脉冲阀、喷吹管、压缩空气包等组成。掘进头产生大量粉尘时，借助喷吹管的脉冲式吸尘结构将粉尘吸入除尘格栅，除尘格栅受压缩空气挤压将粉尘压挤入粉尘集中收集袋中，达到高效除尘与清洁的目的。

图 6-12　干式除尘箱体

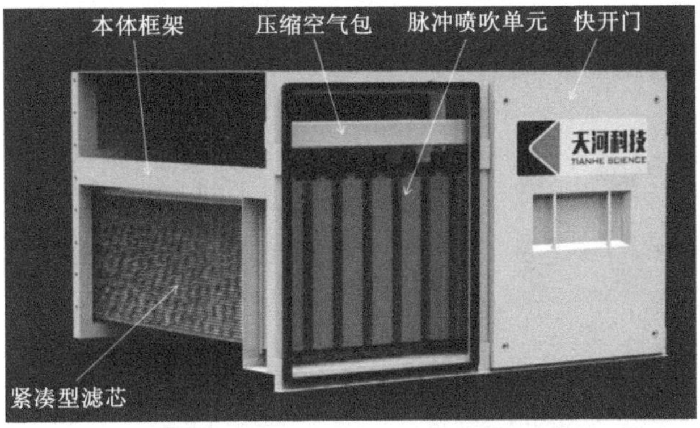

图 6-13　干式除尘器与自动清灰装置

喷吹压力、喷吹时间及喷吹周期是决定脉冲袋式除尘器清灰效果的关键因素。脉冲时间、脉冲周期与除尘器压力损失的关系见图 6-14 和图 6-15。

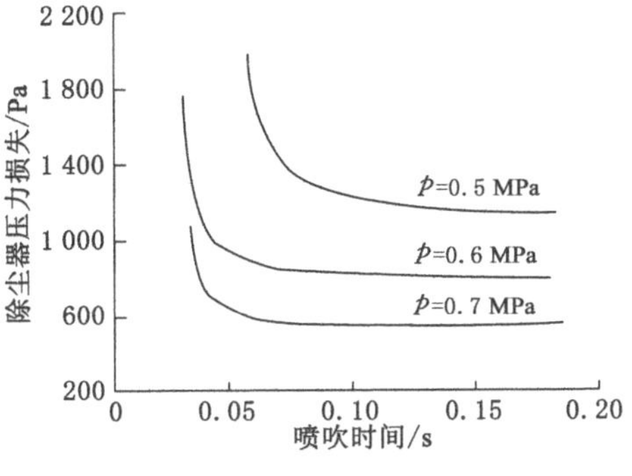

图 6-14　喷吹时间与除尘器压力损失的关系

根据煤巷掘进粉尘性质及粉尘浓度的变化特点，喷吹压力设为 0.45 MPa，喷吹时间小于 0.3 s，喷吹周期为 10 s，随着粉尘性质和浓度的变化，喷吹周期和喷吹时间可调。当粉尘浓度高、微细、黏附性强时，可缩短喷吹周期，延长喷吹时间。

干式除尘器的清洁系统通过全气动循环脉冲式控制器来控制压缩空气脉冲(250 ms，0.45 MPa)。如图 6-16 所示，循环空气脉冲使紧凑型过滤元件上集聚的灰尘脱落，脱落的灰尘由刮板输送机直接送到集尘袋内。这种纯气动方式的循环脉冲控制器使用寿命长，性

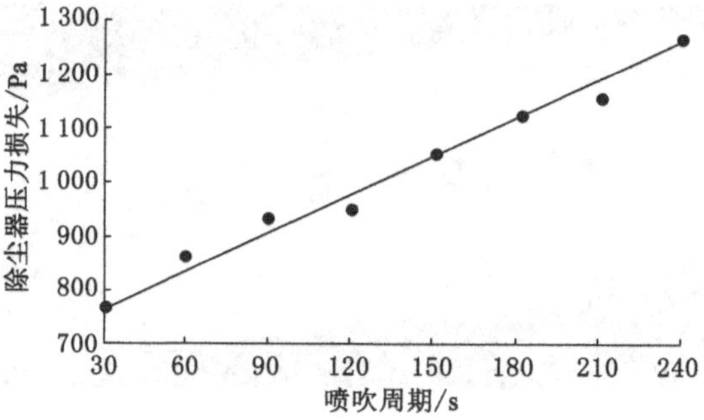

图 6-15　喷吹周期与除尘器压力损失的关系

能稳定可靠，能实现在线控制和检修，耗气量小，清灰彻底。

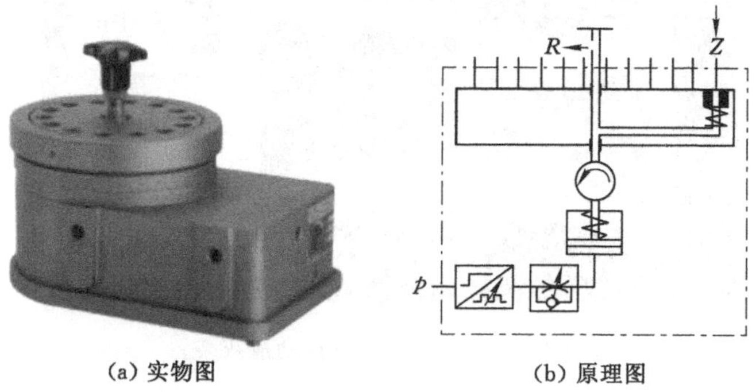

图 6-16　全气动循环脉冲式控制器实物与原理图

(2) 矿用干式除尘系统挪移方式

如图 6-17 所示，KCG-400D 矿用干式除尘系统主要由除尘箱、刮板输送机、矿用防爆抽出式对旋轴流局部通风机及负压风筒等组成，由于滤布面积大，工作阻力较湿式除尘大。因此，设计配套 2×30 kW 矿用防爆抽出式对旋轴流局部通风机。相比目前普遍采用的湿式除尘设备，干式除尘系统体积较大，设备挪移困难。为此，根据掘进巷道的实际情况，设计了干式除尘器挪移方案。

主吸风口放置于司机右前方 1 m 处，设有防护网，阻止大颗粒煤块等杂质吸入风道。负压风筒型号按风量匹配为 ϕ600 mm，采用高强度风筒布，风筒钢圈间距不大于 100 mm。负压风筒用双腿(单腿)风筒托架承托固定于胶带上方(侧帮)，安装时拉直负压风筒，避免拐弯或堆叠，减小风阻。对旋轴流局部通风机和干式除尘箱分别安装在两个一体式承载小车上，小车骑跨于可伸缩胶带机机尾轨道上，用拉杆与尾端车轮组相连，成“机拖式”布局形式，除尘主机随掘进机同步移动。

(3) 轻型单轨吊干式除尘器控尘风筒

图 6-18 为掘进机与干式除尘器连接处的控尘风筒，除尘器控尘风筒是掘进机后端风机与控尘装置之间的连接部件，为干式除尘器装置和掘进头传输新鲜风流。

控尘风筒工作模拟如图 6-19 所示，控尘风筒的正确使用是掘进迎头除尘达到理想效果的关键因素，根据试验测试，应用控尘风筒除尘效率可以达到 96%以上。

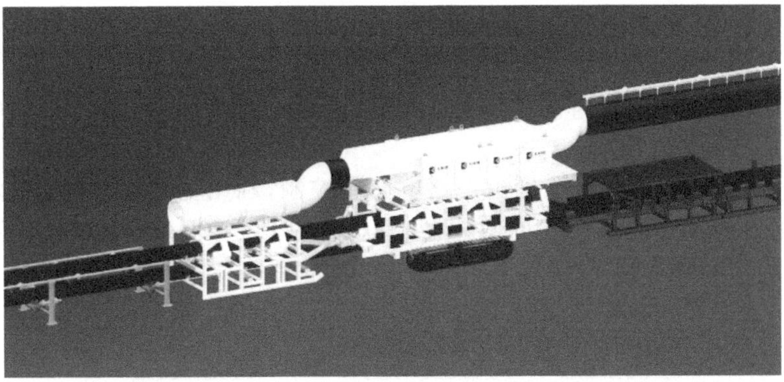

图 6-17　干式除尘器现场布置示意图

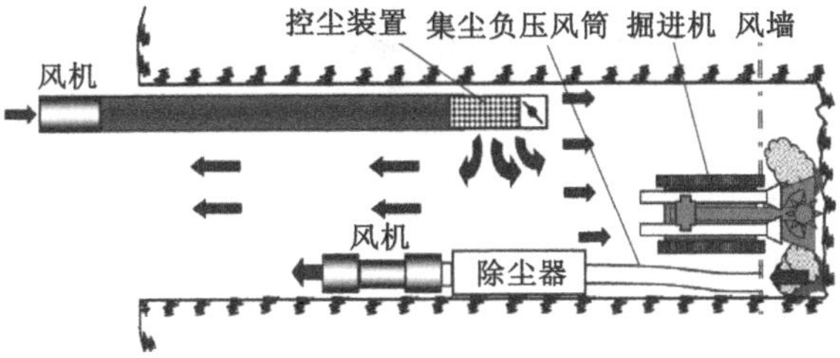

(a) 布置平面图

(b) 模拟图

图 6-18　控尘风筒布置图

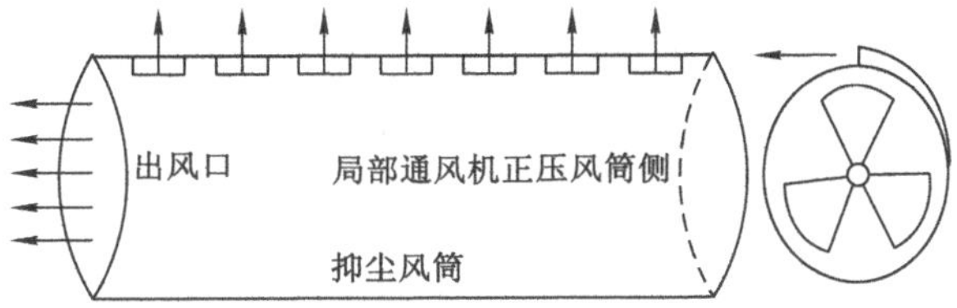

图 6-19　控尘风筒工作模拟图

将控尘风筒与局部通风机供风正压风筒连接，布置在除尘器吸风口与出风口之间。在掘进作业时，局部通风机提供的新鲜风通过控尘风筒分流 30%～40%后，掘进迎头的压入风量小于抽出风量，形成低压区。低压区将导致吸风口后方的风向前流动，吸风口控尘风筒侧向漏出的新鲜风向迎头流动，使粉尘无法逸出而被抽入负压风筒净化。

(4) PLC 控制系统

① KXJ127 隔爆兼本质安全型控制主机

该控制主机采用西门子 PLC 作为中央控制器，隔爆形式为 Exd[ib] Ⅰ Mb，具备系统运行状况显示、控制参数设定、瓦斯超限断电保护、风水延时控制、控尘供风状态自动转换等基本功能。内部采用大功率本安电源、固态继电器作为动力输出，连续无故障运行时间高达 20 000 h。

② PLC 集中控制系统

在符合煤矿行业相关准则条件下，根据现场调研与分析，运输胶带喷雾、转载喷雾、全断面喷雾由电磁阀控制,利用 PLC 控制箱控制输出,在原有功能基础上扩充模块输出接口,在掘进机合适位置加装远程控制按钮,同时在控制箱上也配备控制按钮。利用 PLC 在原有程序基础上添加特殊逻辑程序,实现控制箱与掘进机关联启动和暂停,并且在智能除尘显示器上实时显示工作状态。

外喷雾、内喷雾及胶带喷雾分别由一路电磁阀控制,利用上述原理加装远程控制按钮,实现 PLC 控制箱的相互控制和实时显示工作状态。PLC 控制箱为智能型,便于操作以及日后维护检修等。如图 6-20 所示。

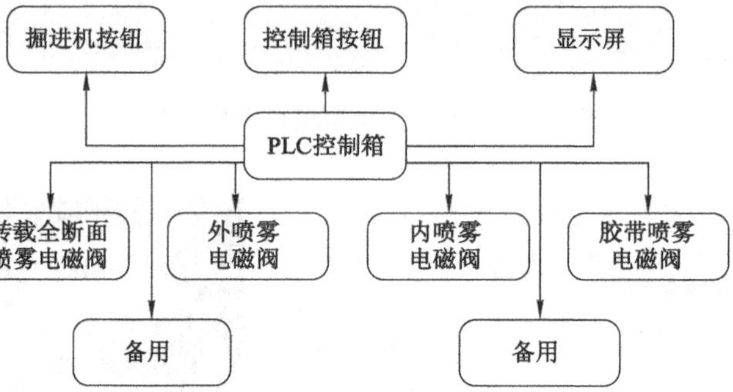

图 6-20 PLC 集中控制系统结构

6.3.2 掘进工作面迎头干式除尘器防尘工程示范

6.3.2.1 工作面概况

鲍店矿 8302 工作面掘进头煤层硬度不均匀,靠下部煤质较硬,掘进机截割时产尘量较大;工作面防尘用水水质硬,含杂质多,特别是掘进机内喷雾水道、喷嘴堵塞快;控尘风筒使用和除尘网清理等装备应用管控难以发挥最大功效。

6.3.2.2 鲍店矿 8302 工作面掘进头干式除尘器布置

鲍店矿 8302 工作面在掘进头采用 KCG-XXD 系列矿用干式除尘器进行工作面掘进期间粉尘的智能化防控。KCG-XXD 系列矿用干式除尘器由山东天河科技股份有限公司在借鉴德国先进的干式除尘技术的基础上,研发的适用于我国煤矿井下掘进工作面的干式除尘系统。

矿用干式除尘器在鲍店矿 8302 工作面掘进头进行现场工业试验,如图 6-21 所示。干式除尘器通过脉冲控制器来控制循环压缩空气进行工作面掘进期间的粉尘防治,其除尘效率高达 99.5%以上,对呼吸性粉尘的除尘效率也达 90%以上,可有效地预防和减少危害作业人员身体健康的矽肺病和瓦斯煤尘爆炸的发生。

如表 6-8 所列,对鲍店矿 8302 工作面掘进头掘进期间巷道内掘进机司机处以及距离掘进机 15 m 位置处总粉尘和呼吸性粉尘浓度进行检测,并对巷道掘进期间干式除尘器的除尘效率进行计算,可以看出巷道掘进期间采用干式除尘器对总粉尘的除尘效率达 93.0%以上。对司机处以及距离掘进机 15 m 处呼吸性粉尘浓度检测结果显示,干式除尘器的除尘效率达 90%以上。因此,说明 8302 工作面掘进头采用干式除尘器能够达到高效除尘的目的。

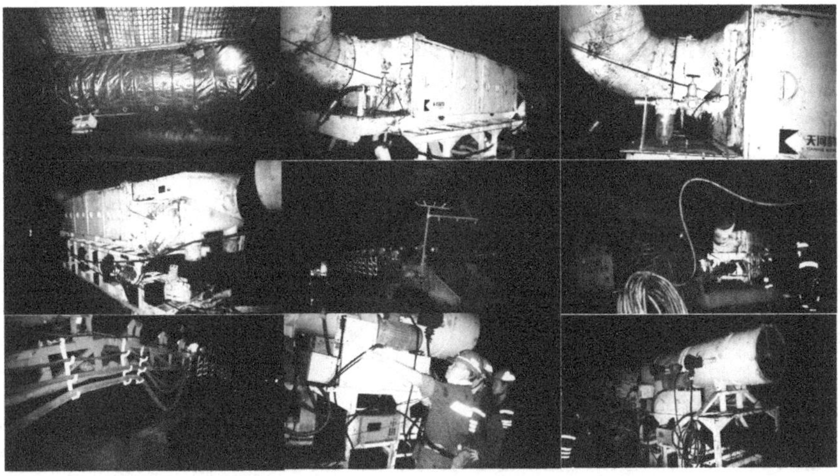

图 6-21　掘进头干式除尘系统实物图

表 6-8　掘进头干式除尘器降尘效率测量结果

采样地点	采样条件	使用前粉尘浓度 /(mg/m^3)	使用后粉尘浓度 /(mg/m^3)	降尘效率/%
司机处	总粉尘	336.9	21.6	93.6
	呼吸性粉尘	94.6	8.7	90.8
距掘进机 15 m 位置	总粉尘	294.6	9.4	96.8
	呼吸性粉尘	82.3	7.1	91.4

图 6-22 为鲍店矿 8302 工作面掘进机后放巷道内未采用任何除尘措施和使用干式除尘器除尘后的效果对比。未采用防尘措施时，掘进机进行工作时，巷道内部粉尘浓度迅速增大，巷道内部可视性明显降低。但采用干式除尘器进行除尘后，其捕集和除尘效果明显，巷道可视化程度高。因此，掘进工作面采用干式除尘器能够高效除尘，为相关作业人员提供理想的工作环境，有效保障从业人员生命健康和提高设备使用寿命。

(a) 除尘前　　(b) 除尘后

图 6-22　掘进头使用干式除尘器除尘前后效果对比

6.4 掘进工作面巷道全断面细水雾抑尘降尘

6.4.1 细水雾抑尘降尘系统组成及关键技术

6.4.1.1 系统组成

细水雾抑尘系统由本安型风水双控器、无线信号发射器(具备无线热释电人体感应、触控物料感应、震动感应、粉尘、烟雾感应等功能)和细水雾喷雾器件组成,可分为无线巷道细水雾抑尘及胶带转载点细水雾抑尘装置,借助超声波将液态水滴雾化成粒径为 1～10 μm 的细密气态细水雾,能够凝聚粉尘,增大粉尘粒径,实现就地抑尘。

6.4.1.2 关键技术指标

如图 6-23 所示,细水雾控制器启动后,电控系统依序开启电磁阀,使水、气经过多功能流量控制系统调节水、气流量和压力,进入喷雾器件,在喷雾器件的共振室内气流反射产生强震波,小水珠颗粒随气流进入强烈的震荡波中,声波的能量将水珠分子“爆炸”为无数 1～10 μm 大小的水雾颗粒,喷射在巷道内或封闭抑尘罩内形成雾池,粉尘颗粒随气流运动时就会与水雾颗粒碰撞、接触而黏结在一起坠落,使大量飞扬的细粉尘被抑制。

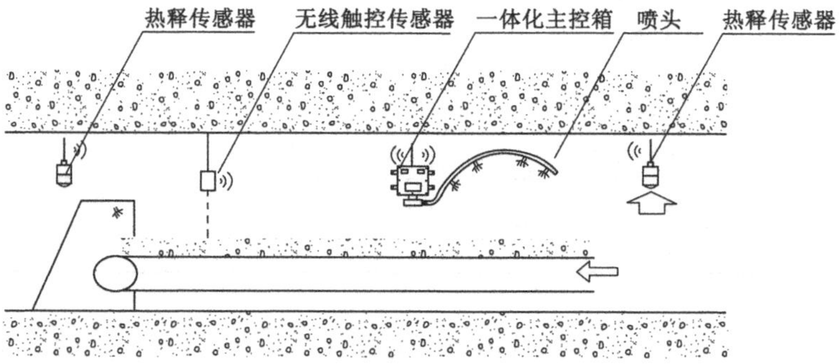

图 6-23 掘进巷道细水雾抑尘系统

(1) 无线巷道细水雾抑尘装置细水雾喷雾器件安装在巷道中,程序设置后,喷雾处于常喷状态,喷雾前后范围内各配备一个红外热释电发射器,感应人体信号,实现人过停喷等功能。

(2) 胶带转载点细水雾抑尘装置细水雾喷雾器件安装在胶带输送机封闭转载点处,当输送机启动时,煤流触控上方的无线传感器,同步启动细水雾喷头喷雾;无煤流时,无线传感器感应后,延迟数秒喷雾关闭。

6.4.2 细水雾抑尘降尘效果

鲍店矿在 7302 胶顺掘进工作面巷道内安设两组无线巷道细水雾抑尘装置,在胶带输送机机头安设一组胶带转载点细水雾抑尘装置,并在生产时段对以上地点喷雾降尘,使用前、后粉尘浓度如表 6-9 所列。

(1) 由表 6-9 可知,掘进工作面巷道内安装细水雾抑尘喷雾系统后,生产期间粉尘浓度明显下降,工作面巷道内总粉尘和呼吸性粉尘的降尘效率分别达到 83.7%和 73.0%,输送机机头转载点封闭罩内总粉尘和呼吸性粉尘的降尘效率分别达到 78.0%和 85.7%。

表 6-9　粉尘浓度监测结果　　单位：mg/m^3

测试状态	巷道内喷雾下风侧		输送机机头转载点封闭罩内	
	全粉尘	呼吸性粉尘	全粉尘	呼吸性粉尘
使用前	9.8	6.3	5.9	2.8
使用后	1.6	1.7	1.3	0.4

（2）针对细水雾抑尘装置所用喷雾与常规所用净化水幕用水量进行对比，如表 6-10 所列。

表 6-10　与普通喷雾用水量对比

项目	喷头直径/mm	喷头流量/(L/min)	喷头数量/(个/架)	单架喷雾水量/(L/min)
净化水幕	1.0	1.2	5	6.0
细水雾抑尘喷雾	0.12	0.1	5	0.5

由表 6-10 可知，工作面使用细水雾抑尘喷雾后，三组喷雾器件均按每天正常工作 8 h 计算，至少可节约用水量 7 920 L/d，用水量明显减少，降低了矿井防尘水污染。

6.5　炮掘工作面粉尘防治

6.5.1　炮掘工作面除尘基本要求

（1）煤矿井下所使用的防尘装置和设备应符合国家及行业相关标准的要求，并保证其正常运行。

（2）工作面设置防尘设施管理牌板，标明工作面防尘设施种类、数量等内容。

（3）工作面粉尘检测采样点布置见表 6-11，粉尘浓度计算按国家相关标准规定的方法进行。

表 6-11　粉尘浓度检测采样点布置

测尘点名称	生产工艺	测尘点位置
打眼	打眼作业	打眼时人员作业地点处
爆破	爆破作业	爆破后作业人员在工作面开始作业的地点
装岩	装岩作业	装岩作业时人员作业地点
打锚杆眼	打锚杆眼作业	人员作业地点
搅拌上料	搅拌上料作业	人员作业地点
喷浆	喷浆作业	人员作业地点
多工序	多工序作业	掘进巷道距回风口 10～15 m 处

（4）粉尘检测仪器仪表应具有有效的计量检验合格证。

（5）矿测尘部门应根据本矿的生产情况配备足够数量且经培训合格的测尘员，测尘员数量配备标准见表 6-12。

表 6-12　测尘员配备数量

测尘点数量/个	测尘员数量/个
<20	≥1
20～40	≥2
41～60	≥3
>60	≥4

(6) 粉尘分散度和粉尘游离二氧化硅含量每半年测定 1 次，工作面变动时也要测定 1 次。

(7) 粉尘浓度测定结果按月报送上级主管部门。

(8) 采取粉尘综合治理措施后，各测点的降尘效率均不小于 90%。

(9) 作业人员应佩戴个体防尘用具。

6.5.2　炮掘工作面防尘供水系统

6.5.2.1　水质水压

(1) 防尘用水悬浮物的含量不得超过 50 mg/L，粒径不大于 0.3 mm，水的 pH 值应在 6.0～9.0 范围内。

(2) 工作面供水流量及压力要符合工作面防尘设计要求。

6.5.2.2　供水管路

(1) 工作面主供水金属管路的管径不小于 50 mm。

(2) 在巷道入口处进水管路中安设可反冲洗的水质过滤器，过滤网不低于 120 目。

(3) 供水管路每隔 50～100 m 设一个固定手柄三通阀门。

(4) 防尘管路每 200 m 及巷道汇合、分叉处要进行标示，内容包括管路尺寸、水流方向等，三通阀门应设置说明牌。

6.5.3　炮掘工作面防尘技术

工作面防尘应采取湿式打眼、爆破喷雾、通风除尘、净化水幕、冲洗粉尘等措施，主要防尘设施布置如图 6-24 所示。

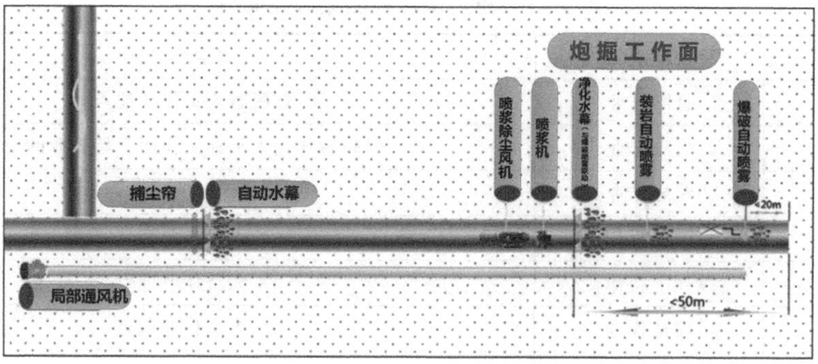

图 6-24　炮掘工作面主要防尘设施布置示意图

6.5.3.1　爆破防尘

(1) 湿式打眼。我国目前多数岩巷炮掘工作面采用湿式凿岩，降尘效率可达 90%以上。

湿式打眼是岩巷掘进综合防尘的主要措施，湿式排粉是将一定压力的水经由水针和钎子中心孔送入炮眼底部，以冲洗和湿润眼内岩尘，使岩尘在充分润湿后排出，能有效防止粉尘飞扬，使空气中粉尘浓度从干式排粉的数千毫克每立方米降低到数十毫克每立方米，再辅以其他综合防尘措施，可使岩尘浓度达到《煤矿安全规程》所允许的 2 mg/m^3 以下，从而达到降尘的目的。如图 6-25 所示，按照向风钻给水的方式，湿式打眼可分为中心式湿式打眼和旁侧式湿式打眼两种。

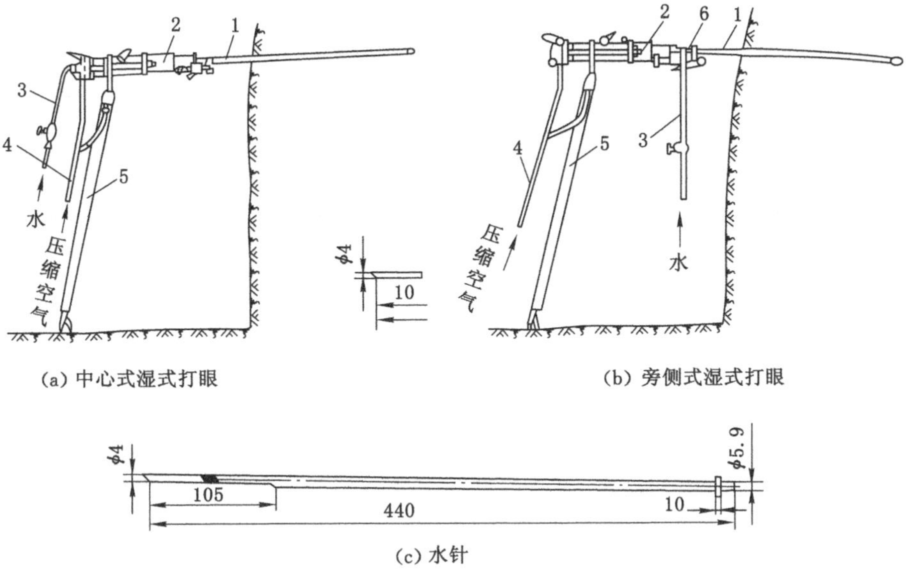

1—钎杆；2—风钻；3—水管；4—压缩空气胶管；5—钻腿；6—水套。

图 6-25　湿式打眼方式

湿式排粉要注意防止冲洗水流入凿岩机内，造成润滑失效、机体发热、工作不正常、零件锈蚀等问题。因此，水压须比风压低 0.1～0.2 MPa，但不宜过低，否则会因冲洗不充分造成出水孔夹盖现象。在凿岩机操纵阀上设有加强吹粉挡位，必要时可直接将压气吹入孔底加强排出粉浆的能力。

6.5.3.2　装煤（岩）防尘

如图 6-26 所示，装岩机转载点应安设自动喷雾装置，喷嘴不少于 2 个。在炮掘工作面装载时，铲斗与矿石摩擦碰撞，也会产生大量粉尘。装煤（岩）防尘，指在工作面爆破后，装煤（岩）前，向煤（岩）堆洒水，使爆破过程中沉积在煤（岩）碎块上的粉尘湿润，避免装载时粉尘飞扬。一般不洒水装载时的粉尘浓度可达到 10～30 mg/m^3；若对煤（岩）堆进行分层多次洒水或边装边洒水，工作面粉尘浓度一般可降至 10 mg/m^3 以下。

人工装煤（岩）时，一般采取人工洒水，可分层多次洒水或边装边洒水。斗机装载时，可在距工作面 4～5 m 的顶帮两侧悬挂两个用高压软管连接的移动式喷雾器在斗机活动范围内进行喷雾。

6.5.3.3　喷浆防尘

（1）喷浆作业时，采用低风压近距离的喷射工艺，使用除尘风机、上料口及排气口配合捕尘装置。

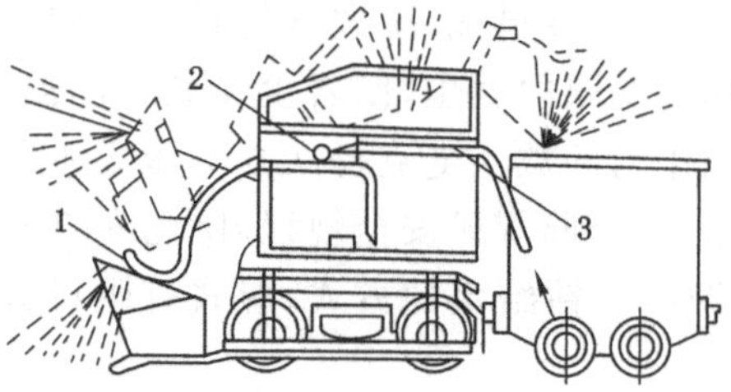

1—喷雾器；2—控制阀；3—调节阀。

图 6-26 装岩机装载自动喷雾示意图

(2) 除尘风机吸风口距喷浆机不大于 2 m，风量不小于 300 m^3/min，除尘效率不低于 90%。

(3) 喷浆作业时，在喷浆作业回风流侧安设一道水幕，并与捕尘帘配合使用。捕尘帘网孔尺寸不大于 3 mm×3 mm，定期清理、冲洗。

(4) 尽量采用湿式喷浆工艺。

6.5.3.4 净化水幕

爆破后充满烟尘的巷道空间较大，因此，在掘进巷道可设置 1～2 道水幕以拦截爆破时产生的粉尘。水幕的布置方式和安设的喷嘴数量视巷道断面形状和大小而定。净化水幕距迎头不大于 50 m。水幕喷嘴数量 3～5 个，雾化水幕应覆盖巷道全断面，技术要求如下：

——喷雾压力：≥2.0 MPa；

——喷嘴直径：1.2～1.5 mm；

——喷嘴流量：1.0～3.0 L/min。

6.5.3.5 冲洗粉尘

凿岩时凿岩机的废气及爆破冲击波使工作面帮壁上已干燥的粉尘重新扬起，是凿岩粉尘的主要来源。因此，湿式凿岩时清洗工作面积尘，爆破前后对工作面进行洒水洗壁，不仅可以减少沉积粉尘的二次飞扬，而且还能增加工作面空气湿度，从而黏附浮尘。

冲洗岩帮采用缝隙式喷嘴，水流出口具有一定喷射动能。一般水压为 0.3～0.5 MPa，耗水量 10 L/min 左右，冲洗距离为通风机风筒出口至迎头的长度，冲洗时间 10 min 左右。

冲洗粉尘要求如下：

(1) 定期冲洗粉尘，杜绝煤尘堆积。

(2) 爆破前、后对工作面 30 m 范围内进行冲洗粉尘。

(3) 装岩前冲刷装岩机行程段的巷帮并对需装煤(岩)堆进行洒水。

(4) 填写冲洗粉尘管理牌板，牌板内容包括巷道冲洗周期、冲洗范围、冲洗日期、冲洗作业人员等。

6.6 综掘工作面通风除尘

6.6.1 掘进工作面除尘技术与工艺装备

国内外实践表明，对掘进工作面采用以控尘、除尘设备抽尘净化为主的长压短抽通风除尘系统，是降低掘进工作面粉尘浓度最有效的措施之一。机掘工作面通风除尘系统依据掘进头供风风量、掘进机型号、掘进断面净高度、工作面电压等级、工作面供水压力、巷道类别和瓦斯情况等进行设计。

6.6.1.1　掘进工作面长压短抽控尘、除尘系统工作原理

(1) 附壁效应控尘原理

掘进巷道中含尘气体的运动可视为重力场作用下的稳流运动，为理想不可压缩流体沿流线或无旋流场的运动。对于巷道断面上任意体积的含尘气体，由贝努利方程可知：

$$p_1 + \rho g z_1 + \frac{v_1^2}{2g} = p_2 + \rho g z_2 + \frac{v_2^2}{2g} = C \tag{6-11}$$

式中　p_1, p_2——流体在断面 1 和断面 2 的静压，Pa；

ρ——流体密度，kg/m^3；

g——重力加速度，m/s^2；

z_1, z_2——断面 1 和断面 2 的标高，m；

v_1, v_2——流体在断面 1 和断面 2 的速度，m/s；

C——常数。

则 $\rho g z$ 为流体的位压，$\frac{v^2}{2g}$ 为流体动压。对于巷道为水平且同一断面的流体来说，可视 $z_1 = z_2$。则：

$$p_1 + \frac{v_1^2}{2g} = p_2 + \frac{v_2^2}{2g} = C \tag{6-12}$$

在巷道中生成沿巷道壁旋转的径向风流，如图 6-27 所示。由于 $r_1 > r_2$，V_1 处的静压小于 V_2 处的静压，使得 V_2 处的含尘气体流向 V_1 处，而产生所谓的附壁效应。

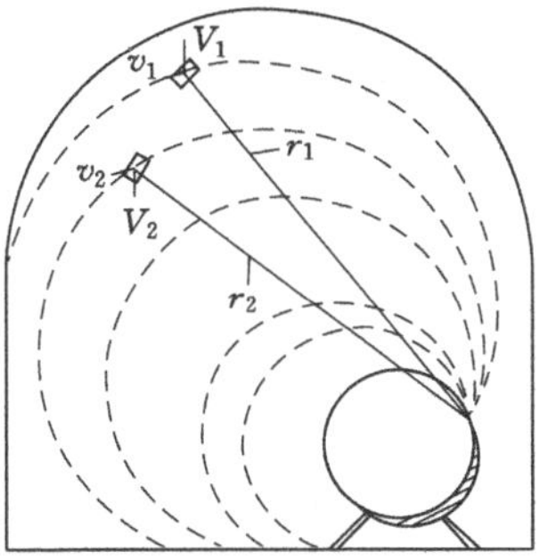

图 6-27　附壁风筒产生螺旋风流示意图

利用气流的附壁效应，将送风方式改为沿巷道壁的径向风流，并以一定速度吹向巷道周壁及整个断面，并不断向掘进工作面端头推进。在除尘器吸风口轴向风流的共同作用下，形成具有较高动能的螺旋状气流，在掘进机司机工作区前方建立起可阻挡粉尘扩散的空气屏障，封闭掘进机工作时产生的粉尘，再通过吸尘口进入除尘器中进行净化。旋转风流在控制工作面粉尘扩散的同时，吹散工作面顶板及巷道周壁瓦斯，可有效防止掘进工作面瓦斯局部积聚，保证工作面安全生产。

(2) 可控循环风大风量长压短抽通风除尘系统工作原理

掘进工作面采用长压短抽的通风除尘方式，在供风风筒出风口连接附壁风筒控风装置以提高除尘器收尘效率。采用除尘器、抽尘风筒等组成除尘系统(图 6-28)，利用除尘器运

行中产生的负压，通过抽尘风筒与靠近尘源的集尘器，在尘源处形成负压区，使含尘空气由集尘器经抽尘风筒进入除尘器中净化处理。在供风风筒出风口连接控风装置，将压入工作面的轴向风流改变为沿巷道周壁旋转的径向风流，在掘进机司机前方建立起空气屏幕，控制飞扬粉尘扩散，使含尘气流只能沿吸尘口进入除尘器净化处理，干净的风流再排至巷道中。

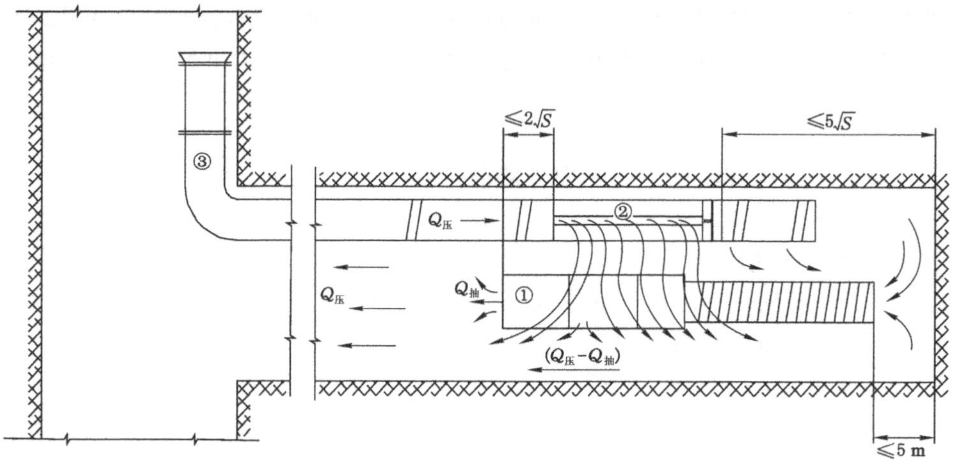

①—除尘系统；②—控尘装置；③—供风风机。

图 6-28 掘进工作面长压短抽的通风除尘系统示意图

一般情况下：$Q_{压}=(1.2\sim1.3)Q_{抽}$。为保证压入式和抽出式重合段内有风流流动和不产生循环风，将有$(0.2\sim0.3)Q_{压}$的含尘气流无法被吸入除尘器净化，从而影响整个掘进工作面的降尘效率。

当抽出风量超过压入风量时，在除尘器排风口与掘进工作面迎头之间产生一定的循环风，循环风能够将含尘风流送入除尘器内多次除尘，除尘器使用率和降尘效果提高，确保了掘进工作面排出空气的质量(图 6-29)。

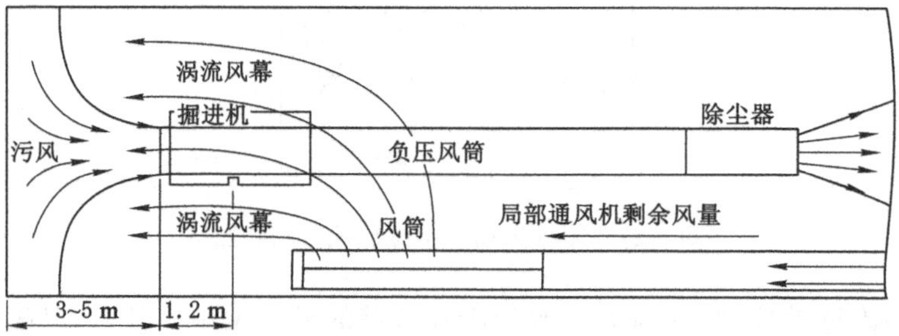

图 6-29 掘进工作面可控循环风大风量长压短抽通风除尘系统示意图

6.6.1.2 可控循环风大风量长压短抽通风降尘工艺装备研制

(1) 大风量湿式过滤旋流除尘器

除尘器的处理风量及除尘效率直接影响抽尘净化系统的整体效率。湿式除尘器具有结构简单、体积小、造价低、操作维修方便和除尘效率高等优点，适用于煤矿井下受限空间，尤其是掘进工作面。湿式除尘器的原理是使含尘气体与水密切接触，利用水滴和尘粒的惯性碰撞及其他作用增大粉尘粒径并捕集尘粒。

湿式除尘器主要是利用水滴、水网、水膜和气泡来除去含尘气体中的粉尘。水滴类似于球形捕集器;水网类似于圆柱形捕集器;水膜可看成吸收壁,能有效地防止二次扬尘,提高收集效率;气泡使含有悬浮尘粒的气体与水滴接触,其中的粉尘被捕集,主要是依靠惯性碰撞、拦截和扩散等捕尘机理。

惯性碰撞效应是各种捕尘机理中最普遍和最重要的(特别是对于直径大于1 μm的粉尘)。对于惯性碰撞捕尘,起决定作用的是尘粒的质量。惯性碰撞效率与斯托克斯数的关系试验结果如图6-30所示。惯性碰撞效率随着斯托克斯数的提高而上升,亦即随着尘粒直径、运动速度的提高和液滴直径的减小而上升。故粒径较粗和运动速度较快的尘粒的惯性碰撞效率较高。

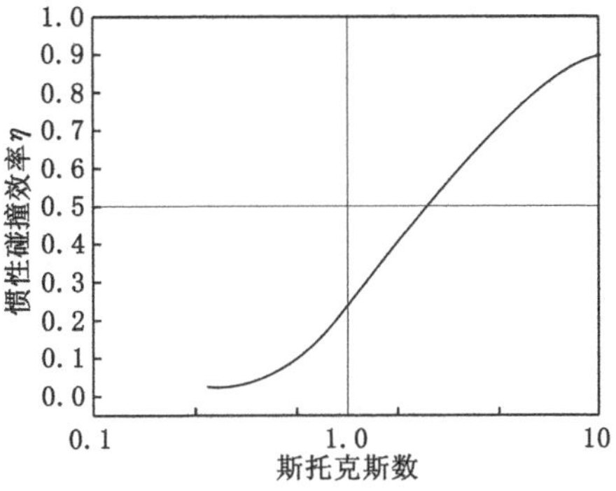

图6-30 惯性碰撞效率与斯托克斯数的关系

拦截捕尘中尘粒大小是重要影响因素。当尘粒直径小于1 μm,特别是小于0.1 μm时,尘粒随气流运动时不再沿着气体流线绕流水滴,而在气流前进过程中做不规则的"之"字形运动。气体分子与粉尘粒子之间相互摩擦导致热运动加剧,从而使气体分子携带粉尘粒子做布朗扩散。在扩散过程中不断有粉尘粒子通过布朗扩散到除尘器内筒表面上,从而实现粉尘粒子被捕集的目的。

(2) 脱水技术及脱水效率

脱水器根据脱水方式的不同,可以分为重力式、撞击式和离心式三种。表6-13列出了不同脱水方式的各种脱水器的脱水风速、工作阻力和脱水程度等性能的比较。

表6-13 不同脱水方式的性能比较

序号	脱水方式	脱水器名称	脱水风速 v_w/(m/s)	阻力 Δp /Pa	脱水程度
1	重力式	重力脱水器	4～5	200～500	粗脱
2	撞击式	重力挡板脱水器	5	300	粗脱
		丝网除雾器	3.5～4	150～250	精脱
3	离心式	叶轮旋流脱水器	14～15	500	粗脱
		复式挡板脱水器	15～25	100～500	精脱

重力脱水器主要利用降低气体流速,使水滴依靠重力沉降下来,其工作原理类似于重力沉降室,结构简单,不易堵塞,但体积较大,对细水滴脱除效率不高。

重力挡板脱水器是在重力脱水器的基础上,在沉降脱水室内增加多排挡板,当水滴进入沉降脱水室内时,增加水滴在其内部的碰撞机会以提高脱水效率。其具有结构简单,脱水效率高等特点,但体积较大。

叶轮旋流脱水器一般由脱水部、旋流器和挡水板三部分组成,当夹杂水滴的气流进入脱水器,细小液滴在叶片上撞击集聚形成大颗粒水滴,在气流的带动下,水滴沿着叶片以离心方向甩至脱水部内壁流下。同时,部分夹带在气体中的水滴由于气流的旋转作用被分离下来。

复式挡板脱水器属于直流型旋风器的一种，它是在直流型旋风器内增加了若干同心挡板，如图 6-31 所示。在脱水器内，以切向、径向和轴向运动形成一条合成抛线。其无挡板的合成抛线为 A-C，粒子在器壁 C 处被碰撞落下；如果增加挡板，则抛线 A-C 将被截断于 B 处，缩短成 A-B，使粒子提前在 B 处碰撞落下。挡板越多，抛线也越短，则粒子碰撞落下的机会也越多，有助于提高粒子清除效率。

在无挡板脱水器中，气流在脱水器内环流 2～3 圈以上，它具有外螺旋和内螺旋双气柱，阻力较大。在复式挡板脱水器中，气流经过挡板 3/4 圈，在器壁处最多一圈。故在进口速度相同时，其阻力较无挡板型小。

采用正压旋流脱水技术，以缩短除尘器的总体长度。脱水装置由导向装置和脱水器组成，如图 6-32 所示。

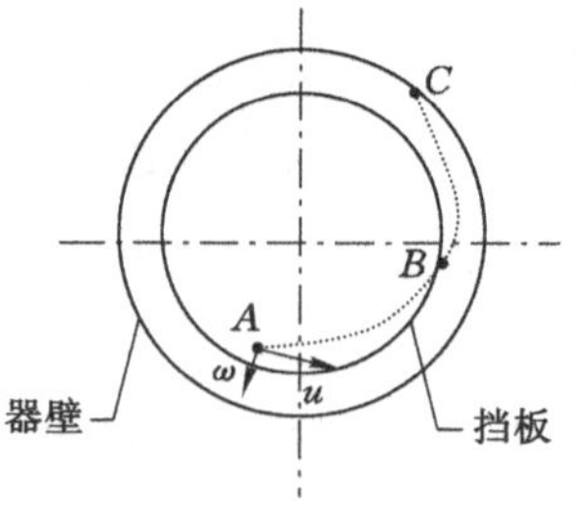

图 6-31　复式挡板脱水器示意图

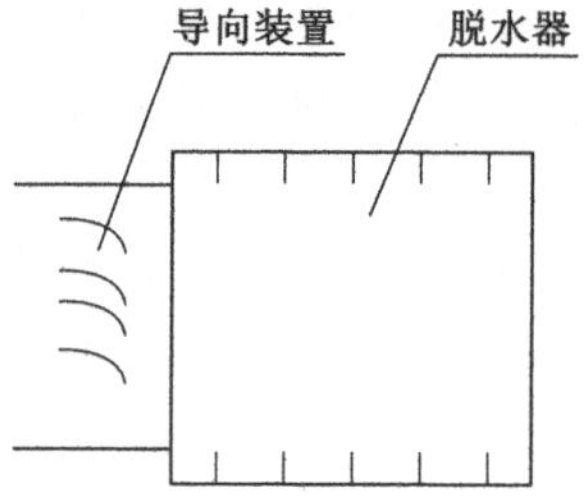

图 6-32　脱水装置结构示意图

脱水效率 η_w 是湿式除尘器的重要指标，为保证掘进工作面有良好的工作环境，从理论上讲，除尘器的 η_w 应以达到或接近 100% 为目标。在现有技术经济条件下，根据国内外同类除尘器的技术指标，结合煤矿井下实际情况，确定除尘器的脱水效率为 $\eta_w \geqslant 95\%$。

(3) 配套风机型式的确定

轴流式风机相对于离心式风机而言，具有流量大、体积小等特点，常用作矿井通风机，特别适用于矿井工作面的通风。除尘器主要用于煤矿井下掘进工作面受限空间，体积需较小。因此，可采用卧式抽出式轴流风机作为除尘器的配套风机。

(4) 除尘器的总体结构的确定

为防止大颗粒粉尘及杂物撞击除尘器配套风机叶片产生摩擦火花，将喷雾洗涤器置于风机前端，使大颗粒粉尘及杂物在经过洗涤器时被捕集。

采用正压脱水技术，一方面可以缩短脱水器的总体长度，减小除尘器整机的外形尺寸；另一方面可以避免负压脱水因密闭效果不佳造成的脱水效果差的问题。采用正压脱水技术，将脱水器布置在风机后端，并在其前方加设过滤网，达到减小脱水器长度和提高脱水效率及除尘效率的目的。

为进一步减小除尘器整机的体积，适应煤矿井下需要，选用轴流式风机作为除尘器的配套风机，将风机的电动机及其外筒与风流导向装置设计为一体，缩短除尘器的长度。

除尘器的总体结构如图 6-33 所示。含尘空气进入除尘器后，在喷雾洗涤段通过水雾作用，湿润气流中的粉尘颗粒，含尘气流经过配套风机段，受到高速旋转叶片的离心作用后，进入除尘脱水段，在高速旋转离心力作用下通过过滤网和波纹板，粉尘和空气分离，湿润的粉尘所形成的泥浆流入污水箱排出，净化后的干净空气排至巷道中。

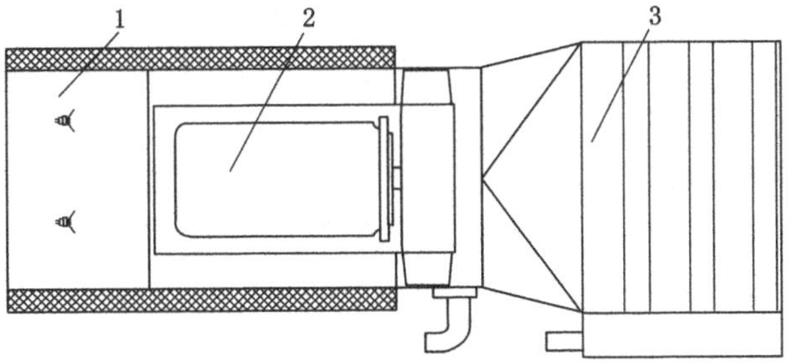

1—喷雾洗涤段；2—配套风机段；3—除尘脱水段。

图 6-33　除尘器总体结构图

(5) 除尘效率

根据《矿用除尘器通用技术条件》(MT/T 159—2019)的要求，湿式过滤除尘器的总粉尘除尘效率和呼吸性粉尘除尘效率应分别大于 97%和 80%。目前我国煤矿井下掘进工作面的总粉尘浓度都在 500 mg/m³ 以上，呼吸性粉尘浓度达到 40 mg/m³ 以上。为满足《煤矿安全规程》要求，除尘器出口总粉尘浓度必须小于 10 mg/m³，呼吸性粉尘浓度必须小于 3.5 mg/m³。因此，理论上除尘器的总粉尘除尘效率须达到：

$$\eta \geqslant \frac{500-10}{500} \times 100\% = 98\%$$

呼吸性粉尘除尘效率须达到：

$$\eta_r \geqslant \frac{40-3.5}{40} \times 100\% = 91\%$$

考虑到工作面产生的粉尘不能全部进入除尘器内进行净化，以及技术上的可行性和经济上的合理性，最终确定除尘器的总粉尘除尘效率为 $\eta \geqslant 99\%$，呼吸性粉尘除尘效率为 $\eta_r \geqslant 90\%$。

(6) 利用高速旋转叶片的离心力捕尘技术

含尘气流经喷雾降尘处理后，一部分粉尘被湿润、凝并而沉降，使空气得到初级净化，另一部分粉尘和未沉降的微细水雾在空气中形成尘水气混合物，该混合物经过轴流式风机的高速旋转叶片时，在强大的离心力作用下，使尘粒和水雾强力凝结而沉降，进一步提高捕尘率，凝结后的尘水混合物通过风机外壳排出除尘器，捕尘效果的高低与叶片的形式、材料等紧密相关。

(7) 高效过滤除尘技术

含尘气流通过喷雾降尘和高速旋转叶片的两级净化后，粗颗粒粉尘基本除去，剩下的是难以捕集的微细粉尘，而采用过滤除尘技术可有效净化微细粉尘。过滤除尘的效率主要受过滤网的材料、结构以及过滤风速的影响。

过滤网：不锈钢网的网孔直径大小是影响除尘效率最关键的因素，网孔太大，除尘效率低，特别是对呼吸性粉尘的除尘效率更是如此；网孔太小，除尘器的阻力大、容易堵塞，既不节能也不方便应用。通过 KCS 系列除尘器的成功经验，可采用 50 目不锈钢网。

过滤结构：在相同的处理风量条件下，过滤面积越大，过滤风速越低。因此，在不增加除尘器直径的前提下，尽量增大过滤面积，并与脱水段面积同时考虑，可最大限度降低除尘器体积。

将过滤网布置在配套风机后部，通过喷雾洗涤段与配套风机段的捕尘作用，除去大部分粉尘，特别是大颗粒粉尘，降低了过滤网被堵塞的概率；同时，将过滤网与波纹板脱水器布置在同一个筒体内，并将三层过滤网进行合理重叠，增大过滤面积，降低过滤风速，在提高除尘器除尘效率的同时，减小了除尘器的体积。

过滤风速：除尘器的过滤风速越低，除尘效率越高、阻力越小。

过滤风速 v_g 在 1.54～3.41 m/s 时，总粉尘除尘效率 $\eta \geqslant 99\%$，呼吸性粉尘除尘效率 $\eta_r \geqslant 90\%$，其工作阻力 Δp 为 180～300 Pa，如图 6-34～图 6-36 所示。因此，确定除尘器的过滤风速 v_g 为 1.54～3.41 m/s。

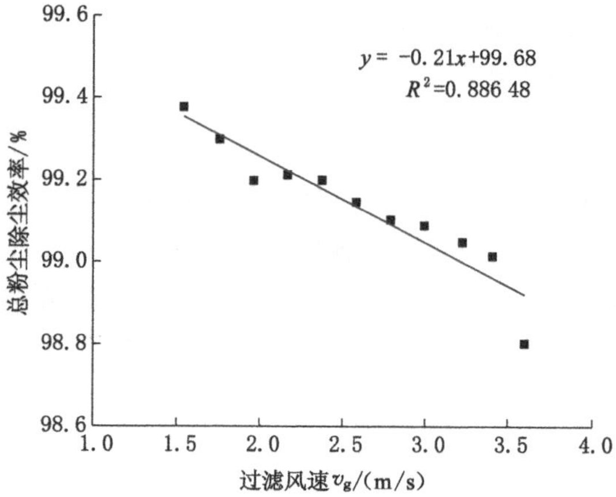

图 6-34　总粉尘除尘效率 η 与过滤风速 v_g 的关系

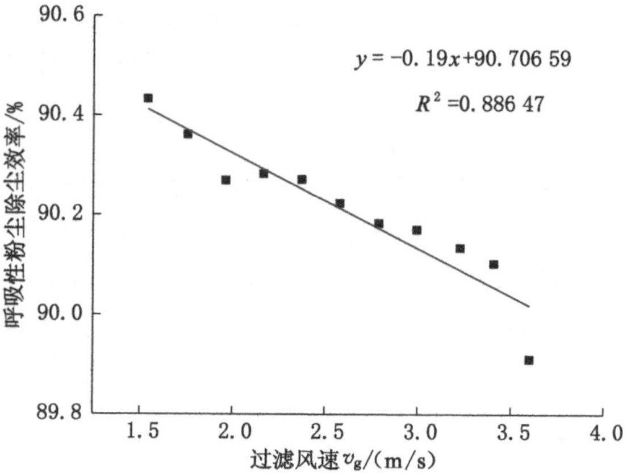

图 6-35　呼吸性粉尘除尘效率 η_r 与过滤风速 v_g 的关系

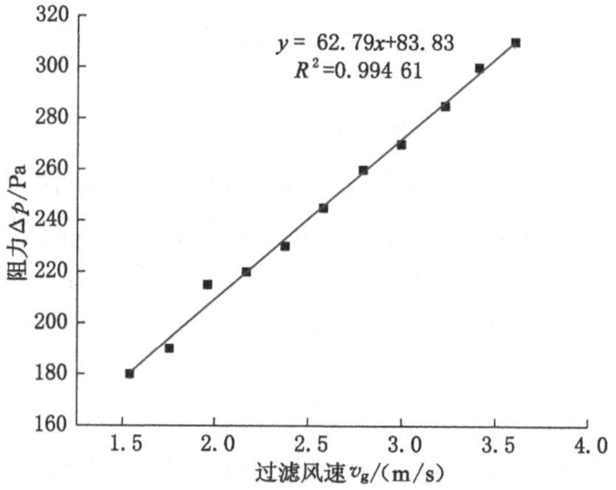

图 6-36　工作阻力 Δp 与过滤风速 v_g 的关系

(8) KCS-550D(A)型矿用湿式过滤旋流除尘器结构特征及工作原理

研制出 KCS-550D(A)型矿用湿式过滤旋流除尘器能够满足大风量抽尘净化的要求。除尘器主要由过滤除尘段、配套风机、旋流脱水段等三部分组成，如图 6-37 所示。除尘器配套风机采用 10# 钢质叶片，外设黄铜保护圈，避免产生机械摩擦火花；采用电动机内置结构，保证电动机的安全运行。

含尘气流在配套风机的引导下进入除尘器，在过滤除尘段的水雾作用下，使其中的粉尘

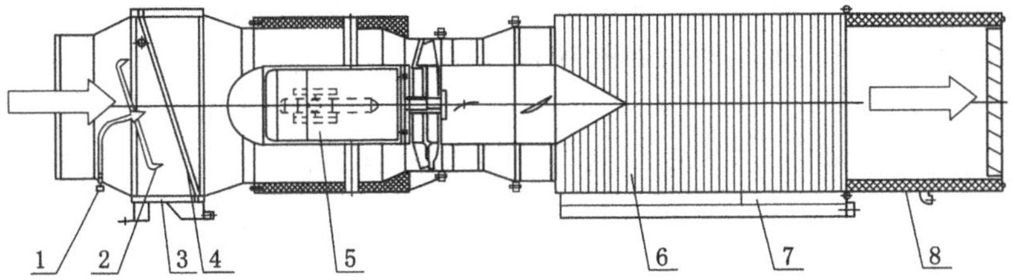

1—进水接口；2—喷嘴；3—过滤除尘段；4—过滤网；5—配套风机；
6—旋流脱水段；7—污水箱；8—消音段。

图 6-37 KCS-550D(A)型矿用湿式过滤旋流除尘器结构示意图

颗粒湿润，在经过过滤网时较大颗粒的粉尘被阻挡下来，湿润的含尘气流接着进入旋流脱水段，在高速旋转离心力作用下使粉尘和空气分离，粉尘与水所形成的泥浆流入污水箱排出，净化后的干净空气排至巷道中。

KCS-550D(A)型矿用湿式过滤旋流除尘器的主要技术参数如表 6-14 所列。

表 6-14 KCS-550D(A)型矿用湿式过滤旋流除尘器主要技术参数

序号	参数名称	单位	参数
1	处理风量	m^3/min	350～550
2	工作阻力	Pa	1 300
3	总粉尘除尘效率	%	≥99%
5	呼吸性粉尘除尘效率	%	≥90%
6	耗水量	L/min	<35
7	工作噪声	dB(A)	≤85
8	电机功率	kW	37
9	外形尺寸	mm	3 300×832×1 400
10	质量	kg	950

6.6.1.3 掘进工作面通风除尘系统监控装置

在系统工作过程中，及时调整除尘器处理风量，达到最佳抽压风量比，并实时监测巷道内的瓦斯浓度，确保整套系统的安全运行。为更好地监测大风量长压短抽通风控尘、降尘系统运行状况（如工作面供风风量、除尘器抽出风量、瓦斯浓度和粉尘浓度），根据不同压风风量，自动调节除尘器抽风风量，使除尘器处于最佳运行状态，研制出了 ZTCK 型煤矿掘进工作面通风除尘系统监控装置，可保障掘进工作面可控循环风大风量长压短抽通风控尘、降尘系统的安全高效运行。

通风除尘系统监控装置主要具有以下功能：① 自动监测功能。可实现对工作面供风风量、除尘器处理风量、除尘器功率、除尘器管道内瓦斯浓度、抽压风筒重叠段瓦斯浓度、降尘效率（粉尘浓度）的在线监测。② 风量配比控制功能。可通过除尘器变频调速来调节供风风量和除尘器风量之间的配比，避免瓦斯积聚并保证良好的降尘效果。③ 安全保护功能。能在除尘器超负荷运行时自动进行断电保护，在瓦斯超限时（含重叠段瓦斯超限和抽风管道内瓦斯超限）对各电气设备自动进行断电保护。④ 故障诊断与报警功能。能对设备故障状态进行诊断和报警，用户可通过操作界面进行查询。

（1）风量推算方法

依据通风阻力定律可知，当管道风流为紊流状态时，风流流经一条管道时产生的总阻力为：

$$h_{阻} = RQ^2 \tag{6-13}$$

式中 R——管道风阻，kg/m^7 或 $N \cdot s^2/m^8$，其值由管道中通风阻力物的种类、几何尺寸和壁面粗糙程度等因素决定，为管道固有特性。

通风的动力一般由通风机提供。对于由电动机驱动的通风机，其从电动机得到的功率 $N_{通入}$ 为：

$$N_{通入} = \frac{\sqrt{3}UI\cos\varphi}{1000}\eta_{电}\ \eta_{传} \tag{6-14}$$

式中 $N_{通入}$——通风机从电动机得到的功率，kW；

U——线电压，V；

I——线电流，A；

$\cos\varphi$——功率因素；

$\eta_{电}$——电动机效率，%；

$\eta_{传}$——传动效率，%。

通风机输出功率与输入功率之比为通风机的效率，通风机的静压效率 $\eta_{通静}$ 的表达式如下：

$$\eta_{通静} = \frac{N_{通静出}}{N_{通入}} \times 100\% \tag{6-15}$$

结合以上两式得：

$$N_{通静出} = \frac{\sqrt{3}UI\cos\varphi}{1\,000}\eta_{电}\ \eta_{传}\ \eta_{通静} \tag{6-16}$$

通风机的静压输出功率 $N_{通静出}$ 与输出静压 $H_{通静}$ 的关系为：

$$N_{通静出} = \frac{H_{通静}Q}{1\,000} \tag{6-17}$$

通风机的风量、风压、功率和效率这四个基本参数可以反映出通风机的工作特性。表示通风机的风压、功率和效率随风量变化而变化的关系曲线称为通风机的个体特性曲线。通风机的个体特性曲线一般通过试验来绘制。图 6-38 为典型离心式通风机与轴流式通风机的特性曲线。

其中，曲线 R 为管道总风阻曲线。由图可知：风阻曲线与风压曲线交于 A 点为通风机的实际工况点，在此工况点有：

$$H_{通静} = RQ^2 \tag{6-18}$$

$$N_{通静出} = \frac{RQ^3}{1\,000} \tag{6-19}$$

$$\frac{\sqrt{3}UI\cos\varphi}{1\,000}\eta_{电}\ \eta_{传}\ \eta_{通静} = N_{通静出} = \frac{RQ^3}{1\,000} \tag{6-20}$$

上式反映了功率（电源电压、电流）、风阻及风量的关系，在紊流的条件下，该关系式成立。

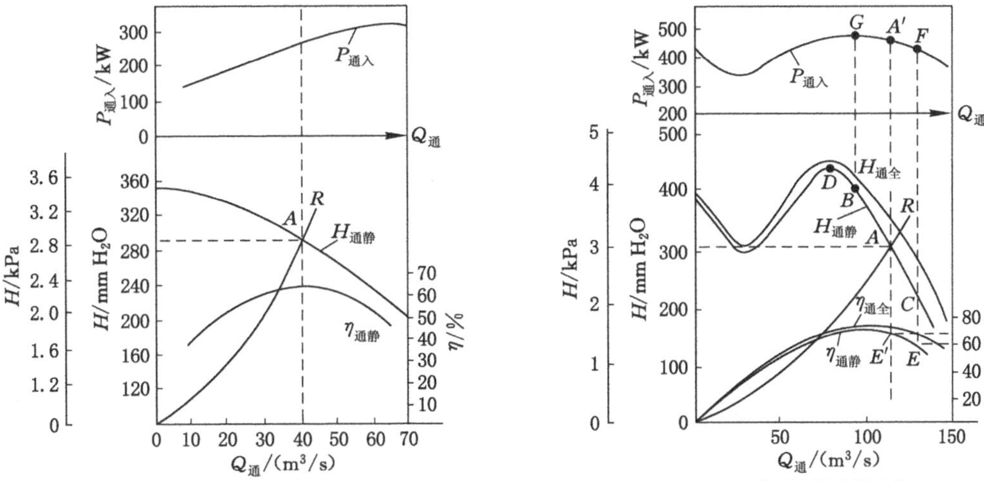

(a) 离心式通风机　　(b) 轴流式通风机

图 6-38　通风机特性曲线

在风阻 R 不变时，功率 N 与风量 Q 的关系为过原点的三次方关系。在几个不同风阻($R_1<R_2<R_3$)时，N-Q 关系图如图 6-39 所示。其中随着转速的增大，风量与功率均增大。

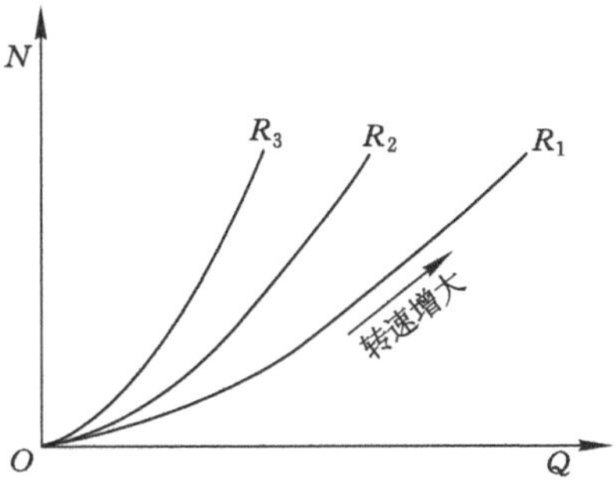

图 6-39　风量与风阻关系曲线

额定转速(设为 n_1)下的功率与风量的关系(N-Q)曲线如图 6-40 所示。图中随着风阻(R)的减小，风量增大。若风机工作的风阻区间位于某单调区间(如 A、B 之间)时，可由此时的功率对照曲线得到此时通过风机的风量。

将以上两类曲线绘制于 N-Q 坐标系中得到图 6-41。图中两类曲线的交点即为实际存在的工况点。

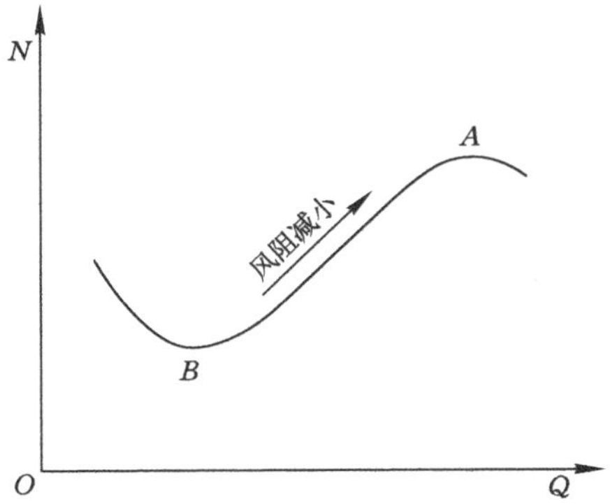

图 6-40　额定转速下功率与风量关系曲线

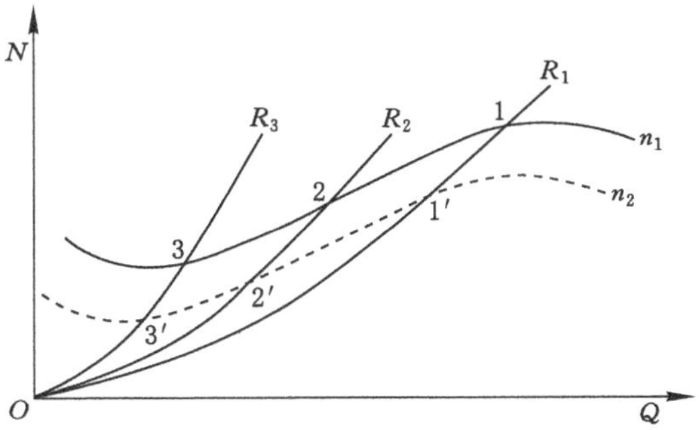

图 6-41　风量与风阻关系曲线

由风机相似理论可知，风机在同一风阻时有：

$$\frac{Q_{通1}}{Q_{通2}} = \frac{n_1}{n_2} \tag{6-21}$$

$$\frac{N_1}{N_2} = \frac{\rho_1}{\rho_2}\left(\frac{n_1}{n_2}\right)^3 \tag{6-22}$$

式中　ρ——气体密度。

因此，当风机的转速由 n_1 调整为任意转速 $n_2(n_2<n_1)$后，交点将在 $1'$，$2'$，$3'$处。由上式可知：

$$N_{n_2 1'} = \frac{n_2^3}{n_1^3}N_{n_1 1}；N_{n_2 2'} = \frac{n_2^3}{n_1^3}N_{n_1 2}；N_{n_2 3'} = \frac{n_2^3}{n_1^3}N_{n_1 3}；$$

$$Q_{n_2 1'} = \frac{n_2}{n_1}Q_{n_1 1}；Q_{n_2 2'} = \frac{n_2}{n_1}Q_{n_1 2}；Q_{n_2 3'} = \frac{n_2}{n_1}Q_{n_1 3} \tag{6-23}$$

可得到转速为 n_2 时，在风阻 R_1、R_2 及 R_3 时的功率及相应的风量。

若风阻个数较多时，则可认为得到了转速为 n_2 时的功率-风量关系曲线，再依据监测的功率即可得到此时通过风机的风量。

在某一确定的风阻条件时，$N=An^3$，为了得到更精确的拟合曲线，实际应用时，设 $N=An^3+Bn^2+Cn+D$。试验测得除尘器在多个确定风阻条件时的频率与对应的功率曲线，如图 6-42 所示。

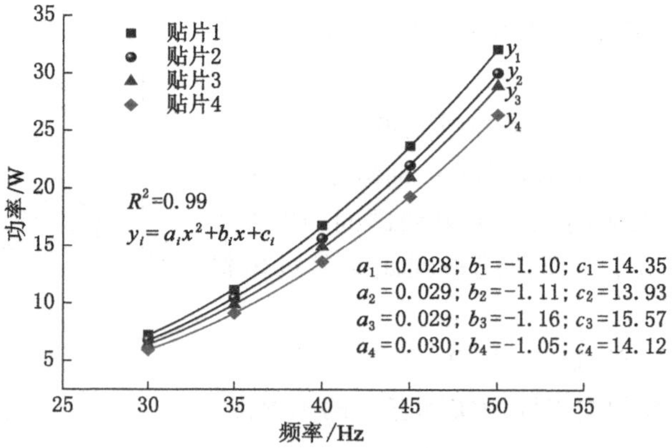

图 6-42　频率与功率关系曲线

在小数位数有限的情况下，三次方关系的精度与二次方相比差别不大。在贴片 3 的情况下，各个系数均取 5 位小数时，二次拟合与三次拟合的计算精度对比如表 6-15 所列。

表 6-15　二次拟合与三次拟合精度对比

频率/Hz	实测功率/W	二次拟合		三次拟合	
		计算功率/W	误差/%	计算功率/W	误差/%
50	28.808	28.699 92	0.38	28.924 57	0.40
45	20.832	21.080 92	1.19	21.008 02	0.84
40	14.946	14.829 42	0.78	14.900 47	0.30
35	10.043	9.945 42	0.97	10.166 92	1.23
30	6.362	6.428 92	1.05	6.372 37	0.16

从试验数据可知，设 $N=An^2+Bn+C$ 时，能较好符合实际情况，并简化计算。

对于某一风阻，若已知在此风阻时 A、B、C 3 个系数，可以计算出在此风阻时任意频率的功率与风量，并构成 N-Q 曲线上的一个点。若已知足够多风阻时的上述系数，可以得到任意频率下的 N-Q 曲线上的数据点。结合风机的即时运行功率，可以通过线性插值的方法得到即时风机的通过风量。

风量推算需分两步进行，首先需要对除尘器做测试，并对数据进行分析，得到不同风阻条件下风机功率与频率关系以及风量与频率关系的各个系数（以下称为基础数据表）。然后任意条件下风机的通过风量可以通过调用上一步得到的基础数据表并通过固定的算法推算当前除尘器的风量。

对于某一风机，通过实验室测试得到多风阻条件时的系数。每一风阻条件有 5 个系数，该 5 个系数构成一组。依据精度要求，取适当风阻条件构成基础数据表，记 A_{ij}。该基础数据表（A_{ij}）为一个二维数组，其中（i 为风阻测试序号；$j=1,2,\cdots,5$）。对于第 i 种风阻情况时：A_{i1}，A_{i2}，A_{i3} 分别为以频率（大于 3 个频率点）为自变量，相应的功率为因变量拟合的二次曲线的二次项系数、一次项系数和常数项；A_{i4}，A_{i5} 分别为以频率（大于 2 个频率点）为自变量，相应的风量为因变量拟合的一次曲线的一次项系数和常数项。为了便于计算规定：风阻测试序号越大，对应的风阻越小。

实际测量风量时，依据基础数据表，按图 6-43 所示流程计算即可得到实时风机的通过风量。计算流程统一，方便程序实现。

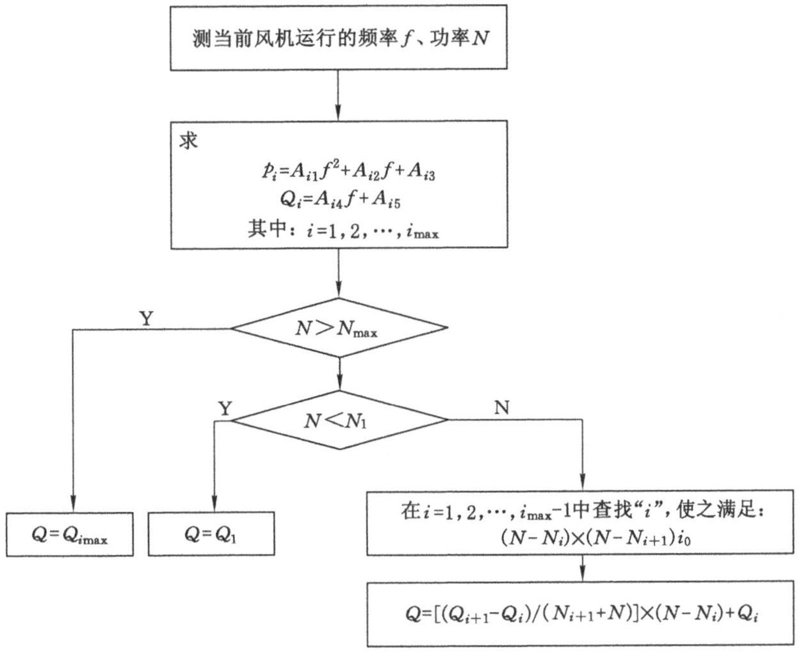

图 6-43　实时风量测算流程图

选用 550 除尘器的除尘风机进行测试，选取 7 个风组点的数据。按规定的测试方法测得 7 个风阻点共 35 个数据，如表 6-16 所列。

表 6-16 风量、风阻测定数据表

风阻点序号	系数				
	A	B	C	D	E
1	0.031 39	−1.24	16.36	10.88	−0.46
2	0.030 78	−1.21	15.82	10.62	−6.37
3	0.027 87	−1.06	13.27	9.67	−4.21
4	0.027 46	−1.07	14.05	9.27	−1.63
5	0.026 13	−1.02	13.34	8.00	23.42
6	0.025 62	−1.03	13.72	7.92	3.69
7	0.021 51	−0.83	10.74	6.49	8.59

在管道风阻及风机运行频率任意变化的条件下，与按国标《工业通风机 用标准化风道性能试验》(GB/T 1236—2017)中锥形进口方法测量的风量进行对比，结果如表 6-17 所列。

表 6-17 风量测量误差

频率/Hz	功率/W	标准方法测得的风量/(m^3/min)	本书方法计算的风量/(m^3/min)	相对误差/%
38.80	13.396	336.73	352.43	4.66
40.86	17.026	423.51	404.36	4.52
43.23	20.022	443.36	424.79	4.19
49.19	29.428	489.95	485.29	0.95
39.37	15.162	406.60	387.98	4.58
33.71	9.998	350.97	350.60	0.11
36.22	12.338	394.12	376.66	4.43
41.95	16.308	361.63	354.15	2.07
46.93	22.686	409.03	395.03	3.42
40.29	16.520	413.23	405.00	1.99
43.02	19.908	420.59	426.62	1.43
34.05	10.088	345.95	345.95	0.00

依据功率和频率计算通过 550 除尘器即时风量的方法，具有较高精度，可满足工业在线监测的要求。

(2) 除尘系统监控装置结构及其工作原理

装置主要由风量测量装置、控制箱、粉尘浓度传感器、甲烷浓度传感器、通信电缆以及其他部件组成，如图 6-44 所示。控制箱共有 9 路电流输出，其中强电 2 路，用于同时带动 2 台风机运行；弱电有 7 路，分别用于带动 2 台粉尘浓度传感器、低浓度甲烷浓度传感器、管道红外甲烷浓度传感器以及风量测量中的差压变送器、压力变送器和温度变送器。

系统工作原理如下：

① 控制箱接收到风量测量装置传递的信号后，利用风量计算程序进行风量计算，再利用主控箱内程序依次推算除尘器所要达到的目标风量和频率，最后主控箱通过程序自动调

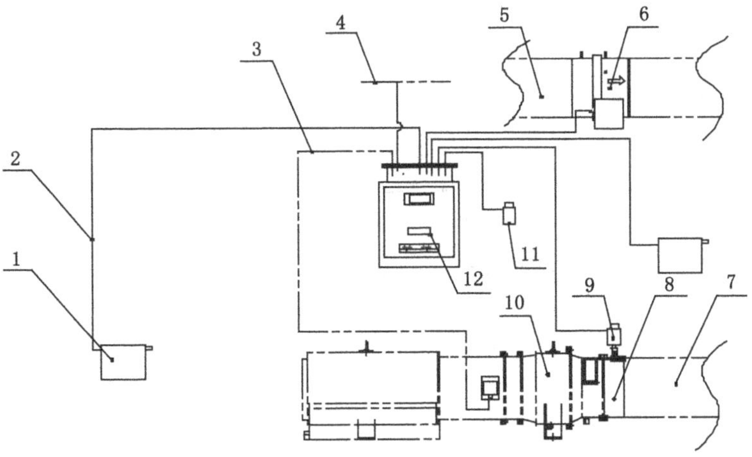

1—粉尘浓度传感器；2—通信电缆；3—防爆电缆(外接设备)；
4—掘进工作面供电电源(660 VAC)；5—正压风筒(外接设备)；6—风量测量装置；7—负压风筒(外接设备)；
8—管道甲烷传感器安装架；9—管道甲烷传感器；10—除尘器(外接设备)；11—甲烷浓度传感；12—控制箱。

图 6-44　除尘系统监控装置组成示意图

节频率使除尘器达到目标风量。

② 装置在对除尘器风量进行自动调节的同时，还对除尘器运行状况、瓦斯浓度和粉尘进行监测，当除尘器出现超负荷运行或瓦斯浓度超限时，控制箱对除尘器进行自动断电保护。

系统的主要部件或功能单元的结构及作用：

① 风量测量装置用于测量工作面供风筒风量，主要由风量测量管道、均速管、差压变送器、温度变送器、压力变送器、四通接线盒和通信电缆组成。

② 控制箱主要由瓦斯浓度信号处理与决策单元、除尘器运行参数处理与决策单元、显示单元、报警单元等构成，负责接收、处理和分析各传感器信号，并对除尘器进行变频控制。

③ 粉尘浓度监测装置主要由粉尘浓度传感器及其安装装置组成，其作用是对除尘器进、出风口附近的粉尘浓度进行监测。

④ 甲烷浓度监测装置主要由甲烷浓度传感器及其安装装置组成，其作用是对除尘器管道内的甲烷浓度和抽压风筒重叠段的甲烷浓度进行监测。

6.6.2　掘进工作面通风除尘工程示范

以东滩矿 1307 工作面的薄煤层胶带运输巷半煤岩掘进工作面为例。由地质资料知：煤层平均厚度 0.81 m，结构简单，煤层倾角一般为 3°～6°，平均 4°；$16^{\pm}$ 煤呈黑色半亮型，玻璃油脂，以亮煤为主，节理发育，局部分布有黄铁矿结核，层位不稳定。工作面内煤层稳定，煤厚变化不大，全区可采，煤厚变异系数为 15.53%，煤层普氏系数(f)为 1.25～2.5。煤尘有爆炸危险，爆炸指数 47.73%，自然发火期为 239 d，自燃倾向性等级属于三类。

通常情况下，为使压入风筒与除尘器排放口的重叠段有风流流动，保证作业人员及行人需要，同时防止工作面产生循环风引起工作面瓦斯积聚，要求压入风量大于吸风量。导致掘进巷道内有一部分含尘气流不能被除尘器吸入净化，影响整个工作面的降尘效果。

鉴于兖矿集团绝大部分矿井掘进工作面内瓦斯含量小的实际情况，为提高掘进工作面抽尘净化系统的降尘效率，决定在采取安全保障措施的前提下，加大抽尘净化系统中的吸风量，提高整个净化系统的降尘效率。

6.6.2.1　可控循环风大风量长压短抽通风除尘系统工艺参数

（1）除尘系统吸尘口距迎头的距离

若除尘器吸尘口距掘进工作面迎头距离太小，则滚筒割煤产生的大量粉尘会由于机械力的扰动作用被甩到吸尘口有效吸捕范围外随风流带出，无法进入除尘器中净化处理。若除尘器吸尘口距掘进工作面迎头距离过大，掘进头的粉尘需经过司机处之后才被吸入吸尘口，这给矿井生产带来了安全隐患。

吸尘口距掘进工作面迎头的距离 $L_{吸}$ 可按下式计算：

$$L_{吸} \leqslant 1.5 \times S^{\frac{1}{2}} \tag{6-24}$$

式中　S——巷道断面积，该试验工作面 $S=19\ \mathrm{m}^2$。

由上式计算得：$L_{吸} \leqslant 6.5\ \mathrm{m}$。为最大限度地减小掘进机司机处的粉尘浓度，实际生产时吸尘口始终要保持在掘进机司机位置的前方，并尽可能地减少吸尘口对掘进机司机视线的影响。根据现场的实际生产需要，吸尘口应放置在掘进机司机左前方，距截割头不大于 5 m。

（2）除尘装置距掘进工作面迎头的距离

压入式风筒口距工作面距离过小，则工作面粉尘高速风流带出至巷道中，反之，距离过大时排尘风速小，无法形成压抽气流，不易吹散迎头的瓦斯和煤尘。压入式风筒距迎头的距离稍大于风筒的有效射程时，除尘效果较好。根据生产实践，压入式风筒口距掘进工作面迎头的距离 $L_{压}$ 可按下式计算：

$$L_{压} \leqslant 5 \times S^{\frac{1}{2}} \tag{6-25}$$

1307 轨顺掘进工作面净断面 19 m²，$L_{压}$ 的最大值为 21.8 m。由于掘进生产过程是一个动态生产过程，而有时因为工作接续、工区之间相互协调等问题，确定压入式风筒距迎头的距离在 10～20 m 之间，此时，压入式风筒距迎头的距离仍然满足公式 $L_{压} \leqslant 5\sqrt{S}$ 要求。

（3）抽出风量的确定

为解决抽出风量对系统除尘效率的影响，在模拟掘进试验巷道内对不同抽风量的系统除尘效率进行了试验研究，以寻找最佳的压抽风量比。模拟掘进试验巷道为矩形断面，长 50 m，宽 4 m，高 3 m，断面积 12 m²。试验系统模拟供风量为 200 m³/min，除尘器最大处理风量 350 m³/min，通过变频器调节除尘器抽出风量。采用大浓度发尘器模拟掘进机割煤产尘，发尘平均浓度控制在 685 mg/m³。在掘进机司机位置（掘迎头 6 m 处）和除尘器出风口后 10 m 的巷道内分别布置两个采样点，图 6-45 为抽尘净化模拟试验系统示意图。表 6-18 和图 6-46 为不同抽出风量情况下的系统除尘效率试验结果。

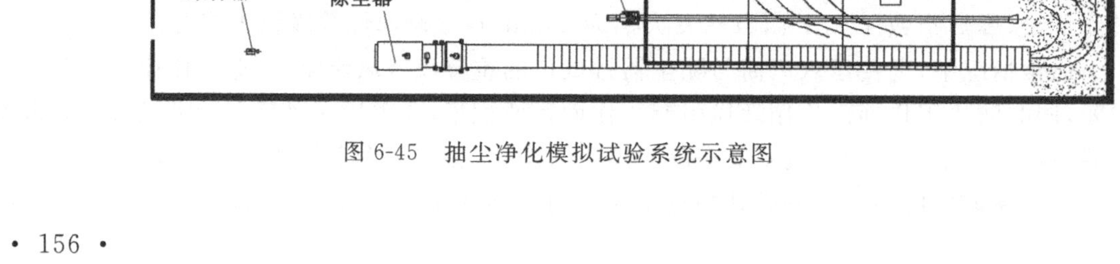

图 6-45　抽尘净化模拟试验系统示意图

表 6-18　不同抽出风量情况下系统除尘的试验结果

设计抽压比	抽出风量/(m^3/min)	司机位置(距迎头 6 m 处)		除尘器出口后 10 m 巷道内	
		粉尘浓度/(mg/m^3)	除尘效率/%	粉尘浓度/(mg/m^3)	除尘效率/%
1.0	200	82.9	87.9	80.8	88.2
1.1	220	76.7	88.8	71.9	89.5
1.2	240	60.3	91.2	56.2	91.8
1.3	260	49.3	92.8	50.0	92.7
1.4	280	28.1	95.9	22.6	96.7
1.5	300	26.0	96.2	19.9	97.1
1.6	320	25.4	96.3	18.5	97.3

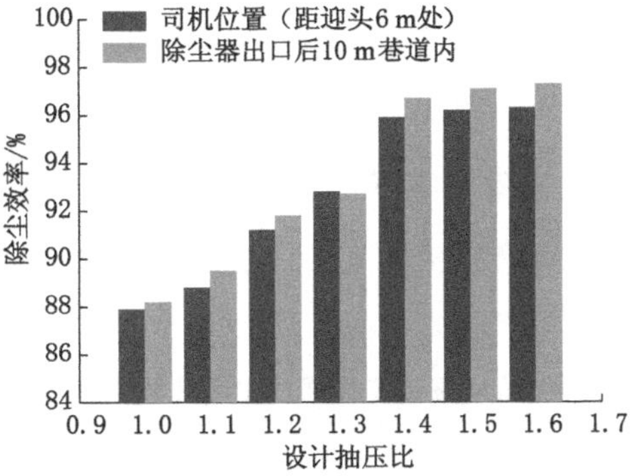

图 6-46　不同抽压比的抽尘净化系统除尘效率

随着除尘器抽出风量增大，即随着抽压比的增大，系统降尘效率也随之提高，当压抽比达到 1.4 以上时，系统降尘效率明显提高。在抽压比为 1.4 时，司机位置的降尘效率为 95.9%，除尘器出风口后 10 m 巷道内降尘效率达到 96.7%。

6.6.2.2　系统组成

如图 6-47 所示，抽尘净化系统采用长压短抽结构形式，采用的长压系统主要由局部通风机和 ϕ800 mm 抗静电、阻燃风筒组成。短抽系统由集尘器、ϕ700 mm 负压软风筒和 KCS-550D(A)型矿用湿式过滤旋流除尘器等部件组成。短抽系统安装在系统末端，即掘进机、转载机、承载段尾部，随掘进机一起移动，使吸风口始终距迎头不大于 5.0 m 范围内，让掘进机司机始终处于新鲜风流中。同时在除尘风机吸、出风口之间安装瓦斯传感器及一道“环”形全断面净化喷雾。安全监控装置主要由风量测量装置、通风除尘系统监控装置控制箱、粉尘浓度传感器、甲烷浓度传感器、通信电缆等部件组成，监测系统运行过程的各项参数，并能自行优化调节。

除尘器固定在独立的小车架上，车架放置在胶带承载段，车架与掘进机中间用两根连杆连接，随掘进机挪移同步一起移动。除尘风筒采用 ϕ700 mm 负压风筒，安装在转载机上方。除尘风机至吸风口之间尽量保持平直，减少拐弯和起伏，以减小回风阻力，增加除尘器吸风量，提高除尘效率。集尘器放置在掘进机司机左前方，距切割头不大于 5 m。除尘风机同掘进机同步启动，掘进机停机后，除尘器延时停机。

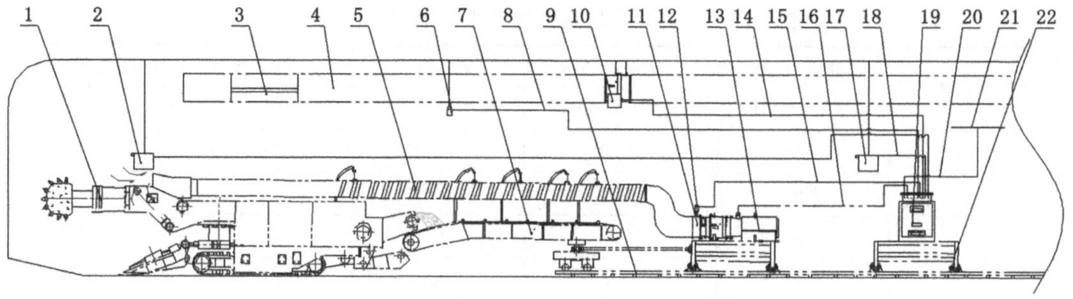

1—掘进机;2—粉尘浓度传感器 1;3—通信电缆 1;
4—供风筒;5—吸尘风筒;6—甲烷浓度传感器;7—桥式转载机;8—通信电缆 2;9—带式输送机;
10—风量测量装置;11—管道甲烷浓度传感器安装装置;12—管道甲烷浓度传感器;13—除尘器;
14—通信电缆 3;15—通信电缆 4;16—防爆电缆 1;17—粉尘浓度传感器 2;18—通信电缆 5;
19—控制箱;20—防爆电缆 2;21—660VAC 供电电源;22—控制箱安装平台。

图 6-47　掘进工作面除尘装置布置示意图

6.6.2.3　除尘效率

1307 轨顺掘进工作面采用高效喷雾降尘系统及可控循环风大风量长压短抽通风控尘、降尘技术后,掘进机司机位置(距迎头 5 m 处)和除尘器出风口后 10 m 处的粉尘浓度监测结果见表 6-19。

表 6-19　1307 轨顺掘进工作面抽尘净化除尘效率测量结果

采样地点	采样条件	使用前粉尘浓度/(mg/m³)				使用后粉尘浓度/(mg/m³)				降尘效率/%
		1	2	3	均值	1	2	3	均值	
司机位置	总粉尘	219.6	229.8	221.5	223.6	8.6	6.4	7.4	7.5	96.6
	呼吸性粉尘	74.1	75.2	73.8	74.4	2.1	2.4	2.2	2.2	97.0
除尘器后 10 m	总粉尘	198.1	201.3	199.4	199.6	4.7	5.0	4.4	4.7	97.6
	呼吸性粉尘	66.6	68.5	68.7	67.9	1.8	2.3	1.9	2.0	97.1

注:使用前指所有防尘设施均未使用的情况;使用后指高压外喷雾、抽尘净化系统都开启的情况。

1307 轨顺掘进工作面掘进时,采用高效喷雾降尘系统及可控循环风大风量长压短抽通风控降尘系统后,生产时的总粉尘和呼吸性粉尘除尘效率均达 96%以上,掘进机司机位置处和除尘器出风口后 10 m 处巷道内的总粉尘浓度分别为 7.5 mg/m³ 和 4.7 mg/m³,呼吸性粉尘浓度分别为 2.2 mg/m³ 和 2.0 mg/m³,达到了《煤矿安全规程》的要求,掘进工作面的作业环境得到了极大的改善。

第 7 章　矿井其他地点粉尘防治技术

7.1　锚喷作业点粉尘防治

喷射混凝土技术利用压缩空气或其他动力，将按一定比例配制的混凝土通过管道输送并高速喷射到受喷面上凝结硬化，从而形成混凝土支护层。锚喷支护在加快成巷速度、降低成本、保证质量、安全施工、减轻劳动强度等方面具有突出优点，是国内外公认的多快好省的支护方式。但锚喷工序带来的灰粉飞扬，造成的粉尘危害也十分突出。

湿式喷浆降尘技术是提高喷射混凝土质量、减少粉尘产生及降低回弹的有效方法。当采用干喷法时，我国锚喷作业的粉尘浓度一般为 150 mg/m^3 左右，少数达到 400 mg/m^3 左右，个别达到 1 000 mg/m^3，回弹率一般为 20%～30%；采用湿喷法时，工作区粉尘浓度一般为 30～60 mg/m^3，远超国家标准规定的 10 mg/m^3(游离 SiO_2 含量小于 10%的水泥粉尘)。

7.1.1　锚喷作业产尘来源及影响因素

7.1.1.1　锚喷作业产尘来源

锚喷作业地方的尘源具有多源性，尘源相距较远，产尘浓度大，粉尘沉降速度快等特点。锚喷支护作业中，粉尘主要来源于：① 打锚杆眼；② 水泥和骨料的运输、下料以及喷射机上料等；③ 喷射混凝土产尘(包括喷射机自身产尘和喷射时产尘)。其中，通过采用湿式打眼工艺基本实现了锚喷支护钻眼工艺的无尘作业。

7.1.1.2　锚喷作业产尘影响因素

(1) 锚喷过程中形成气料三相高速射流

水泥、石子、砂子按比例制成三相物料，在喷枪处加水使其水化成混凝土团粒；喷射物料中的粉尘从喷浆机进入输送管道，利用压缩空气作为动力从喷浆口喷出；喷射所产生的高速气流以及卷吸作用会破坏空气运动过程中团粒的黏结，与空气中的粉尘一起形成物料气体双相流；同时，强大的气流对混凝土团粒产生破坏作用；喷射过程中所形成的紊流射流的横向掺混作用强烈，在射流边界上的气体与周围气体发生动量交换，周围气体进入射流，随同射流一起流动，从而使射流的横断面及流量沿射程方向不断增加，形成圆锥形流场；由于动量交换，产生的高速气流会破坏团粒的黏结，与空气中的粉尘一起形成物料气体双相流，从而造成锚喷粉尘污染源的产生。

由于紊流的间歇现象(在流动中，某一点测得的流速在一段时间是脉动的，而在另一段时间中测不到流速脉动)，在接近射流边缘处的间歇系数很小，而在射流中心部分，射流流动呈现脉动。在此流场中水泥、砂子和石子三相物料的粒径和重量不同，圆形射流紊动特性、悬浮速度、输送速度和受力也不同，导致颗粒发生直射、折射和旋转，产生三相物料的团粒分崩离析，气流含尘量高，质量大的石子携带的动能较大，造成回弹，产生粉尘。对于该壁面射流，水泥、石子、砂子水化成的混凝土团粒高速到达受喷表面时，与巷道表面或已附着的混凝土发生碰撞，团粒结构破坏，也产生粉尘。

（2）锚喷粉尘自身因素

气料双相流冲击喷枪口，空间变大，速度骤然降低，气流对物料的携带能力随之下降，部分物料沉落；未被湿润的微小物料颗粒，在高压气流的吹动下造成回弹并产生粉尘。矿尘粒度越小，质量越小，矿尘表面积越大，吸附空气的能力越强，从而在矿尘表面形成一层空气膜，使得粒径小、质量小的矿尘不易沉降，长时间悬浮在井下空气中。不同粒径的矿尘悬浮情况除受矿尘密度和分散度因素影响外，还受到空间和风流方向的影响。通常情况下，风速越高，悬浮的尘粒数量越多。悬浮于空气中的矿尘存在浓度差别时，矿尘从高浓度区域向低浓度区域扩散移动，趋向于浓度均匀化，这种特性称为矿尘的扩散性。

（3）操作工艺

在锚喷过程中，水量直接影响锚喷粉尘的产尘量。不同人员、地点、环境对锚喷物料水量控制不同，造成锚喷过程中产尘量也不同。喷枪口在喷射时所做的圆周或上下运动与锚喷自由射流形成较为复杂的复合流动-旋动射流。旋动射流有切向速度（旋转速度），使喷嘴内流体旋转，具有切向速度分量。除无旋动射流中存在的轴向、径向速度分量外，旋转速度（切向速度）使径向、轴向产生压力梯度并影响整个射流。旋动射流射出后在周围环境流体中的扩展比相应的无旋动普通流体快，其卷吸能力、掺混作用、轴线速度的衰减比普通射流大，促进了锚喷粉尘的产生。在实际生产条件下，受风流、热源、机械设备运转及人员操作等因素影响，微细粉尘的沉降速度较慢，微细粉尘难以沉降，给降尘工作带来诸多不利影响。

7.1.1.3 锚喷作业产尘碰撞模型

喷射混凝土时，以喷枪形成的射流为动力，携带水泥、砂子和石子以及所组成的团粒，射向岩壁。因圆形射流紊动特性，加之团粒粒径和质量不同，使其悬浮速度、输送速度和受力情况不同，造成射流内团粒相互碰撞，发生直射、折射和旋转等，使三相物料团粒分崩离析，增加气流中的粉尘浓度。

由流体力学中的流体黏性可知，当流体内两层间存在速度梯度时会产生流体剪切力，从而形成漩流，使离散的颗粒以极大的速度向外扩散。黏塑性碰撞恢复系数表征颗粒碰撞运动学与动力学参数关系，具有如下函数表达式：

$$e = v_s / v_y \tag{7-1}$$

式中 v_s——颗粒的黏附速度，m/s；

v_y——颗粒的屈服速度，m/s。

当 $e=v_s/v_y>1$ 时，颗粒碰撞凝聚；$e=v_s/v_y<1$ 时，颗粒分离。

颗粒碰撞频率 N_c 是衡量颗粒间碰撞作用的重要参数，它与颗粒尺寸 d_P、颗粒间相对速度 u_r 和颗粒浓度 n 具有如下函数关系式：

$$N_c = 0.5\pi d_P^2 u_r n^2 \tag{7-2}$$

物料在运动过程中，利用流体运动的相似原理可对物料运动情况进行简化，忽略次要侧向力，团粒受力全在一个平面内，平行于喷嘴轴向的运动过程如图 7-1 所示，团粒 A 和 B 分别以速度 v_1、v_2 运动，当 $v_1>v_2$ 时，A 和 B 会在运动途中发生碰撞。

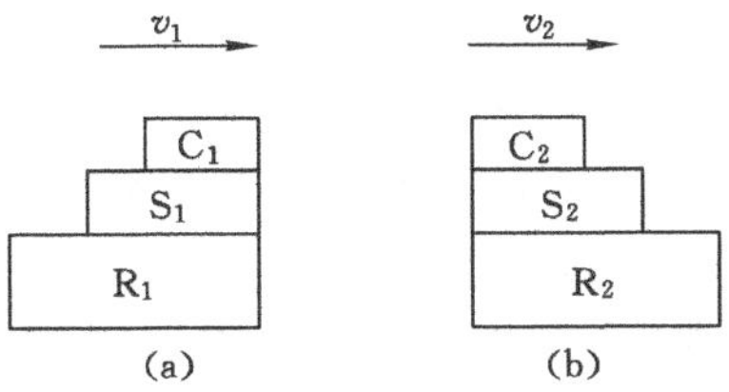

R—石子；S—砂子；C—水泥。

图 7-1　混凝土团粒在运动过程中发生碰撞

由动量守恒定律可知：

$$m_A v_1 + m_B v_2 = (m_A + m_B) v' \tag{7-3}$$

由能量守恒定律可知：

$$\frac{1}{2} m_A v_1^2 + \frac{1}{2} m_B v_2^2 = \frac{1}{2} (m_A + m_B) v'^2 + E_{损} \tag{7-4}$$

在碰撞过程中所产生的能量一部分由混凝土物团内部相互间黏着力消耗，当 E 损失足够大时，物团间的黏着力无法满足要求，造成物团破裂，附着在石子、砂子上的水泥等粉尘飞扬，从而造成喷射途中的粉尘飞扬。

7.1.2　湿式喷浆降尘技术

湿式喷浆在其进入输料管前混合料中加入足量拌合水并且充分搅拌，具有很好的和易性。在混凝土的施工过程中，确定混凝土拌和料的配合比后，喷射混凝土的质量主要取决于喷射技术及喷射工艺。混凝土的喷射工艺参数主要有喷射速度、喷射角度、喷射距离、混凝土的射流冲击力、喷头的几何结构尺寸等。

7.1.2.1　喷射速度

混凝土的喷射速度影响混凝土射流对受喷面的冲击力，而射流冲击力的大小不仅影响混凝土颗粒的挤压、捣实效果，同时也影响回弹的高低。混凝土颗粒的挤压、捣实、密实效果影响喷射混凝土的强度与质量。由此可见，混凝土喷射的速度是完善混凝土喷射性能的重要参数。混凝土的最佳喷射速度是指在混凝土拌和料的配合比及水灰比确定后，在恰当的喷射角度、喷射距离，能够获得使混凝土具有较好捣固密实效果的射流冲击力时所对应的喷射速度。因此，喷射角度、喷射距离、射流冲击力等因素都是影响混凝土最佳喷射速度的因素。另外，在满足混凝土喷射强度的条件下，工程上通常根据回弹率的高低来确定混凝土的最佳喷射速度，即回弹率最低时所对应的喷射速度。

采用垂直喷射时，当喷嘴离受喷面的距离 X（喷距）确定后，假设受喷面上的射流冲击力最佳，则可确定该受喷面上的中心速度 v_m，得到最佳喷射速度 v_0：

$$v_0 = \frac{R v_m}{2.73 R_0} \tag{7-5}$$

由上式中的几何关系可得：

$$R = R_0 + X \tan \theta \tag{7-6}$$

联立可得混凝土的最佳喷射速度为：

$$v_0 = \frac{(R_0 + X \tan \theta) v_m}{2.73 R_0} \tag{7-7}$$

式中　R_0 ——喷嘴的半径，mm；

θ——混凝土射流的扩散角,(°)。

在实际工况中,倾斜的受喷面使得混凝土射流倾斜,此时混凝土的实际射流与水平线间产生一定夹角。受重力影响,当混凝土的实际射流基于水平线向上倾斜时,混凝土料团从喷嘴出来的实际速度减弱;当混凝土的实际射流基于水平线向下倾斜时,混凝土料团的实际速度增大。此时所计算出的最佳喷射速度与实际最佳喷射速度之间产生一定偏差。为避免上述现象,推导出混凝土料团受喷面倾斜时的最佳喷射速度计算表达式,假设混凝土料团自喷嘴出口至受喷面所上升的高度为 H,根据混凝土料团动能的改变量等于其克服重力所做的功,应有:

$$mgX\sin\varphi = \frac{1}{2}mv^2 \tag{7-8}$$

因此,

$$v = \sqrt{2gX\sin\varphi} \tag{7-9}$$

所以,混凝土的实际最佳喷射速度应为:

$$v_0 = \frac{(R_0 + X\tan\theta)v_m}{2.73R_0} \pm \sqrt{2gX\sin\varphi} \tag{7-10}$$

式中 φ——混凝土射流基于水平线的倾角,(°);

X——喷嘴至受喷面的水平距离,m;

±——混凝土射流基于水平线向上倾斜为"+",混凝土射流基于水平线向下倾斜时为"-"。

由上述分析可知,在进行混凝土喷射时,喷射角度为 90°,喷射距离为 1 m 时获得 20 N 的射流冲击力,混凝土的最佳喷射速度约为 23 m/s。

7.1.2.2 喷射角度

高速喷射混凝土作业过程中,当受喷面为完整平面时,喷嘴的喷射角度应与受喷面垂直,即喷射角度为 90°,喷射混凝土的回弹较小。当混凝土的喷射角度小于 75°时,喷射时混凝土拌和料中较大的粗骨料与受喷面碰撞后回弹较大,同时混凝土的强度也相应下降。此外,在喷射混凝土作业时,应根据不同的受喷面、喷射位置及时调整喷射角度使其维持在 80°~90°,以保证较低的回弹和理想的喷射效果。

7.1.2.3 喷射距离

混凝土喷射的实质是混凝土以较高的速度与受喷面发生碰撞、黏结、捣实、凝结、回弹的过程。喷射速度一定时,喷射距离过小,混凝土颗粒发生碰撞,粗骨料反弹较多,喷射混凝土回弹上升,混凝土颗粒动能较高,会冲掉新喷射的混凝土。喷射距离过大,混凝土在达到受喷面时,损失的动能较多,混凝土中粗骨料的捣实效果较差,而细骨料和砂浆的黏结力将降低,影响混凝土的喷射强度。当喷射距离大于 1.5 m 后,混凝土中粗骨料在竖直方向的速度较大,此时混凝土的射流速度偏离水平方向,射流截面上的冲击力、射流速度下降或混凝土的喷射方向会偏离受喷面。此外,喷射距离的选择与喷嘴的结构形状、混凝土拌和料中粗骨料的粒径大小有关,同样喷射条件下,混凝土拌和料中粗骨料粒径大,相应的喷射距离也增大。因此,喷射混凝土的最佳喷射距离为 0.9~1.2 m。

7.1.2.4 喷射厚度

混凝土拌和料从喷嘴喷出后,混凝土拌和料中的细骨料和砂子立即与受喷面黏结在一起，若长时间不移动喷嘴，会导致黏结在受喷面上的混凝土厚度增加。当混凝土本身的自重大于其与受喷面间的黏结力时，混凝土便会脱离受喷面回弹上升，若在很短的时间内将喷嘴移开其受喷面，混凝土中的细骨料和砂浆会很好地黏结在受喷面上，但此时所形成的喷射基层厚度较薄，进行第二次喷射时，混凝土拌和料中较大的粗骨料与喷射基层碰撞挤压后反弹，停留在喷射基层中的粗骨料较少，导致混凝土回弹量较大，同时强度较低。此外，一次喷射厚度还受喷射角度、喷射方向的影响。

因此，一次喷射厚度过大或过小都会影响混凝土的喷射质量，较理想的一次喷射厚度是指在混凝土拌和料不发生错裂、脱落现象时，其厚度超过混凝土拌和料中最大骨料颗粒的最大厚度值。

7.1.2.5　风压控制

喷射机处的工作风压应根据适宜的喷射速度进行调整。若工作风压过高，喷射速度过大，动能过大，导致回弹增加；若工作风压过低，则影响混凝土强度。工作风压同输料管长度、喷嘴离喷射机出料口水平高度、拌和料配比、含水率等因素有关。经试验，喷射机工作风压控制在 0.10～0.15 MPa 效果最佳。

7.1.3　喷浆上料防尘

混凝土混合料在搬运、装卸、搅拌和上料时会不同程度地产生粉尘。为有效降低上料环节的粉尘浓度，对喷射机上料防尘技术进行研究。

7.1.3.1　总体设计思路及结构特征

为减少上料过程中各工序产尘，拟采用机械自动上料，对设备周边进行封闭，防止逸出的粉尘向四周扩散，并增设除尘器对粉尘进行抽尘净化处理。在喷浆支护工作点处压气充足条件下，配套除尘器可采用空气引射器作为除尘器的动力部。

喷射机上料除尘装置由上料装置、除尘器和控尘罩组成，如图 7-2 所示。上料装置包括机头、机身、输送链条、传动装置、挡风板及行走部分等组成；除尘器主要由过滤除尘段、空气引射器、动量脱水器及空气过滤器等组成。

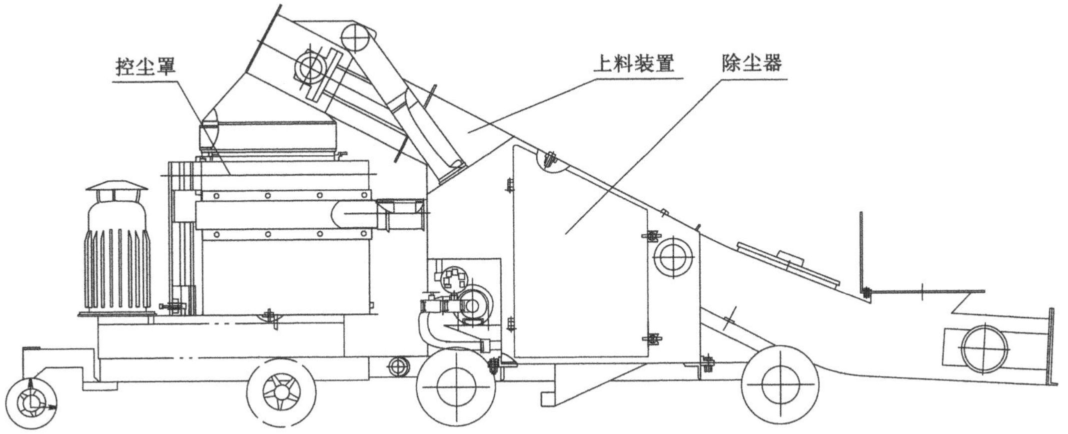

图 7-2　喷射机上料除尘装置结构示意图

7.1.3.2　喷射机上料防尘装置功能及工作原理

喷射机上料除尘装置的功能为上料装置给喷浆机送料，除尘器对喷浆机及上料装置在工作过程中产生的粉尘进行集中净化处理。

向上料装置进料口加料，当物料进入机身尾部进料口后，通过刮板链条的向前运动，将物料输送到头部卸入喷射机内。在喷射机工作过程中，产生的粉尘被控尘罩挡住，利用除尘器上的引射装置将含尘气流引到除尘器内进行喷雾净化处理，最终降低作业区粉尘浓度。

7.1.4 喷浆除尘风机抽尘

除尘风机除尘的工作原理是含尘空气经风机动力吸入除尘器通过振弦过滤板时，会通过来流方向上设置的水喷雾向振弦过滤板上喷雾，附有水幕的纤维使粉尘润湿增重或凝并、滞留，同时由于通过的含尘气体使纤维在气流冲击下产生振动，强化了水雾雾粒与含尘气体中粉尘的冲突，提高了对微细粉尘的捕获率及振弦过滤板自身纤维的自净能力。水喷雾器不断向振弦过滤板喷雾，经过振弦过滤板的含尘气体变成含有水雾与润湿粉尘粒子和粉尘团的混合物，部分尘粒或尘团被捕获随水流下降，同时自洁清洗振弦过滤板积尘，其余粉尘及微粒经水幕碰撞变成湿润粉尘、尘团进入脱水装置分离，污水从排污口排出（或进入循环水箱重新经喷雾泵站循环使用），净化后的空气由排风口排出。

锚喷工作面粉尘主要来源于喷枪喷射时反弹、喷浆机下料口以及喷浆机上、下耐磨橡胶处，为防治锚喷作业过程中产生的粉尘，选择适用于喷浆作业的喷浆除尘风机做进一步的净化处理。通过负压抽吸作用将含尘气流抽入除尘风机中，系统布置如图 7-3 所示。为保证除尘效果，喷浆除尘风机的处理风量应选取不小于 300 m^3/min，吸风口距喷浆机不大于 2 m。

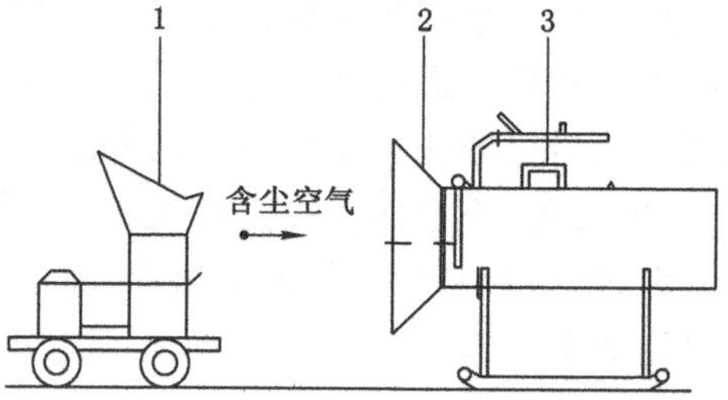

1—喷浆机；2—除尘风机；3—管道过滤器。

图 7-3 锚喷工作面除尘系统布置示意图

在喷浆作业中使用除尘风机，操作简单方便，与喷浆等作业不冲突，而且降尘效果较好，能改善喷浆作业的环境，保障工人的身体健康。

7.2 运输转载点粉尘防治

采掘工作面湿式防尘措施可以润湿煤炭或岩渣表面，但在井巷的装运和转载过程中，因机械设备翻动，水分随风流蒸发，通常会产生不同程度的扬尘，有时在矿井进风流中（逆煤体通风）会出现严重的尘害。

7.2.1 运输转载点产尘特点

胶带运煤系统转载点是关键产尘点。煤与胶带一起做匀速运动，在转载点前方保持水平运动。当煤输送至转载点时，煤体开始自由下落，由于溜槽具有一定的坡度，煤体会沿溜槽下滑至底层胶带。物料在下落的过程中受空气阻力作用，周围空气发生流动，造成细小粉尘飞扬。当来煤的含水率低于 7%时，煤中水分越低，煤尘飞扬越严重。在各转载点，带有粉尘的煤粉在胶带机卸料处形成大量扬尘，由于物料下落而激起的空气紊流使得吸附在煤块上的细小粉尘四处扩散，成为主要尘源之一。

(1) 落煤诱导气流的尘化作用

转载点处的煤体下落过程中，随着下落速度的增大产生诱导气流，这部分空气称为诱导空气。物料的坠落过程是一种不连续的、不规则的运动。坠落的过程中，运动速度基本是以自由落体的规律增长，相同颗粒的物料彼此间发生相对运动，破坏了原来的堆积结构。空气受到物料颗粒的迎面冲击力和摩擦力的作用，产生旋涡运动，于是颗粒侧面和后部的空气压力降低，周围空气被拽引，产生诱导气流。诱导空气使煤体表面的细小粉尘产生尘化。

(2) 胶带牵引流的尘化作用

胶带机运转时，胶带两侧的气流在胶带运动作用下随着煤体运动形成牵引风流。但由于气体的黏滞性，胶带上的煤体和牵引风流存在速度梯度，吸附在煤块表面上的粉尘在摩擦力的作用下与煤体产生相对运动，从煤块表面上剥离飞扬，使胶带上方产生一定量的粉尘。在离心力的作用下，胶带机的机头和机尾处的牵引风流速度最高，携带的粉尘量大，使得胶带牵引流引起的粉尘浓度较高。

(3) 剪切压缩气流的尘化作用

煤从上层胶带向下层胶带转载时，由于下落过程中翻动、跳跃、腾空以及不连续运动，煤块空隙率发生变化，充满空隙的空气，被物料所“夹带”并经溜槽下落到转载点的下层胶带上。当煤遇到刚性平面时，由于要恢复原来的堆积状态，疏松的煤体受到下层胶带的挤压作用，把煤块间隙中的空气猛烈挤出，形成四周向上的剪切气流。这些气流向外运动时会带动细小粉尘一起逸出，造成粉尘飞扬。

(4) 综合尘化作用

胶带运输中输送煤从高处胶带下落时，由于气流和粉尘的剪切作用，被物料挤压出来的高速气流带着粉尘向四周飞溅。另外，由于剪切和诱导气流的作用，高速气流使部分粉尘飞扬。

7.2.2　运输转载点密闭喷雾降尘

为减小矿井转载运输系统的尘害，改善转载运输作业场所的劳动卫生条件，保证职工身体健康，实现矿井安全文明生产，对各转载点进行密闭，防止产生的粉尘扩散到巷道中。同时，考虑到煤矿井下转载点煤体运输存在周期性，长期喷雾容易增加巷道中的空气湿度，浪费大量水资源，因此采用自动喷雾控制装置。当胶带上有煤体运输时自动喷雾降尘，无煤体运输则停止喷雾，节约水量的同时使转载点周围粉尘得到有效治理，工作环境得到改善。图 7-4 和图 7-5 分别为溜煤眼转载点自动喷雾示意图和防尘罩示意图。

喷雾装置要求喷嘴个数不少于 2 个，喷雾能够覆盖整个转载点，喷雾压力不小于 2.0 MPa，喷嘴直径为 1.2～1.5 mm，喷嘴流量为 1.0～2.0 L/min。

7.2.3　运输大巷自动洒水冲尘

喷雾洒水降尘具有简单易行、经济，降尘效果优良等优点，至今仍是国内外转载运输综合防尘的基本措施。尤其是不同结构及控制方式的自动喷雾洒水装置，具有按需动作、控制先进、应用广泛和降尘效果显著等特点，适宜煤矿现场使用。

按照喷雾洒水方式的不同可分为以下几种。

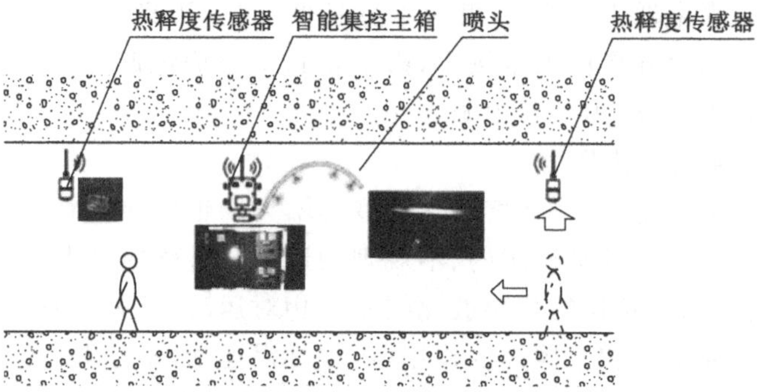

图 7-4　溜煤眼转载点自动喷雾示意图

图 7-5　溜煤眼转载点防尘罩示意图

7.2.3.1　机械式自动喷雾洒水装置

机械式自动喷雾洒水装置是以机械碰撞为动力，通过杠杆或齿轮等传动机构，直接控制水阀门的开关，达到自动喷雾洒水降尘的目的。

(1) 小型胶带转载输送机自动喷洒装置

该装置由快开球阀、固定机构、铰链四杆调节机构、喷洒器等部分组成，利用调节机构可方便调整阀门启闭的角度和喷水量。装置随胶带输送机在一定范围内移动，不必拆装水管，组装示意图如图 7-6 所示。

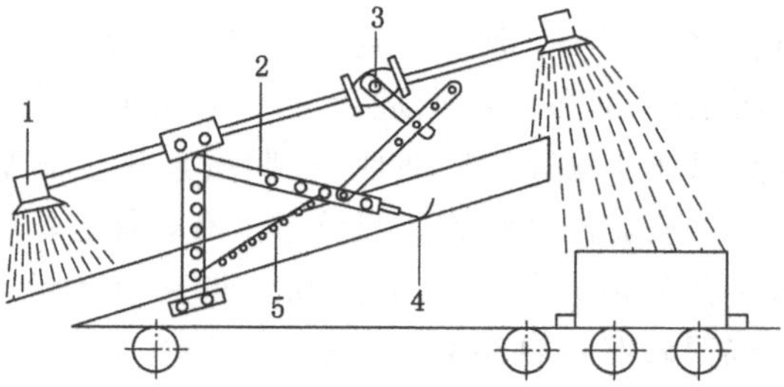

1—喷洒器；2—铰链四杆调节机构；3—快开球阀。

图 7-6　小型胶带转载输送机自动喷洒装置示意图

工作原理：当胶带输送机运煤时，煤体将支点抬至一定高度，在铰链四杆调节机构的作用下将阀门转动一定角度，从而导通水路，开始喷洒；不运煤时，供水阀门通过弹簧及铰链四杆调节机构的作用恢复到关闭状态，喷洒停止。装置具有小巧、制造简单、调节方便的特点，无电器部件，适用范围极广。

(2) 绞车道机械式自动喷洒装置

① 主要结构(图 7-7)

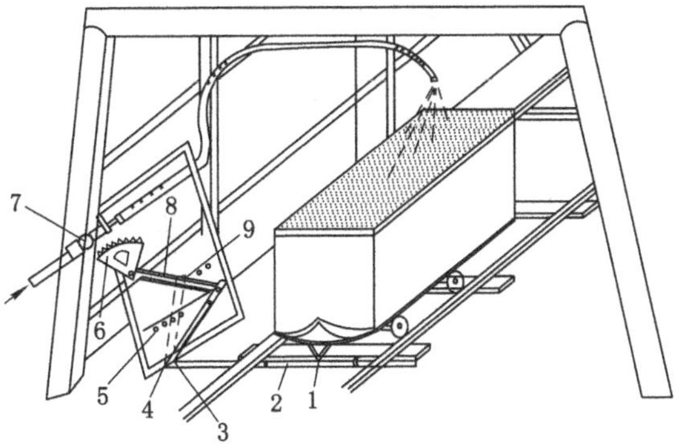

1—碰杆;2—转轴;3—拐臂;4—摇杆;5—弹簧;4—拨爪;5—弹簧 6—大齿轮;7—小齿轮;8—滑槽;9—弹簧。

图 7-7　绞车道机械式自动喷洒装置

② 工作原理

重车提升时,撞击碰杆使转轴转动,带动拐臂使摇杆在滑槽内移动,当滑槽转动一定角度时,大齿轮带动固定在水门轴上的小齿轮转动,打开水门实现自动洒水;重车离开碰杆时,在弹簧的作用下复位而停止洒水;空车下放时,拐臂反向旋转,相关部件处于空行程状态,无法洒水;空车离开碰杆时,在弹簧的作用下复位。

(3) 吊挂式自动喷洒装置

① 结构

吊挂式自动喷洒装置固定架由角铁制成,固定在顶板上。逆止悠荡撞杆用固定轴固定在固定架上并与滑动拉杆衔接。

② 工作原理

如图 7-8 所示,当矿车撞上逆止悠荡撞杆时,悠荡撞杆以固定轴为圆心转动一定角度,带动阀拉杆,拉开阀门,喷嘴洒水。矿车通过后滑动水门和逆止悠荡撞杆靠拉紧弹簧复位,停止洒水。

7.2.3.2　带式或板式输送机转载点磁控自动喷洒装置

(1) 结构、工作原理及电路

带式输送机转载点磁控自动喷洒装置的结构和工作原理如图 7-9 所示。当煤体冲击挡煤板时,上部切磁衔铁动作,使永磁继电器工作,发出有煤信号,控制电路工作,同时打开电磁阀进行喷雾洒水。若煤体不断冲击挡煤板,喷洒亦连续不断地进行。若停机或无煤时,挡煤板恢复到原始位置,延时 1～2 s 后自动停止喷洒。电路恢复原始状态,待下次有煤时,控制电路接收有煤信号,重复上述动作。

(2) 装置特点

① 电路简单,以永磁继电器作磁控传感器,采用单管延时电路,选用任何一种磁力启动器中的 36 V 电源,由一支二极管作半波整流及单管稳压。电路板体积小,可装在小防爆接线盒中,安全可靠。

② 磁控传感器结构简单,动作可靠,不受粉尘和水雾影响,抗干扰能力强。

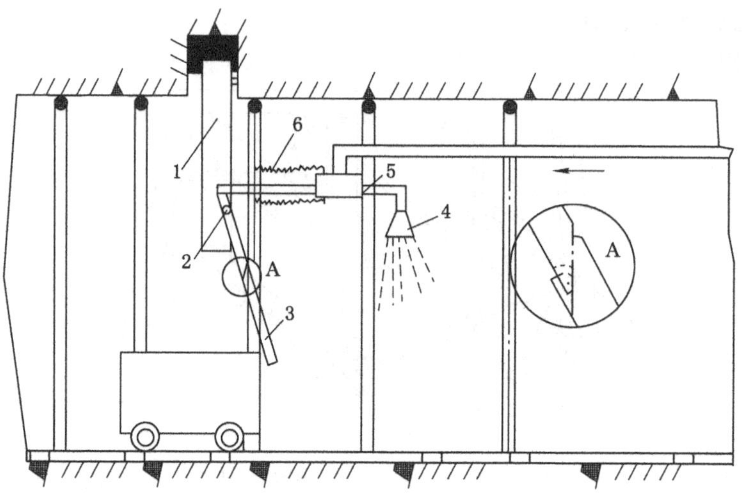

1—固定架；2—固定轴；3—逆止悠荡撞杆；4—喷嘴；5—滑动水门；6—拉紧弹簧。

图 7-8　吊挂式自动喷洒装置

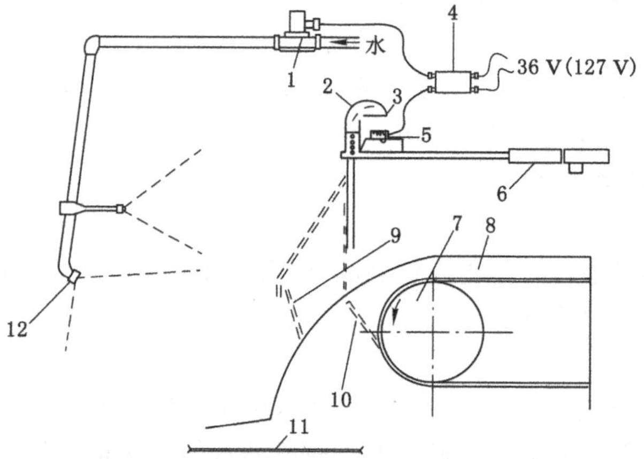

1—防爆电磁铁；2—切磁衔铁静止位置；3—切磁衔铁工作位置；4—电控装置；
5—永磁继电器；6—伸缩支架；7—带式输送机机头；8—煤体；9—煤体冲击挡煤板工作位置；
10—无煤体时冲击挡煤板位置；11—下部带式输送机；12—喷嘴。

图 7-9　带式输送机转载点磁控自动喷洒装置的结构和工作原理

③ 使用广泛，凡有煤体或矸石流转载点处均可使用。

7.2.3.3　运输大巷光电自动控制降尘装置

光电控制喷洒装置由控制器、电磁阀、水幕等部分组成，其中控制器由输入、延时、整体、功放四级组成，可根据需要安装成明通电路或暗通电路。装置主要有光电自动开关和执行机构两大部分，光电自动开关由稳定光电触发单稳态开关电路和延时电路组成，执行机构由防爆电磁阀、螺旋形喷嘴等组成。

(1) 光电自动开关及工作原理

水幕安设如图 7-10 所示。

光电自动开关电源电压为 36 V，经半波整流，滤波后至集成稳压器稳压，在稳压器第二

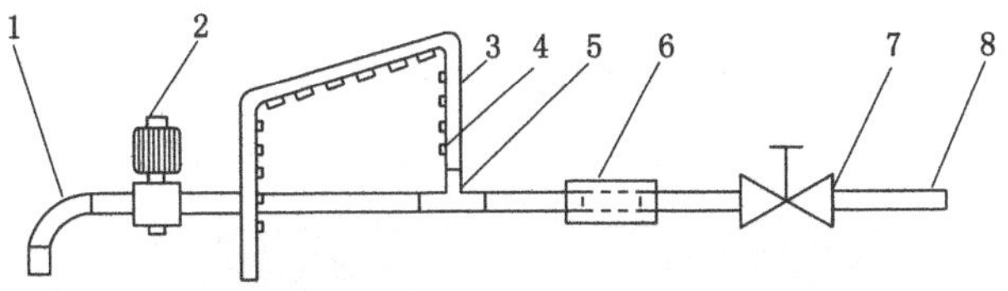

1—泄水口；2—电磁阀；3—水幕；4—喷嘴；5—异径三通；6—滤流器；7—止水阀；8—压力进水口。

图7-10　水幕安设示意图

脚输出稳定的12 V直流电供控制回路。控制回路由IC_1和IC_2两个集成电路组成，IC_1为光电开关电路，IC_2为延时电路。光电管分别装在水幕的前后两端，相距水幕10～15 m。各有一束光源照射在光电管上，水幕连续喷雾。当有人通过时，光源被暂时遮挡，IC_1输入端变成零电位，内部开关电路翻转，第二脚输出正电平，并联在C_4两端的$3DG_6$饱和导通，将C_4短路放电；IC_2输入电压降至0.7 V以下，输出端第二脚变成正电位，继电器释放，断开电磁阀的电源，喷雾停止。

当人员通过后，光源未被遮挡，光束仍照射在光电管上，IC_1输出端恢复成负电位，$3DG_6$截止，此时C_4通过R_1（充电时间即为停止喷雾的延时时间），C_4两端电压充至2.1 V时，IC_2电路翻转，输出端成低电位，继电器吸合接通电磁阀的电源，又恢复喷雾。光电管每遮挡一次，水幕停止喷雾20 s（可根据需要调节）。照射光源采用矿灯灯头，电压为4 V，实际电压2 V时仍能正常工作；光电管与光源均设置在巷道两帮并设有专门的保护装置，相互对正，不得偏斜。

（2）水幕的构成

水幕主要由喷嘴组成，安装在长约1.6 m，直径为30 mm的钢管上。喷嘴数量一般为5～6个，可选用螺旋形喷嘴，喷嘴的安装方向朝下。钢管固定在棚梁上。喷雾器水管的输入端与防爆电磁阀的输出端相接，即喷雾器的水源受电磁阀控制。防爆电磁阀可采用BDF-V20二通阀，电源电压为36 V，耗电为12 W。

英国康夫洛（Conflow）公司研制生产的100型自动控制喷洒装置，普遍用于煤矿井下带式输送机、矿车运输、矿车翻罐笼等处自动喷雾降尘，它性能可靠、适用范围广、降尘效果好，是国外煤矿井下转载运输具有代表性的自动喷洒装置。其结构特点：供水阀安装在壳体内，在驱动轮转动时打开，保证带式输送机有载荷运行时自动喷洒。当胶带静止或空载运行时，驱动轮不转动，阀保持关闭状态，避免胶带静止或空转时喷雾，特殊条件下可配上链轮作为驱动轮。对比上述运输转载喷雾装置，这种自动控制系统智能化程度更高，且装置动力由输送机或其他运转设备提供，不需要专门的动力装置，更加适用于井下复杂条件。

7.2.4　矿井运输车防尘罩隔尘

在运输物料的过程中，矿车产尘较为分散且浓度不高，因此矿车粉尘治理通常不会引起生产企业的重视。矿车在运输物料过程中做水平运动，当矿车遇到颠簸或者弯道处，物料受到空气阻力作用激起紊乱空气流，使矿车物料中的细小粉尘飘扬到巷道中，造成整个巷道粉尘污染，影响井下作业环境。为改善运输作业场所的劳动卫生条件，应对矿车进行喷淋的同时使用防尘罩，从源头杜绝粉尘污染。

7.2.4.1 *矿车防尘罩*

在运料矿车顶部加盖矿车防尘罩，可有效阻止矿车运输过程中物料中细小粉尘被巷道中风流吹扬扩散，从而控制矿车运料过程中产生的粉尘。矿车防尘罩如图 7-11 所示。

图 7-11　矿车防尘罩

7.2.4.2 *矿车喷淋装置*

为抑制矿车在运行中粉尘的飞扬，对升井车辆进行喷淋。矿车喷淋装置主要由喷雾器和刷车装置组成。巷道两侧分别布置 8 组喷雾器，总共 16 组，每组喷雾器上布置有 3 个喷嘴。此外，巷道两侧分别布置可移动刷车装置，当矿车经过洗车段巷道时，打开喷雾控制阀门对矿车进行喷雾，刷车装置前移到矿车位置，通过刷车装置自身的转动对矿车外壁进行洗刷。当矿车通过洗刷段巷道时，喷雾器关闭，刷车装置归位。矿车喷淋装置如图 7-12 所示。

图 7-12　矿车喷淋装置

7.2.5 国外运输转载点防尘措施

美国某矿井下运输转载点粉尘控制采用除尘风机和喷雾系统相结合的方式，工作面转载机、破碎机防尘系统如图 7-13 所示。转载机机头除尘风机功率为 22 kW，破碎机除尘风机功率为 7.5 kW；共安装喷头 60 个，其中破碎机安装喷头 40 个，转载机安装喷头 20 个。

(a) 转载机机头除尘风机

(b) 破碎机喷雾系统

图 7-13　运输转载点防尘系统

7.3　工程示范

7.3.1　巷道锚喷支护除尘概况

东滩矿东翼第二胶带回风巷采用矿用高效混凝土湿喷机进行锚喷支护，湿喷机混凝土材料重量配合比为水泥：砂子：石子＝1：2：2，水灰比 0.44。水泥为矿用 32.5 或 42.5 普通硅酸盐水泥；砂子为普通干净河砂，平均细度模数 2.6～2.9，通过 0.3 mm 和 0.15 mm 的筛网细砂分别为 15%～30%和 5%～10%；石子含泥量小于 3%，最大粒径小于 15 mm，且粒径超过 10 mm 的石子重量不应超过石子总重量的 10%。同时添加矿用湿喷专用外加剂，包括：润管剂、黏结剂和速凝剂。现场实际工况，如图 7-14 所示。

图 7-14　工作面概况示意图

7.3.2　巷道锚喷支护除尘装置

目前，国内使用的湿式混凝土喷射机主要有转子活塞式和叶轮式，均属于风送型湿喷机，存在输送距离短、机旁跑风跑料、转子或弯头堵塞、迎头回弹量大和出料不均等问题。国外的湿喷机大多采用混凝土泵的结构和原理，工作压力高、排量大，能输送塌落度小的混凝土，但在 S 阀换向时，存在出料间断间隙大的缺点。兖州煤业股份有限公司自主研制的湿喷机采用全液压双缸柱塞式、S 阀结构。液压系统设计有补偿油路，可解决出料间断间隙大、输送距离远等问题。控制系统采用单片机智能逻辑控制以提高故障检测能力和排除能力，同时改善机器的整体工作性能。

（1）主泵送系统设计

如图 7-15 所示，主泵送系统即推送油缸回路，研制的泵送式回填设备由斜盘变量泵、溢流阀、节流阀、电磁换向阀、推送油缸、蓄能器、压力指示表等组成。系统工作时，斜盘变量泵向系统供油，压力油经换向阀进入推送油缸，驱动混凝土缸做泵送工作；当油缸活塞行程到位后，压力传感器发出电信号，由电控系统控制电磁换向阀同时换向，达到推送油缸与分配阀油缸同步换向的目的。

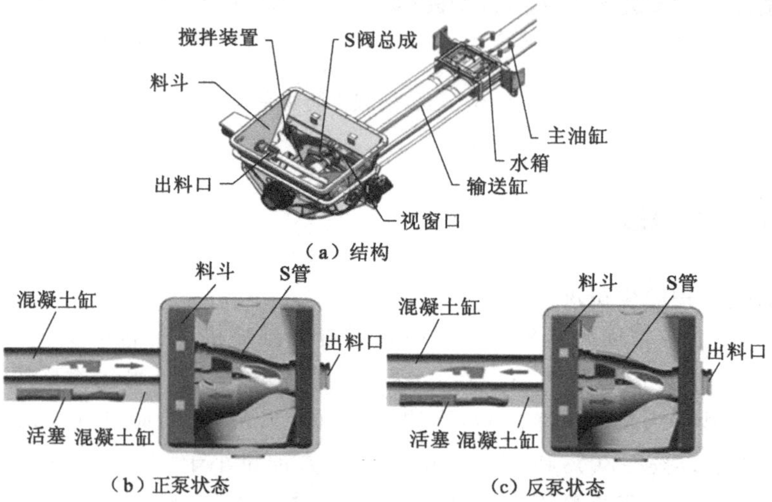

图 7-15　泵送原理与泵送状态

泵送机构负责将从搅拌机输送来的混凝土通过管道泵送到出口。动力部分输出的压力油经液压系统控制分配进入主油缸，驱动主油缸活塞工作，主油缸活塞杆与输送缸内混凝土活塞连接，带动混凝土活塞工作，输送缸一端与料斗连接，并经 S 阀总成控制与料斗联通；正常泵送作业时，混凝土活塞前进时压送的混凝土经 S 阀泵出，而混凝土活塞后退时，将料斗中的混凝土吸入输送缸。通过液动换向阀控制，使主油缸活塞换向，实现循环往复连续泵送。反泵时，通过反泵操作，使处在吸入行程的输送缸与 S 阀联通，处在推送行程的输送缸与料斗联通，从而将输送管路中的混凝土抽回料斗。

泵送机构是把液压能转化为机械能的执行机构，由泵送系统（主油缸、水箱、输送缸、混凝土活塞等）、料斗总成（料斗、搅拌装置等）、S 阀总成（S 管、摆臂、摆阀油缸等）和出料口等组成。

其中，搅拌装置包括辅油泵、搅拌马达、辅助阀组和节流阀。辅助阀组包括叠加式溢流阀和手动换向阀。动力部分输出的压力油经液压阀组控制分配进入搅拌驱动液压马达，并驱动其工作。

主油缸活塞杆分别与混凝土活塞连接，由主油缸驱动。输送缸一端与水箱联通，一端与料斗联通。泵送作业时，主油泵泵出压力油，进入主油缸无杆腔，驱动主油缸活塞前进，主油缸由杆腔联通，驱动另一主油缸活塞后退，该主油缸无杆腔油液流回油箱。

（2）S 阀设计

泵式湿喷机的液压冲击由两活塞缸交替工作产生。当一缸从泵料转换成吸料，另一缸从吸料转换成泵料时，由于外载荷突变，油管中的油压从高压转化为低压，或从低压转化为高压，同时油液的流向也会发生改变，油液流动的急剧变化，在液压系统中产生液压冲击。如果液压系统设计不合理，泵送回路和分配回路在换向时无法协调同步，在泵料与吸料转换时，分配回路控制的 S 阀动作超前或滞后，都会在液压系统中产生极大的峰值压力，这种峰值压力形成的液压冲击，对湿喷机的危害巨大。采用非接触性接近开关传感器与压力传感器相结合，在泵料油缸前后位置采用灵敏压力传感器及非接触性接近开关取代传统的机械式开关，提高寿命并降低反向冲击；对 S 阀的换向油缸运动，增加非接触性接近传感器位置检测功能，使换向冲击减到最低，提高控制系统的可靠性。

(3) 分配阀选型

分配阀是泵式湿喷机的关键部件，直接影响湿喷机的使用性能，而且也直接影响湿喷机的整体设计。分配阀的种类很多，目前常用的是闸板式分配阀、管形分配阀、蝶形分配阀、转动式分配阀、雨兹型分配阀等。

本湿喷机采用管形分配阀，通过在混凝土输送缸与输送管之间设置摆动管件来完成混凝土的吸入和排出作业。该分配阀一端与输送管接通，另一端可以摆动，管口交替对准混凝土输送缸口，完成混凝土的吸入、泵出循环。

(4) 搅拌设备

搅拌设备采用双轴“钢＋橡塑”复合搅拌叶片，利用马达正反转实现间隙搅拌混凝土，并达到快速高质量搅拌，避免石子卡壳带来的搅拌系统停止运转甚至烧毁电机问题，保证了连续喷浆作用。高效搅拌叶片如图 7-16 所示。

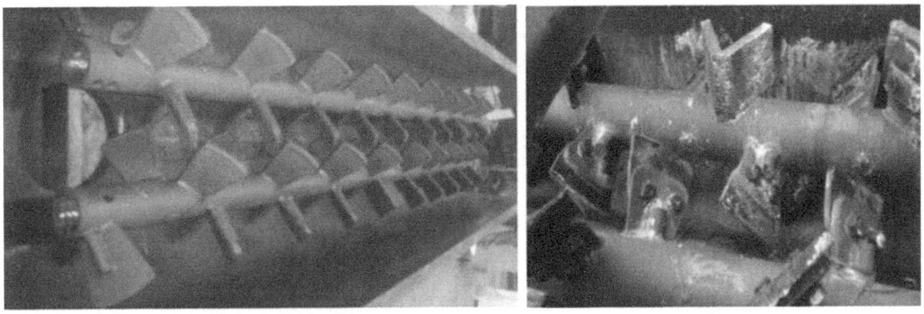

(a) 搅拌叶片改进前　　(b) 搅拌叶片改进后

图 7-16　高效搅拌叶片

(5) 喷头连续均匀出料技术

如图 7-17 所示，为克服湿喷机喷射混凝土不均匀，呈脉动喷射现象的问题，从两方面着手，解决泵送过程中断流现象，实现喷头连续出料。一是缩短换向时间和加快主油缸活塞换向开始阶段的运行速度，在管道和分配阀中混凝土压力完全释放前实现混凝土连续泵送，最大限度地减少混凝土离析，降低换向过程管道和分配阀中混凝土压力释放的反冲击，有效解决混凝土输送中断流问题，减小换向冲击，提高泵送性能；二是在喷头处设置缓冲装置，实现喷头连续作业。

(6) 矿用高效混凝土湿喷机结构特征及工作原理

矿用高效混凝土湿喷机组的壳体上设有喂料、搅拌系统，制泡、混泡及控制系统，传输、

(a) 旋流器　　(b) 现场拼凑

图 7-17　旋流器及其现场拼接图

喷射系统，如图 7-18 所示。

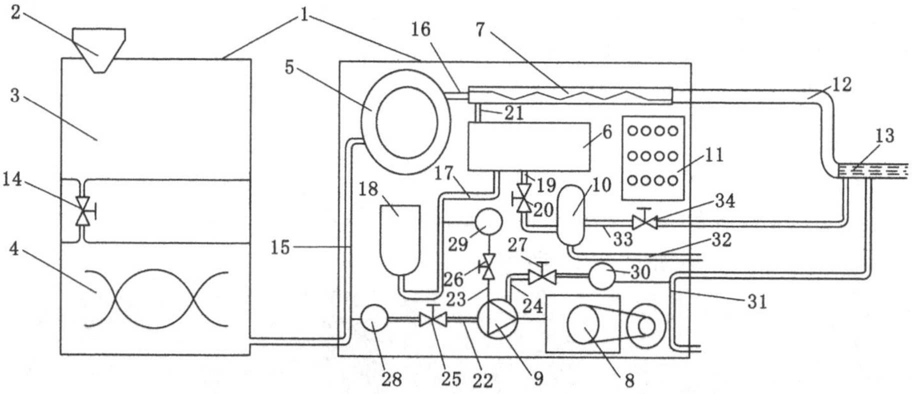

1—壳体；2—喂料漏斗；3—上搅拌机；4—下搅拌机；5—软管泵；6—发泡器；
7—混泡器；8—电机；9—液压泵；10—蓄能器；11—控制柜；12—混凝土喷射软管；13—喷头；
14—流量阀；15—吸浆料管；16—过浆料输送管；17—软管Ⅰ；18—发泡剂容器；19—软管Ⅱ；
20—压力阀Ⅰ；21—软管Ⅲ；22—软管Ⅳ；23—软管Ⅴ；24—软管Ⅵ；25—调速阀Ⅰ；26—调速阀Ⅱ；
27—调速阀Ⅲ；28—液压马达Ⅰ；29—液压马达Ⅱ；30—液压马达Ⅲ；31—速凝剂进料管；
32—软管Ⅶ；33—软管Ⅷ；34—压力阀Ⅱ。

图 7-18　矿用高效混凝土湿喷机结构示意图

喂料、搅拌系统包括上、下搅拌机，上搅拌机一端与喂料漏斗相连，另一端通过流量阀与下搅拌机连接；制泡、混泡及控制系统包括软管泵、发泡器、混泡器，下搅拌机与软管泵通过吸浆料管连接，软管泵另一端与混泡器相连，发泡器通过管道分别与液体发泡剂容器、混泡器连接；传输、喷射系统包括液压泵、蓄能器、速凝剂进料管，液压泵分别与液压马达Ⅰ、Ⅱ、Ⅲ相连，液压马达Ⅰ与吸浆料管连接，液压马达Ⅱ设在发泡器、发泡剂容器之间的连接管道，液压马达Ⅲ设在速凝剂进料管，蓄能器分别与煤矿巷道内风管、发泡器、喷头相连。该湿喷机优点主要包括：① 立式双层搅拌系统保证水泥浆料的连续、均匀、不间断供料；② 整个喷射过程中均没有粉尘产生，减少锚喷工作面环境污染及喷射混凝土作业对人体的危害，保障了职工身心健康；③ 解决现有湿喷法过快凝固、堵管等问题；④ 由于泡沫混凝土本身是一种轻质、多孔结构，节省水泥用量，解决煤矿井下湿喷法作业时存在原材料供应困难的问题。

7.3.3　除尘效果

在采用上述除尘装置后，喷射机喷射回弹率由 30% 以上降至 3% 以下，粉尘浓度由 185 mg/m³ 以上降到 10 mg/m³ 以下，效果如图 7-19 所示。

图 7-19　湿喷巷道效果图

在掘进南翼轨道行人巷时，对喷浆作业过程的粉尘进行了综合治理。表 7-1 为掘进南翼轨道行人巷喷浆作业粉尘防治效果记录。由表 7-1 可以看出，采取湿式喷浆、喷射上料防尘及喷浆除尘风机抽尘净化后，巷道内的粉尘得到了有效控制，喷浆作业人员处的总粉尘和呼吸性粉尘浓度分别降到 18.9 mg/m³ 和 6.1 mg/m³。

表 7-1　南翼轨道行人巷喷浆作业粉尘测定表

生产工序	测定部位	尘性	防尘设施使用状况	测定结果/(mg/m³)		防尘设施测定项	测定结果/(mg/m³)	
				呼吸性粉尘	总粉尘		呼吸性粉尘	总粉尘
湿式喷浆	喷浆操作人员作业地点	水泥		6.1	18.9			
湿式喷浆	喷浆出料口外 15 m	水泥		29.4	105.0			
搅拌上料	人员作业地点	水泥	常规上料	25.4	90.8	使用喷射上料防尘装置	0.9	3.5
湿式喷浆	除尘风机吸口处	水泥	使用除尘风机	19.4	61.1	除尘风机后 15 m	0.7	2.3
湿式喷浆	第 1 道水幕上风侧 5 m	水泥	使用除尘风机第 1 道水幕	6.1	20.5	第 1 道水幕下风侧 15 m	0.7	1.8
湿式喷浆	第 2 道水幕上风侧 5 m	水泥	使用除尘风机以及第 1、2 道水幕	2.8	10.0	第 2 道水幕、捕尘帘	0.6	1.6

参考文献

[1] 鲍含诚,李庆海.矿山粉尘与相关疾病[M].北京:煤炭工业出版社,1999.
[2] 陈光海,姚向荣.煤矿安全监测监控技术[M].北京:煤炭工业出版社,2007.
[3] 陈卫红,邢景才,史廷明,等.粉尘的危害与控制[M].北京:化学工业出版社,2005.
[4] 程卫民.矿井粉尘防治理论与技术[M].北京:煤炭工业出版社,2016.
[5] 程卫民.矿井通风与安全[M].北京:煤炭工业出版社,2009.
[6] 费雷德·基塞尔.采矿粉尘控制手册[M].张敏,译.北京:中国科学技术出版社,2014.
[7] 傅贵,金龙哲,徐景德.矿尘防治[M].徐州:中国矿业大学出版社,2002.
[8] 国家安全生产监督管理总局,国家煤矿安全监察局.煤矿安全规程[M].北京:煤炭工业出版社,2016.
[9] 国家煤矿安全监察局人事培训司.矿尘防治[M].徐州:中国矿业大学出版社,2002.
[10] 郝玉柱.矿井粉尘防治[M].2版.北京:煤炭工业出版社,2017.
[11] 何学秋,等.中国煤矿灾害防治理论与技术[M].徐州:中国矿业大学出版社,2006.
[12] 侯凌云,侯晓春.喷嘴技术手册[M].2版.北京:中国石化出版社,2007.
[13] 黄俊.水射流除尘技术[M].西安:西安交通大学出版社,1993.
[14] 黄元平.矿井通风[M].徐州:中国矿业大学出版社,1986.
[15] 浑宝炬,郭立稳.矿井粉尘检测与防治技术[M].北京:化学工业出版社,2005.
[16] 金龙哲,李晋平,孙玉福,等.矿井粉尘防治理论[M].北京:科学出版社,2010.
[17] 李德文,马骏,刘何清.煤矿粉尘及职业病防治技术[M].徐州:中国矿业大学出版社,2007.
[18] 李珏,王洪胜.矿山粉尘及职业危害防控技术[M].北京:冶金工业出版社,2017.
[19] 李雨成.矿井粉尘防治理论及技术[M].北京:煤炭工业出版社,2015.
[20] 卢鉴章,王茂吉,陈治中.煤矿安全手册:第三篇 矿井粉尘防治[M].北京:煤炭工业出版社,1992.
[21] 鲁忠良.煤矿井下粉尘防治[M].北京:煤炭工业出版社,2016.
[22] 罗大伟,等.现代煤矿粉尘、瓦斯防治工程关键技术实用手册[M].北京:煤炭工业出版社,2007.
[23] 马骏.实用尘肺病临床学[M].北京:煤炭工业出版社,2007.
[24] 孟昭阁,张国忱,邢国长.矿山矽肺与结核防治[M].北京:能源出版社,1985.
[25] 祁和刚,金龙哲,等.高效防火抑尘材料的研究及其应用[M].北京:煤炭工业出版社,2006.

[26] 宋大成.职业事故分析:原因分析、统计分析、经济损失分析[M].北京:煤炭工业出版社,2008.
[27] 王省身.矿井灾害防治理论与技术[M].徐州:中国矿业大学出版社,1986.
[28] 王显政.煤矿安全新技术[M].北京:煤炭工业出版社,2002.
[29] 文涛,王明海.尘肺病防治[M].大连:大连海事大学出版社,1998.
[30] 吴则智.兖州矿区综合机械化放顶煤开采的实践与认识[M].北京:煤炭工业出版社,1997.
[31] 向晓东.现代除尘理论与技术[M].北京:冶金工业出版社,2002.
[32] 兖矿集团有限公司.兖州矿区矿井通风安全技术[M].北京:煤炭工业出版社,2001.
[33] 兖州矿业(集团)有限责任公司.兖州矿区煤炭生产技术[M].北京:煤炭工业出版社,1998.
[34] 杨达才,国强.职业健康监督管理指南[M].西安:西安交通大学出版社,2012.
[35] 杨胜强.粉尘防治理论及技术[M].徐州:中国矿业大学出版社,2007.
[36] 杨胜强.矿井粉尘防治[M].徐州:中国矿业大学出版社,2015.
[37] 叶钟元.矿尘防治[M].徐州:中国矿业大学出版社,1991.
[38] 袁亮.煤矿总工程师技术手册[M].北京:煤炭工业出版社,2010.
[39] 张殿印,王纯.除尘工程设计手册[M].北京:化学工业出版社,2003.
[40] 张殿印,张学义.除尘技术手册[M].北京:冶金工业出版社,2002.
[41] 张国枢.通风安全学[M].徐州:中国矿业大学出版社,2000.
[42] 张延松,王德明,朱红青.煤矿爆炸、火灾及其防治技术[M].徐州:中国矿业大学出版社,2007.
[43] 张永吉,等.煤层注水技术[M].北京:煤炭工业出版社,2001.
[44] 赵衡阳.气体和粉尘爆炸原理[M].北京:北京理工大学出版社,1996.
[45] 赵书田.煤矿粉尘防治技术[M].北京:煤炭工业出版社,1987.
[46] 赵益芳.矿井防尘理论及技术[M].北京:煤炭工业出版社,1995.
[47] 中国劳动保护科学技术学会工业防尘专业委员会.工业防尘手册[M].北京:劳动人事出版社,1989.
[48] 中国煤炭工业劳动保护科学技术学会.矿井粉尘防治技术[M].北京:煤炭工业出版社,2007.
[49] 周刚,程卫民,陈连军.矿井粉尘控制关键理论及其技术工艺的研究与实践[M].北京:煤炭工业出版社,2011.
[50] 朱银昌,侯贤文.煤矿安全工程设计[M].北京:煤炭工业出版社,1995.